高等院校信息与通信工程实验实训教材

"卓越工程师教育培养计划"系列教材

数据通信实训教程

张月霞　曹　林　编著

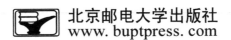北京邮电大学出版社
www.buptpress.com

内 容 简 介

本书在介绍数据通信网技术原理的基础上,结合数据通信网实训平台,侧重于数据通信网系统的结构设计、配置操作的介绍,力求通过实际的设计配置案例使读者掌握数据通信网系统的设计、配置和实践操作技术。

全书共分为 11 个实训单元,其中实训 1~3 介绍数据通信网系统中二层交换机、路由器和路由交换机的基本操作;实训 4~8 介绍了以上三种设备中运行的协议的设计与配置;实训 9~11 介绍数据通信网系统中线程与进程的设计与编程。

本书可以作为高等学校电子信息类专业本科生的教材,也可以作为从事数据通信网相关工作的技术人员作为岗前培训的教材。

图书在版编目（CIP）数据

数据通信实训教程 / 张月霞,曹林编著. -- 北京：北京邮电大学出版社,2015.6 (2024.12 重印)
ISBN 978-7-5635-4376-2

Ⅰ.①数… Ⅱ.①张…②曹… Ⅲ.①数据通信—教材 Ⅳ.①TN919

中国版本图书馆 CIP 数据核字（2015）第 121202 号

书　　　名：数据通信实训教程
著作责任者：张月霞　曹　林　编著
责任编辑：满志文
出版发行：北京邮电大学出版社
社　　　址：北京市海淀区西土城路 10 号（邮编：100876）
发　行　部：电话：010-62282185　传真：010-62283578
E-mail：publish@bupt.edu.cn
经　　　销：各地新华书店
印　　　刷：保定市中画美凯印刷有限公司
开　　　本：787 mm×1 092 mm　1/16
印　　　张：16.25
字　　　数：403 千字
版　　　次：2015 年 6 月第 1 版　2024 年 12 月第 2 次印刷

ISBN 978-7-5635-4376-2　　　　　　　　　　　　　　　　定　价：35.00 元

前　言

随着信息通信技术和网络技术的迅猛发展,数据通信网技术也日新月异,网络规模也越来越大,覆盖面积越来越广、网络结构和协议也越来越复杂。培养掌握数据通信网原理,并具有实际动手能力的工程师和学生将能够促进数据通信网络的广泛应用。

为适应通信工程"卓越计划"人才的培养要求,编者从工程实际的角度出发,结合学校数据通信网实训教学实际,特编写本教程。本教程基于北京信息科技大学-中兴通讯数据通信网系统平台,在与当前运营商完全相同的商用设备上进行实际操作训练,结合数据通信网基本理论,系统配置和维护技术,介绍了数据通信网的基本原理、网络协议,详细介绍了数据通信网各种设备的基本配置和协议设计配置操作方法。教程包含二层交换机的基本操作、路由器的基本操作、路由交换机的基本操作、二三层 VLAN 与链路聚合配置、生成树协议配置、路由器 RIP 的配置、路由器的 OSPF 配置、路由器的其他相关操作、多线程和简单聊天室制作、线程同步与异步套接字编程、进程间通信等 11 个实训内容。

《数据通信网实训》是《数据通信网》理论课的实践教学环节。该实训以实际的数据通信网系统配置的方式来加深、扩展数据通信网理论知识,着重体现数据通信网教学知识的运用,提高学生对数据通信网系统的认识和运行维护的工程实践能力。本教程为《数据通信网实训》的实践教学参考书,适用于通信工程、电子信息工程等本科专业课程教学使用,也可作为数据通信网工程技术人员的参考书。

本书在编写过程中参考和借鉴了中兴通讯股份有限公司《数据通信网技术》和《数据通信网设备与调测实习手册》等相关资料,在此对中兴通信表示衷心的感谢。北京信息科技大学的王加庆、张玉宣等人参与了资料整理工作。

本书获得了以下项目的资助:国家自然科学基金重点项目(51334003)、国家自然科学基金(61261160497)、北京市属高等学校高层次人才引进与培养计划项目(CIT&TCD201504058、CIT&TCD201304119)、北京信息科技大学教学改革项目(2410JG10)、北京信息科技大学课程建设项目(电磁场与电磁波)。

由于编著者的水平有限,时间仓促,本书中可能存有表述不当之处,恳请读者指正!

编　者

目　　录

第1章 二层交换机的基本操作

1.1 实验目的

（1）掌握二层交换机的基本原理。

（2）学会通过串口操作交换机，并对交换机的端口进行基本配置。

（3）通过本实验，对 ZXR10 2826E/2626/2826 交换机基本了解，能够对 ZXR10 2826E/2626/2826 交换机进行基本配置。

1.2 实验内容

（1）通过串口线连接到 ZXR10 2826E/2626/2826 交换机，对 ZXR10 2826E/2626/2826 交换机进行配置。

（2）配置 ZXR10 2826E/2626/2826 交换机端口以及查看配置信息。

（3）设置 ZXR10 2826E/2626/2826 交换机密码，包括 enable 密码以及 Telnet 的用户名和密码，查看日志。

1.3 基本原理

1.3.1 数据通信网概述

计算机网络就是利用电缆和通信电路将地理分散的计算机、终端设备等硬件设备连接而成的通信系统。计算机网络一般具有如下功能。

1. 数据通信

计算机网络的基本功能是能将同一地域或者不同地域上的用户设备连接起来，用以实现计算机与终端之间或计算机与计算机之间的数据交换和信息传递。

2. 资源共享

不同地域的用户通过计算机网络实现互相连通之后，可以共享网络中的各种硬件和软件资源，实现互通有无、分工协作。

3. 可靠性

计算机网络中的用户设备可以互为备份，当一台计算机瘫痪后，其他计算机可以接替工作，以提高系统的可靠性。

4. 信息分布处理

对于功能复杂的大型综合信息处理任务可以通过计算机网络交给不同的计算机处理，以达到均衡使用网络资源，实现分布处理的目的。

计算机网络是计算机技术与通信技术的结合的产物，它对人们的生活具有不可替代的作用，深刻影响着子孙后代。

计算机网络由通信子网和资源子网组成。资源子网是计算机网络中所需的软件、硬件和信息资源的集合，如互联网提供的浏览、文件下载、网络游戏都属于资源子网的范畴。网络用户之间要实现通信、计算机互连，通信的双方就必须有一套能够共同遵守的协议，才能识别对方的计算机语言，实现资源共享。TCP/IP 协议就是互联网的标准协议。而为双方提供通信服务的设备和协议的集合称为计算机网络的通信子网，通信子网就是数据通信网。

数据通信网是通信与计算机技术相结合的产物，为计算机和其他电子设备之间提供了一种新的通信方式。为了实现不同设备之间的通信，通信双方必须遵守相同的协议，并通过某种介质以实现在计算机或者电子设备之间的数据的传输。

1.3.2 数据通信网发展历史

第一阶段：20 世纪 60 年代中期之前的第一代计算机网络是以单个计算机为中心的远程联机系统。典型应用是由一台计算机和全美范围内 2000 多个终端组成的飞机订票系统。终端是一台计算机的外部设备包括显示器和键盘，无 CPU 和内存。随着远程终端的增多，在主机前增加了前端机(FEP)。当时，人们把计算机网络定义为"以传输信息为目的而连接起来，实现远程信息处理或进一步达到资源共享的系统"，但这样的通讯系统已具备网络的雏形。

第二阶段：20 世纪 60 年代中期至 70 年代的第二代计算机网络是以多个主机通过通信线路互联起来，为用户提供服务，兴起于 60 年代后期，典型代表是美国国防部高级研究计划局协助开发的 ARPANET。主机之间不是直接用线路相连，而是由接口报文处理机(IMP)转接后互联的。IMP 和它们之间互联的通信线路一起负责主机间的通信任务，构成了通信子网。通信子网互联的主机负责运行程序，提供资源共享，组成资源子网。这个时期，网络概念为"以能够相互共享资源为目的互联起来的具有独立功能的计算机之集合体"，形成了计算机网络的基本概念。

国际标准化组织在 1977 年开始着手研究网络互连问题，并在不久以后，提出了一个能使各种计算机在世界范围内进行互连的标准框架，也就是开放系统互连参考模型。

第三阶段：20 世纪 70 年代末至 90 年代的第三代计算机网络是具有统一的网络体系结构并遵守国际标准的开放式和标准化的网络。ARPANET 兴起后，计算机网络发展迅猛，各大计算机公司相继推出自己的网络体系结构及实现这些结构的软硬件产品。由于没有统一的标准，不同厂商的产品之间互联很困难，人们迫切需要一种开放性的标准化实用网络环境，这样应运而生了两种国际通用的最重要的体系结构，即 TCP/IP 体系结构和国际标准化组织的 OSI 体系结构。

第四阶段：高速网络技术阶段。20 世纪 90 年代至今的第四代计算机网络，由于局域网技术发展成熟，出现光纤及高速网络技术，多媒体网络，智能网络，整个网络就像一个对用户透明的大的计算机系统，发展为以 Internet 为代表的互联网，如图 1.1 所示。

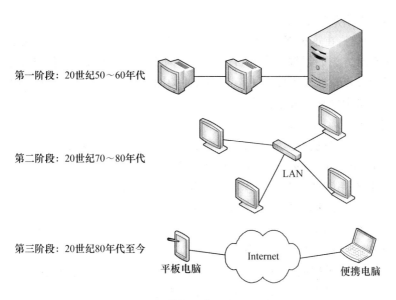

第一阶段：20世纪50~60年代

第二阶段：20世纪70~80年代

LAN

第三阶段：20世纪80年代至今

平板电脑

Internet

便携电脑

图 1.1　数据通信网发展历史

1.3.3　数据通信网的分类

数据通信网按照不同属性有很多分类方式。

1．按网络覆盖的地理范围进行分类

（1）局域网：局域网（Local Area Network，LAN）是在较小的地理区域内将若干独立的数据设备连接起来的高速数据通信系统，使用户共享计算机资源。局域网的基本组成包括服务器、客户机、网络设备和通信介质。通常局域网中的线路和网络设备的拥有、使用、管理一般都是属于用户所在公司或组织的。局域网具有覆盖范围小、数据速率高、传输延迟低、拓扑结构简单的特点。

（2）城域网：城域网（Metropolitan Area Network，MAN）是指覆盖城镇或者都市的数据通信系统，覆盖区域从几公里到几百公里，数据传输速率从几 kbit/s 到几 Gbit/s，并能向分散的 LAN 提供服务。MAN 的传输媒介一般是光纤，因为光纤能够满足 MAN 在支持数据、声音、图形和图像业务上的带宽容量和性能要求。城域网采用的是树状网络拓扑结构。

（3）广域网：广域网（Wide Area Network，WAN）是由终端设备、节点交换设备和传送设备组成，可以传输数据、音频、图像和视频等信息，跨越的地理范围可以是一个国家、大陆甚至是整个地球。广域网的骨干网络常采用分布式网络网状结构。广域网的线路与设备的所有权与管理权一般是属于电信服务提供商，而不属于用户。

2．按网络拓扑结构进行分类

按照网络拓扑可将数据通信网分为总线型网络、星形网络、环形网络、树形、网状型、混合型和蜂窝型等。

3．按通信传播方式进行分类

（1）广播式网络：网络中所有终端均通过公共信道连接，任何一个终端可以通过公共信道将信息发送给网络中所有的终端。当终端收到分组信息时，首先检查分组中目的地址是否与自己的地址相符合，如果符合将接收该分组，不符合将丢弃该分组。局域网、无线网和总线型网络基本上都是广播式网络。

（2）点对点网络：在这种网络中，如果源节点和目的节点之间有直接链路，信息分组将可以直接传送至对方。如果源节点和目的节点之间没有直接链路，则信息分组将通过中间节点转发至目的节点。在庞大复杂的 Internet 中，中间节点可以有很多种不同的选择，中间节点的选择由网络中的路由算法决定。

4．按经营网络的主管部分进行分类

（1）公用网：公用网是由国家主管部门经营管理的网络，如 ChinaNET 和公共交换电话网（Public Switched Telphone Network，PSTN）等。

（2）专用网：专用网是根据各专业部门内部通信的需要而组成的内部通信网络，一般为某个单位或某一系统组建，该网一般不允许系统外的用户使用，如银行、公安、铁路等系统建立的网络是本系统专用的。

5．按数据通信网的传输介质进行分类

（1）有线网络：指采用同轴电缆、双绞线、光纤等有线介质连接的网络。同轴电缆和双绞线的连接方式价格比较便宜，安装方便，但是传输速率较低，传输距离较短。光纤是利用光在玻璃或塑料制成的纤维中的全反射原理而制成的光传播介质，一般在发射端采用发光二极管将光脉冲传送至光纤，接收装置使用光敏元件检测脉冲。由于光纤通信损耗较少，在日常生活中的应用越来越多。

（2）无线网络：指采用微波、红外线、无线电等电磁波作为传输介质的网络。由于连网方式灵活而备受青睐，现在已经得到了广泛的应用。

6．按交换方式进行分类

按照网络中信息交换的方式，可以把数据通信网分为电路交换网、分组交换网、报文交换网、帧中继交换网、信元交换网和 IP 交换网络等。

1.3.4　网络拓扑结构

数据通信网的拓扑结构有很多种，常见的有星形、树形、分布式网络、总线型、环形和复合型等，下面将对各种拓扑结构进行介绍与说明，如图 1.2 所示。

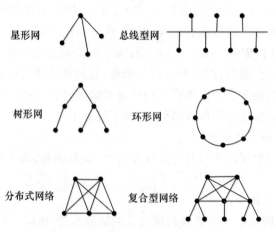

图 1.2　数据通信网拓扑结构

1．星形网

星形网每一终端只需通过一条传输链路直接与中心交换节点相连,具有结构简单,建网容易且易于管理的特点,即使某一条链路失效,只有与该链路相连的终端受到影响而不影响其他链路。缺点是中心设备负载过重,当其发生故障时会导致全网故障。另外,每一节点均有专线与中心节点相连,使得线路利用率不高,信道容量浪费较大。

2．树形网

树形网是一种分层网络,适用于分级控制系统。树形网的优点和缺点基本与星形网相似。但树形网的同一线路可以连接多个终端,与星形相比,具有节省线路,成本较低和易于扩展的特点,缺点是对高层节点和链路的要求较高。

3．分布式网络

分布式网络结构是由分布在不同地点且具有多个终端的节点机互连而成的。网中任一节点均至少与两条线路相连,当任意一条线路发生故障时,通信可转经其他链路完成,具有较高的可靠性。同时,网络易于扩充。缺点是网络控制机构复杂,线路增多使成本增加。分布式网络又称网型网,较有代表性的网型网就是全连通网络。可以计算,一个具有 N 个节点的全连通网需要有 $N(N-1)/2$ 条链路,这样,当 N 值较大时,传输链路数很大,而传输的链路的利用率较低,因此,在实际应用中一般不选择全连通网络,而是在保证可靠性的前提下,尽量减少链路的冗余和降低造价。

4．总线型网

总线型网是通过总线把所有节点连接起来,从而形成一条信道。总线型网络结构简单,扩展十分方便。该网络结构常用于计算机局域网中。其缺点是难以进行故障隔离和重新配置,一旦总线发生故障和断裂,将会终止所有的传输。

5．环形网

环形网各设备经环路节点机连成环形。信息流一般为单向,线路是公用的,采用分布控制方式。这种结构常用于计算机局域网中,有单环和双环之分,双环的可靠性明显优于单环。

6．复合型网络

复合型网络结构是现实中常见的组网方式,其优点是可以把几个不同的网络结构链接在一起,形成更大的复杂网络结构。例如,可在计算机网络中的骨干网部分采用双向环形网结构,而在基层网中构成星形网络,这样既提高了网络的可靠性,又节省了链路成本。

1.3.5　常见的国际标准化组织

世界上的标准化组织为网络的发展作出重大的贡献,他们指定和统一了网络的标准,使各个厂家的产品可以互通。目前,指引世界网络风向标的国际标准化组织有:国际标准化组织(ISO)、国际电信联盟-电信标准化部(ITU-T)、电子电器工程师协会(IEEE)、美国国家标准化协会(ANSI)、电子工业协会(EIA/TIA)、互联网工程任务组(IETF)、互联网架构委员会(IAB)和 Internet 上的 IP 地址编号机构(IANA)。

1．国际标准化组织

国际标准化组织(International Orgnization for Standardization,ISO)成立于 1947 年,其成员主要是由世界各个国家政府的标准定制委员会的成员参加,是一个国际性组织。

ISO 的宗旨是在世界范围内促进标准化工作的发展,其主要活动是制定国际标准,协调世界范围内的标准化工作。

ISO 标准的制定过程要经过四个阶段,即工作草案(Working Document,WD)、建议草案(Draft Proposal,DP)、国际标准草案(Draft International Standard,DIS)和国际标准(International Standard,IS)。

2. 国际电信联盟-电信标准化部

国际电信联盟-电信标准化部(International Telecomm Union Telecommunications Standards Sector,ITU-T)成立于 1932 年,其前身为国际电报电话咨询联合会(CCITT),它是国际电信联盟(ITU)的一个工作部门。它是一个开发全球电信技术标准的国际组织。ITU-T 的宗旨是研究与电话、电报、电传运作和关税有关的问题,并对国际通信用的各种设备及规程的标准化分别制定了一系列建议,具体有:

F 系列:制定有关电报、数据传输和远程信息通信业务;

I 系列:制定有关数字网的建议(含 ISDN);

T 系列:制定有关终端设备的建议;

V 系列:制定有关在电话网上的数据通信的建议;

X 系列:制定有关数据通信网络的建议;

其中 V 系列和 X 系列是两个比较普及的系列。

3. 电子电器工程师协会

电子电器工程师协会(Institute of Electrical and Electronic Engineers,IEEE)是世界上最大的专业工程师团体,是最大的定制计算机、通信、电子工程以及电子方面标准的国际专业组织。其最著名的工作成果是 IEEE 802 标准,以成为当今主流的 LAN 标准。

4. 美国国家标准化协会

美国国家标准化协会(American National Standard Institute,ANSI)是一个完全私有的非政府非盈利性组织。它涉及领域包括连网工程及规划、ISDN 业务、信令以及体系结构、以及光缆系列(SONET),其研究范围与 ISO 相对应。

5. 电子工业协会

电子工业协会(Electronic Industries Association/Telecomm Industries Association,EIA/TIA)是电子产品生产商的联合会。在信息技术领域,EIA 在定义数据通信的物理连接接口和电子信号特性方面做出了重要贡献,尤其是定义了两个数字设备(例如,计算机和打印机)之间的几种串行传输标准:EIA-232-D、EIA-449 和 EIA-530 在今天数据通信设备中被广泛使用。

6. 互联网工程任务组

互联网工程任务组(Internet Engineering Task Force,IETF)成立于 1986 年,是推动 Internet 标准规范制定的最主要的组织。对于虚拟网络世界的形成,IETF 起到了无以伦比的作用。除 TCP/IP 外,几乎所有互联网的基本技术都是由 IETF 开发或改进的。IETF 工作组创建了网络路由、管理、传输标准,这些正是互联网赖以生存的基础。

IETF 工作组定义了有助于保卫互联网安全的安全标准,使互联网成为更为稳定环境的服务质量标准以及下一代互联网协议自身的标准。

IETF 是一个非常大的开放性国际组织,由网络设计师、运营者、服务提供商和研究人员组成,致力于 Internet 架构的发展和顺利操作。大多数 IETF 的实际工作是在其工作组(Working Group)中完成的,这些工作组又根据主题的不同划分到若干个领域(Area),如,路由、传输、网络安全等。

7. 互联网架构委员会

互联网架构委员会(Internet Architecture Board,IAB)负责定义整个互联网的架构,负责向 IETF 提供指导,是 IETF 最高技术决策机构。

8. Internet 上的 IP 地址编号机构

Internet 的 IP 地址和 AS 号码分配是分级进行的。Internet 上的 IP 地址编号机构(Internet Assigned Numbers Authority,IANA)是负责全球 Internet 上的 IP 地址进行编号分配机构。

按照 IANA 的需要,将部分 IP 地址分配给地区级的 Internet 注册机构(Internet Registry,IR),地区级的 IR 负责该地区的登记注册服务。现在,全球一共有 3 个地区级的 IR:InterNIC、RIPENIC、APNIC,InterNIC 负责北美地区,RIPENIC 负责欧洲地区,亚太区国家的 IP 地址和 AS 号码分配由 APNIC 管理。

1.3.6　OSI 模型

开放系统互连(Open System Interconnection,OSI)模型是 ISO 和 ITU-T 在 1985 年共同开发的参考模型。该网络体系结构采用分层方法开发,标准定义了网络互连的七层框架(物理层、数据链路层、网络层、传输层、会话层、表示层和应用层),即 ISO 开放系统互连参考模型。每一层代表整个通信处理过程的一个组成部分,实现开放系统环境中的互连性、互操作性和应用的可移植性。OSI 参考模型是作为一个框架来协调和组织各层协议的制定,也是对网络内部结构最精练的概括与描述进行整体修改,如图 1.3 所示。

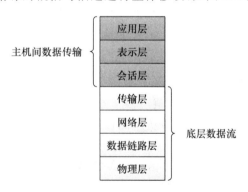

图 1.3　OSI 模型

OSI 参考模型定义了层次的结构,分层的好处是利用层次结构可以把开放系统的信息交换问题分解到一系列容易控制的软硬件模块一层中,而各层可以根据需要独立进行修改或扩充功能。同时,有利于各个不同制造厂家的设备互连,也有利于使用者学习、理解数据通信网络。

OSI 参考模型定义了层次之间的相互关系及各层所包含的可能的服务,服务详细定义说明了各层所提供的服务。某一层的服务就是该层及其下各层的一种能力,它通过接口提供给更高一层。各层所提供的服务与这些服务是怎么实现的无关。同时,各种服务还定义了层与层之间的接口和各层的所使用的原语。

OSI 参考模型还定义了各个协议之间的控制信息,以及用什么样的过程来解释这个控制信息。

OSI 参考模型作为一个框架来协调和组织各层协议的制定,但是没有规定实现的方法。ISO/OSI 参考模型只是定义了各个进程之间通信的规范,各个不同厂家的产品只要遵守这些规范就可以互联互通。因此,OSI 参考模型并不是一个标准,而只是一个在制定标准时所使用的概念性的框架。OSI 模型各层的功能如图 1.4 所示,具体如下。

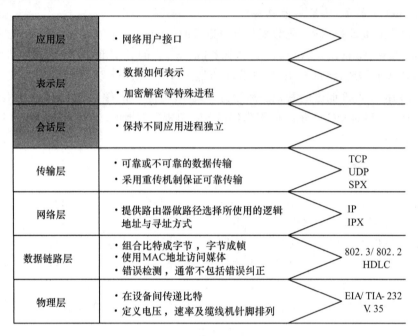

图 1.4   OSI 模型各层作用

1. 物理层

物理层处于 OSI 参考模型的最底层,其规定了通信线路与终端或计算机系统之间的接口标准,包含接口的机械、电气、功能与规程四个方面的特性。

- 机械特性:规定物理连接时接口所用的接线器的规格,如形状、尺寸、引线数目和排列方式等;
- 电气特性:规定物理信道上传输信号的参数,如信号电平、阻抗匹配和传输性能等;
- 功能特性:规定接口连线的功能,并说明某条连线上出现的某一电平的电压所表示的意义;
- 规程特性:规定了使用接口线实现数据传输的操作过程,也就是建立、维护和释放物理连接时。

在这一层,数据传输的单位称为比特(bit)。

物理层还定义了设备之间的异步传输方式,异步传输方式中每个字符均由四个部分组成:

(1) 起始位:占用 1 位,以逻辑"0"表示,通信中称"空号"(space)。

(2) 数据位:占用 5～8 位,即要传输的内容。

(3) 奇/偶检验位:占用 1 位,用于检错。

（4）停止位：占用 1～2 位，以逻辑"1"表示，用以作字符间的间隔。

这种异步传输方式中，每个字符以起始位和停止位加以分隔，故也称"起-止"式传输。用户将要传输的数据经过串并变化统一成字符串，并通过起始位、校验位和停止位封装起来，然后发送出去。接收端通过检测起始位、检验位和停止位来保证接收字符中比特串的完整性，最后再通过串并变化转换成原始数据。通过这种异步传输方式，用户的数据可以在网络上透明地传输，不需要用户的介入。

物理层定义了媒介类型、连接头类型和信号类型。例如，RS232 和 V.35 是同步串口的标准，IEEE 802.3 标准定义了 Ethernet 网物理层常用的接口线缆标准：10Base-T、100Base-TX/FX、1000Base-T 和 1000Base-SX/LX。

2. 数据链路层

数据链路层是 OSI 参考模型的第二层，它以物理层为基础，向网络层提供可靠的服务。数据链路层的主要功能就是保证将源端主机网络层的数据包准确无误地传送到目的主机的网络层。为了保证数据传输的准确无误，数据链路层还负责定义网络拓扑、差错校验、流量控制、帧的顺序控制、物理源地址和物理目的地址等。

（1）定义网络拓扑结构

网络的拓扑结构是由数据链路层定义的，如以太网的总线拓扑结构、交换式以太网的星形拓扑结构、令牌环的环形拓扑结构和 FDDI 的双环拓扑结构等。

（2）定义 MAC 地址

在实际的通信过程中依靠数据链路层地址在设备间进行寻址。数据链路层的地址在局域网中是 MAC（媒体访问控制）地址，在不同的广域网链路层协议中采用不同的地址，如在 FRAME RELAY 中的数据链路层地址为 DLCI（数据链路连接标识符），如图 1.5 所示。

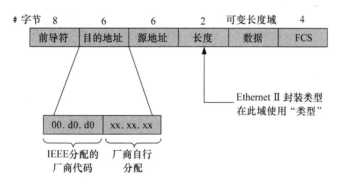

图 1.5　MAC 地址图

MAC 地址为 48 位二进制数字，前 24 位由 IEEE 分配，后 24 位由厂商自行分配。理论上全世界设备接口的 MAC 地址是唯一的。但目前随着 3 层交换机的使用这种情况有所变化。所有 MAC 地址在同一个局域网中都必须是唯一的。具有相同 MAC 地址的 2 台设备不能在同一链路层中。

数据链路层通常还进行帧同步、差错控制、流量控制、链路管理等。

（3）帧同步

为了保证数据能够可靠地进行传输，使接收端可以正确地识别发送数据，数据链路层采用了各种不同的方法来保证帧同步。帧同步的方法有自己计数法、字符填充首尾定界符法、比特填充首尾标志法和违法编码法等,目前较普遍使用的帧同步法是比特填充和违法编码法。

比特填充首尾标志法是采用一串特定的比特作为一帧的开始和结束,该方法在硬件中很容易实现。但是单信息串中出现类似的比特串时,容易出现误判,这时可以采用一些特殊的方法以防止这种错误的发生。

违法编码法是在物理层采用某种特定的编码方法时采用。例如,在 IEEE 802 标准的网络中帧的起始和终止利用的是曼彻斯特编码,该编码方法中将比特"1"编码成一对高低电平,将比特"0"编码为一对低高电平,利用不同的编码组合可以界定帧的界线。违法编码法不需要其他的填充,易于实现数据的透明传输。

（4）差错控制

差错控制是数据链路层的一个重要的功能,常用的方法有反馈检测和自动重发请求（ARQ）等。

反馈检测法也称回送校验或"回声"法,该方法中接收方收到发送方发送的数据后将该数据重新发送给发送方,发送方收到该数据后与原始数据进行比较,如果完全相符,则发送下一组数据;如果不符,则发送方发送一个删除控制字符给接收方,通知其删掉收到的数据,并重新发送原始数据。该方法适用于异步传输中原理简单,容易实现,可靠性高,但是信道利用率较低。

自动重发请求法（ARQ 法）在发送的数据中附加一定冗余校验码,接收方收到该数据信息后进行错误校验,如果发现错误,就发送重新发送信息给发送方,发送方收到该信息之后就重新发送原始数据;如果数据正确,就发送正确接收信息给发送方,发送方收到该信息之后就发送下一帧数据。该方法既可以实现差错控制,又可以实现较高的可靠性,提高了信道利用率。ARQ 还有空闲重发请求（Idle RQ）和连续重发请求（Continuous RQ）等方案。

（5）流量控制

流量控制是数据链路层的重要功能,但不是数据链路层所特有的功能,许多高层协议中也有流量控制。流量控制是指对于通信的两个节点,每个节点的工作速率和缓存空间是有限的,可能出现发送方的数据能力大于接收方的接收能力的现象,这时会导致接收方由于不能及时处理接收到的数据,而导致数据被淹没,丢失接收到的帧。因此需要控制发送方的数据发送流量,使其不超过接收方的接收能力。

（6）链路管理

链路管理主要是面向连接的服务,是对链路的建立、维持和释放进行管理。两个节点之间要进行通信,首先要确认对方处于就绪状态,并进行一些信息的交换才能建立连接,建立连接之后也要继续维持该连接。信息交互结束之后要结束连接释放资源。多个节点共享同一物理信道进行通信时,链路管理将变得异常复杂。

3. 网络层

网络层处于 OSI 参考模型中的第三层,介于传输层与数据链路层之间,负责通过网络将包从源地址传递到目的地址,使传输层不需了解网络中具体的传输和交换技术,就可以实现两个端系统之间的数据透明传送。其具体功能包括寻址和路由选择、连接的建立、保持和终止等。常见的网络层协议包括 IP 协议,IPX 协议与 APPLETALK 协议等。

4. 传输层

传输层处于 OSI 参考模型的第四层,负责为主机应用程序提供端到端的可靠或不可靠的通信服务。传输层对上层屏蔽下层网络的细节,保证通信的质量,消除通信过程中产生的错误,进行流量控制,以及对分散到达的包顺序进行重新排序等。

传输层的主要功能包括:

(1) 分割上层应用程序产生的数据;

(2) 在应用主机程序之间建立端到端的连接;

(3) 进行流量控制;

(4) 提供可靠或不可靠的服务;

(5) 提供面向连接与面向非连接的服务。

5. 会话层

会话层处于 OSI 参考模型的第五层,与表示层和应用层构成开放系统的高三层,面对应用进程提供分布处理,对话管理,信息表示,恢复最后的差错等。其主要功能是对话管理,数据流同步和重新同步,而这些功能需要大量的服务单元功能进行组合。同时,会话层要担负应用进程服务要求。

会话层的具体功能如下。

(1) 为会话实体间建立连接:①将会话地址映射为运输地址;②选择需要的运输服务质量参数(QoS);③对会话参数进行协商;④识别各个会话连接;⑤传送有限的透明用户数据。

(2) 数据传输:在两个会话用户之间实现有组织的、同步的数据传输。用户数据单元为 SSDU,而协议数据单元为 SPDU。会话用户之间的数据传送过程是将 SSDU 转变成 SPDU。

(3) 连接释放:是通过"有序释放"、"废弃"、"有限量透明用户数据传送"等功能单元来释放会话连接的。

6. 表示层

表示层位于 OSI 分层结构的第六层,负责处理用户或应用程序与网络之间所需的数据格式变化。不同的计算机体系结构使用的数据表示法不同,例如,IBM 主机使用 EBCDIC 编码,而大部分 PC 使用的是 ASCII 码,这需要表示层来完成这种转换。

7. 应用层

应用层位于 OSI 体系结构中的最高层,直接面向用户以满足不同需求的。它主要是由用户终端的应用软件构成,是利用网络资源,唯一向应用程序直接提供服务的层,如常见的 Telnet、FTP、SNMP 等协议都属于应用层的协议。应用层决定通过网络发送什么数据。

1.3.7　TCP/IP 协议

1. TCP/IP 协议简述

TCP/IP(Transmission Control Protocol/Internet Protocol)协议起源于 1969 年美国国防部高级研究项目管理局(Advanced Research Projects Agency,ARPA)对有关分组交换的广域网(Packet-Switched wide-area network)科研项目,因此起初的网络称为 ARPANET。1973 年 TCP 协议(传输控制协议)正式投入使用,1981 年 IP(网际协议)协议投入使用,1983 年 TCP/IP 协议正式被集成到美国加州大学伯克利分校的 UNIX 版本中,该"网络版"操作系统适应了当时各大学、机关、企业旺盛的连网需求,因而随着该免费分发的操作系统的广泛使用，TCP/IP 协议得到了流传，如图 1.6 所示。

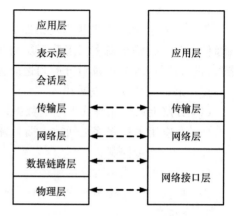

图 1.6　TCP/IP 协议与 OSI 模型比较

TCP/IP 技术也得到了众多厂商的支持，不久就有了很多分散的网络。所有这些单个的 TCP/IP 网络都互联起来称为 Internet。基于 TCP/IP 协议的 Internet 已逐步发展成为当今世界上规模最大、拥有用户和资源最多的一个超大型计算机网络，TCP/IP 协议也因此成为事实上的工业标准。IP 网络正逐步成为当代乃至未来计算机网络的主流。

TCP/IP 协议已经不单是 TCP 和 IP 两个协议，而是多个协议的组合，常称为 TCP/IP 协议族或者互联网协议族。TCP/IP 协议与 OSI 参考模型的分层不同，将 OSI 的七层模型合并为四层协议的体系结构，自上向下分别是应用层、传输层、网络层和网络接口层，没有 OSI 参考模型的会话层和表示层。

TCP / IP 协议与 OSI 参考模型的不同层次的对应关系如图 1.7 所示。

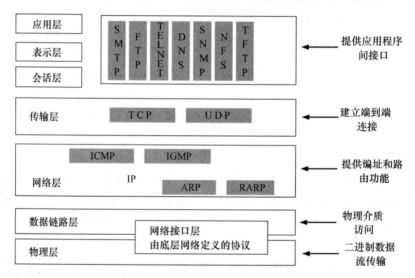

图 1.7　TCP/IP 与 OSI 协议不同层次的比较

网络接口层位于 TCP/IP 协议的最底层，与 OSI 参考模型的物理层和数据链路层对应，其主要负责网络数据的发送和接收。网络接口层对应操作系统中的设备驱动程序和计算机中对应的网络接口卡。它们一起处理与电缆（或其他任何传输媒介）的物理接口细节。常用的网络接口层协议包括：以太网协议、PPP 协议、帧中继协议和 ATM 等。

网络层（IP 层）有时也称作互连网层，处于 TCP/IP 协议的第二层，主要负责分组数据在网络上的传输，完成路由、寻址功能，提供主机到主机的连接。IP 协议是尽力传送的、不可靠的协议。在 TCP/IP 协议族中，网络层协议包括 IP 协议（网际协议）、ICMP 协议（Internet 互联网控制报文协议）、ARP/RARP（地址解析/反向地址解析协议），以及 IGMP 协议（Internet 组管理协议）。

　　传输层位于 TCP/IP 协议的第三层,主要负责端到端的可靠通信。传输层定义了两个协议:传输控制协议(TCP)和用户数据报协议(UDP)。TCP 协议是面向连接的协议,具有差错校验、重发和顺序控制等功能,可以保证数据的可靠传输;UDP 协议是面向无连接的协议,没有额外开销,效率较高。

　　应用层位于 TCP/IP 协议的最高层,主要用来提供各种应用服务。TCP/IP 协议提供的应用服务有远程登录协议(Telnet)、邮件传输协议(SMTP)、域命名服务(DNS)、文件传输协议(FTP)和超文本传输协议(HTTP)等。

　　2. TCP/IP 协议封装

　　TCP/IP 协议数据封装过程如图 1.8 所示。在发送端,用户数据在应用层产生,传递到传输层,被封装在传输层的段中,该段再被封装到网络层 IP 包中,IP 包再封装到数据链路的帧中,以便在物理介质上传送。当接收端系统接收到该数据时,再进行一个逆过程,即解封装过程。接收端对接收到的数据首先在网络层进行解帧,然后依次解 IP 包、TCP 段,最后到达应用层,给出用户数据。

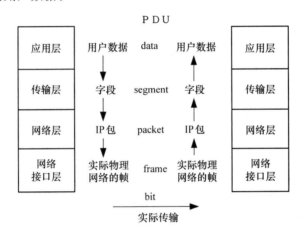

图 1.8　TCP/IP 数据封装过程

　　3. 传输层

　　传输层的主要功能有:

- 分割上层应用程序;
- 建立主机应用程序间端到端的连接;
- 建立数据段从一个终端传送到另一个终端;
- 保证数据的可靠传输。

　　传输层主要包含 TCP 和 UDP 两个协议。TCP 协议将接收到的用户数据分成小的数据段,传送给网络层,并确认网络层收到了正确的分组,因此 TCP 协议为两个终端提供可靠的数据通信,是面向连接的协议。UDP 协议只是将数据报分组从一个终端传送到另一个终端,但是不能保证该数据报一定到达该终端,数据报传输的可靠性由应用层来提供,因此,UDP 协议是不可靠的无连接的协议。TCP 和 UDP 这两个协议适用在不同的网络环境与应用场合中,具有不同的用途,利用 TCP 的应用层协议有 Telnet 和 FTP 等,利用 UDP 的应用层协议有 TFTP 和 SNMP 等。

　　端口号用来标识相互通信的应用程序,服务器一般都是通过知名端口号来识别应用程序,TCP 和 UDP 协议采用 16 bit 的端口号来识别不同的应用程序,如图 1.9 所示 FTP 服务的 TCP 端口号都是 21,Telnet 服务的 TCP 端口号都是 23,TFTP(简单文件传送协议)服务的 UDP 端口号都是 69 等。TCP/IP 所提供的服务的端口号由 IP 地址编号机构 IANA 来分配,编号范围为 1~1 023,而 TCP/IP 临时服务的端口被分配 1 024~5 000 之间的端口号。大于 5 000 的端口号是为其他服务(Internet 上并不常用的服务)预留的。

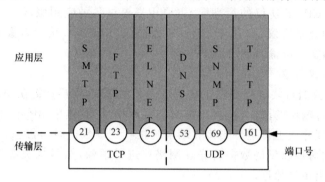

图 1.9　TCP 和 UDP 协议的端口号

网络层 IP 使用特定的协议号来区分传输层协议,TCP 是 6 号,UDP 是 17 号。

TCP/IP 标准的服务的端口号都是奇数,如 Telnet、FTP、SMTP 等,这是因为这些端口号是从 NCP 端口号派生出来的。NCP 即网络控制协议,是 ARPANET 的传输层协议,是 TCP 的前身,是单工的,因此每个应用程序需要两个连接,需预留一对奇数和偶数端口号。当 TCP 和 UDP 成为标准的传输层协议时,每个应用程序只需要一个端口号,因此就使用了 NCP 中的奇数。

（1）TCP 传输控制协议

1）TCP 报文格式

TCP 报文格式如图 1.10 所示,头部包含源端口号(Source Port,SP)和目的端口号(Destination Port,DP),用于标识和区分源端设备和目的端设备的应用进程。在 TCP/IP 协议栈中,源端口号和目的端口号分别与源 IP 地址和目的 IP 地址组成套接字(socket),唯一地确定一条 TCP 连接。

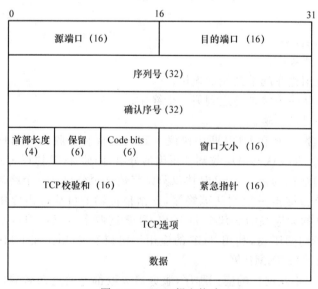

图 1.10　TCP 报文格式

序列号(Sequence Number,SN)字段用来标识 TCP 源端设备向目的端设备发送的字节流,它表示在这个报文段中的第一个数据字节。如果将字节流看作在两个应用程序间的单向流动,则 TCP 用序列号对每个字节进行计数。序列号是一个 32 bits 的数。

每个传输的字节都被计数,确认序号(Acknowledgement Number)包含发送确认的一端所期望接收到的下一个序号。因此,确认序号应该是上次已成功收到的数据字节序列号加 1。

TCP 的流量控制由连接的每一端通过声明的窗口大小(windows size)来提供。窗口大小用字节数来表示,例如,Windows size=1024,表示一次可以发送 1024 字节的数据。窗口大小起始于确认字段指明的值,是一个 16 bits 字段。窗口大小可以调节。

校验和(checksum)字段用于校验 TCP 报头部分和数据部分的正确性。

在 TCP 首部中有 6 个 code bits 中的多个可同时被设置为 1。含义如下:

- URG 紧急指针(urgent pointer)有效;
- ACK 确认序号有效;
- PSH 接收方应该尽快将这个报文段交给应用层;
- RST 重建连接;
- SYN 同步序号用来发起一个连接;
- FIN 发端完成发送任务。

TCP 报文段中的数据部分是可选的。在一个连接建立和一个连接终止时,双方交换的报文段仅有 TCP 首部。如果一方没有数据要发送,也使用没有任何数据的首部来确认收到的数据。在处理超时的许多情况中,也会发送不带任何数据的报文段。

2) TCP 端口号

单连接时 TCP 端口设置如图 1.11 所示,主机 1 要和主机 2 进行 Telnet 远程连接,其中目的端口号为知名端口号 25,源端口号为 1030。源端口号没有特别的要求,只需保证该端口号在本机上是唯一的就可以了。一般从 1023 以上找出空闲端口号进行分配。源端口号又称作临时端口号,这是因为源端口号存在时间很短暂。

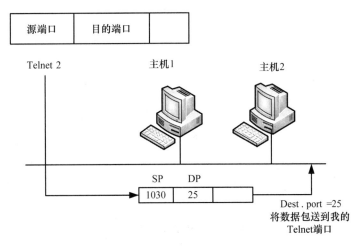

图 1.11　单连接时 TCP 端口号

多连接时 TCP 端口设置如图 1.12 所示,主机 1 上有两个应用程序要同时访问主机 2 上的 Telnet 服务,主机 1 使用不同的源端口号来区分本机上的不同的应用程序进程。IP 地址和端口号用来唯一地确定数据通信的连接。

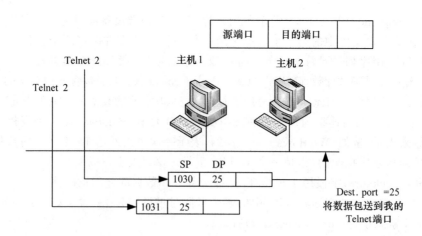

图 1.12　多连接时 TCP 端口号

3）TCP 序号和确认号综述

TCP 协议序号和确认序号的应用如图 1.13 所示，从图中可以看出，序列号的作用主要有两个，一个是用于标识数据顺序，以便接收端在将其递交给应用程序前按正确的顺序进行重组；另一个是消除网络中的重复报文包。确认序号的作用是接收端告诉发送端哪个数据段已经成功接收，并告诉发送者接收者希望接收的下一个字节。

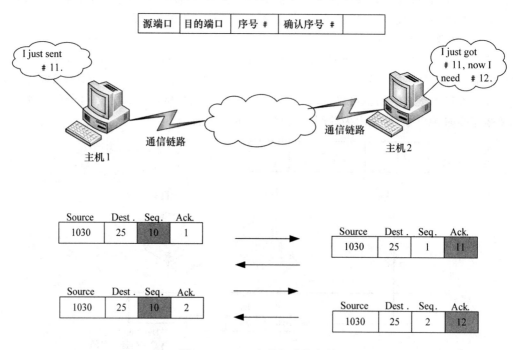

图 1.13　TCP 序号和确认序号

4）TCP 三次握手/建立连接

TCP 是面向连接的传输层协议，即要在数据传输开始前要完成连接建立的过程，否则不会进入真正的数据传输阶段。

TCP 的连接建立过程通常被称为三次握手（three-way handshake），如图 1.14 所示，过程如下：

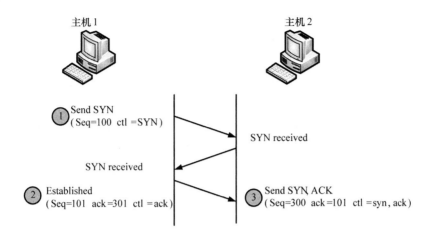

图 1.14　TCP 三次握手/连接建立过程

① 请求端（通常称为客户）发送一个 SYN 段指明客户打算连接的服务器的端口，以及初始序号（ISN）。这个 SYN 段为报文段 1。

② 服务器发回包含服务器的初始序号的 SYN 报文段（报文段 2）作为应答。同时，将确认序号设置为客户的 ISN 加 1 以对客户的 SYN 报文段进行确认。一个 SYN 将占用一个序号。

③ 客户必须将确认序号设置为服务器的 ISN 加 1 以对服务器的 SYN 报文段进行确认（报文段 3）。

这三个报文段完成连接的建立。

5）TCP 四次握手/终止连接

TCP 是全双工方式，因此每个方向必须单独进行关闭。TCP 终止连接过程如图 1.15所示，当主机 1 和主机 2 完成发送任务之后，主机 1 就发送一个 FIN 来终止这个方向连接，主机 2 收到后，它要通知应用层主机 1 已经终止了该方向的数据传送，同时它也要给主机 1发送 FIN 来终止连接。所以 TCP 终止连接的过程需要四个过程，称之为四次握手过程。

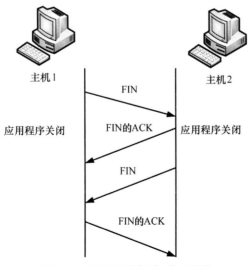

图 1.15　TCP 四次握手/终止连接

6）基本概念-窗口控制

TCP 使用窗口进行流量控制，如图 1.16 所示，当窗口尺寸为 1 时，发送一个数据段后必须等待确认才可以发送下一个数据段。这种方式的优点是在接收端接收的数据段顺序不会出错，缺点是传输速度慢，效率低；当窗口尺寸大于 1 时，可以同时发送几个数据包，当确认返回时，则发送新数据段，如图 1.16 所示；当窗口尺寸为 3 时，可以连续发送 3 个数据段，但收到确认信息后开始发送第 4 个数据段。这种方式可以提高传输效率，缺点是由于 TCP 靠 IP 传输数据，而 IP 在传输过程中可能会选择不同的路径而导致在接收端接收的数据段顺序混乱。因此，需要设计合理的滑动窗口协议，以保持网络的可靠性和吞吐量的平衡。

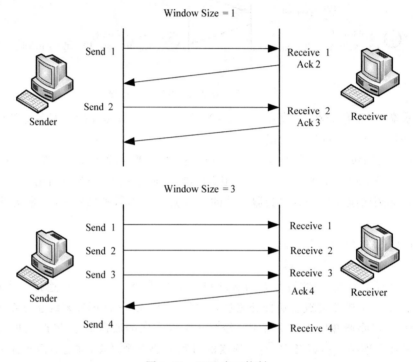

图 1.16　TCP 窗口控制

（2）UDP 用户数据报协议

UDP 数据报文格式如图 1.17 所示，UDP 报文只源端口号、目的端口号、长度、校验和等，各个字段功能和 TCP 报文相应字段一样。

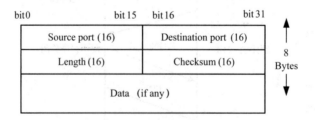

图 1.17　UDP 报文格式

UDP 报文没有可靠性保证、顺序保证和流量控制字段等，可靠性较差，但是数据传输延迟较小，效率较高，适用于对可靠性要求并不高的应用程序，或者可以保障可靠性的应用程序如 DNS、TFTP 和 SNMP 等。

TCP/UDP 的比较如表 1.1 所示。TCP 和 UDP 协议各有特点,分别适用于不同的网络和环境中。

表 1.1　TCP/UDP 比较

	TCP	UDP
是否面向连接	面向连接	无连接
是否提高可靠性	可靠传输	不提供可靠性
是否流量控制	流量控制	不提供流量控制
传输速度	慢	快
协议开销	大	小

4. 网络层

网络层的功能主要有:

- 无连接的,不可靠的传递服务;
- 数据包分段和重组;
- 路由功能。

网络层主要包括 IP 协议(网际协议)、ICMP 协议(Internet 互连网控制报文协议)、ARP/RARP(地址解析/反向地址解析协议)以及 IGMP 协议(Internet 组管理协议)。ICMP 是 IP 协议的附属协议,主要被用来与其他主机或路由器交换错误报文和其他重要信息。ICMP 主要被 IP 使用,但应用程序也可以访问它,如 ping 和 traceroute 也使用了 ICMP 协议。ARP 和 RARP 是某些网络接口(如以太网和令牌环网)使用的特殊协议,用来转换 IP 层和网络接口层使用的地址。

(1) IP 数据包格式

IP 数据包格式如图 1.18 所示,其中主要部分如下:

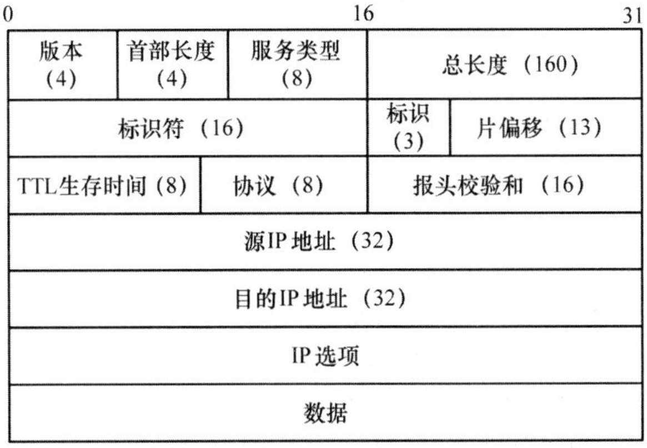

图 1.18　IP 数据包格式

① 版本:目前的协议版本号是 4,因此 IP 有时也称作 IPv4。

② 首部长度:占用 4 比特字段,值是指 IP 包头中 32 bit 的数量,因此首部最长为 60 个字节。普通 IP 数据报字段的值是 5,即长度 20 个字节。

③ 服务类型(TOS)字段:占用 8 个 bit,包括 3 bit 的优先权子字段、4 bit 的 TOS 子字段和 1 bit 未用位但必须置 0 的子字段。4 bit 的 TOS 分别代表:最小时延、最大吞吐量、最高可靠性和最小费用。4 bit 中只能置其中 1 bit。如果所有 4 bit 均为 0,那么就意味着是一般服务。

④ 总长度字段:指整个 IP 数据包的长度,以字节为单位。利用首部长度字段和总长度字段,就可以计算出 IP 数据报中数据内容的起始位置和长度。该字段长 16 比特,所以 IP 数据报最长可达 65 535 字节。

⑤ 标识字段:唯一地标识主机发送的每一份数据包。通常每发送一份报文它的值就会加 1,物理网络层一般要限制每次发送数据帧的最大长度。IP 把 MTU 与数据包长度进行比较,如果需要则进行分片。分片可以发生在原始发送端主机上,也可以发生在中间路由器上。把一份 IP 数据包分片以后,只有到达目的地才进行重组。重组由目的端的 IP 层来完成,其目的是使分片和重组过程对传输层(TCP 和 UDP)是透明的,即使只丢失一片数据也要重传整个数据包。

已经分片过的数据包有可能会再次进行分片(可能不止一次)。IP 首部中包含的数据为分片和重新组装提供了足够的信息。

对于发送端发送的每份 IP 数据包来说,其标识字段都包含一个唯一值。该值在数据包分片时被复制到每个片中。标识字段用其中一个比特来表示“更多的片”。除了最后一片外,其他每片都要把该比特置 1。

⑥ 片偏移字段:指的是该片偏移原始数据包开始处的位置。当数据包被分片后,每个片的总长度值要改为该片的长度值。标识字段中有一个比特称作“不分片”位。如果将这一比特置 1,IP 将不对数据报进行分片,在网络传输过程中如果遇到链路层的 MTU 小于数据包的长度时将数据包丢弃并发送一个 ICMP 差错报文。

⑦ TTL(time-to-live)生存时间:该字段设置了数据包可以经过的最多路由器数。它指定了数据报的生存时间。TTL 的初始值由源主机设置(通常为 32 或 64),一旦经过一个处理它的路由器,它的值就减去 1。当该字段的值为 0 时,数据报就被丢弃,并发送 ICMP 报文通知源主机。

⑧ 协议字段:根据它可以识别是哪个协议向 IP 传送数据。

⑨ 报头校验和字段:根据 IP 首部计算的校验和码。它不对首部后面的数据进行计算。因为 ICMP、IGMP、UDP 和 TCP 在它们各自的首部中均含有同时覆盖首部和数据校验和码。

⑩ 每一份 IP 数据报都包含 32 bit 的源 IP 地址和目的 IP 地址。

⑪ IP 选项字段:是数据包中的一个可变长的可选信息。这些 IP 选项定义如下:

- 安全和处理限制(用于军事领域,详细内容参见 RFC 1108[Kent 1991]);
- 记录路径(让每个路由器都记下它的 IP 地址);
- 时间戳(让每个路由器都记下它的 IP 地址和时间);
- 宽松的源站选路(为数据报指定一系列必须经过的 IP 地址);
- 严格的源站选路(与宽松的源站选路类似,但是要求只能经过指定的这些地址,不能经过其他的地址)。

这些选项很少被使用,并非所有的主机和路由器都支持这些选项。选项字段一直都是以

32 bit作为界限,在必要的时候插入值为 0 的填充字节。这样就保证 IP 首部始终是 32 bit 的整数倍。

⑫ 最后是上层的数据,比如 TCP 或 UDP 的数据段。

（2）协议类型字段

IP 数据报在首部中加入一个长度为 8 bit 的数值,用来表明 IP 传送的是哪个协议的数据,该标识称为协议域。IP 可以传送 TCP、UDP、ICMP 和 IGMP 等协议的数据,如 1 表示为 ICMP 协议,2 表示为 IGMP 协议,6 表示为 TCP 协议,17 表示为 UDP 协议。如图 1.19 所示 TCP 和 UDP 协议的类型。

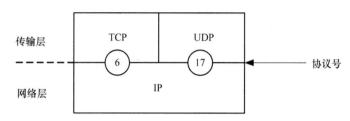

图 1.19　IP 协议类型字段

（3）ICMP

ICMP 协议具有差错控制和差错控制功能,其被封装在 IP 数据报内,传递差错报文以及其他需要注意的信息。在所有 TCP/IP 主机上都可实现 ICMP。ICMP 报文也可以被封装到更高层协议中。一些 ICMP 报文把差错报文返回给用户进程。例如用来测试两台主机是否可以连通的"ping"命令使用的就是 ICMP 协议。"ping"程序会发送一份 ICMP 回应请求报文给主机,并等待返回 ICMP 回应应答,应答信息中包含往返时间和出现问题的原因。但是,随着 Internet 安全意识的增强,出现了提供访问控制列表的路由器和防火墙,那么像这样没有限定的断言就不再成立了。一台主机的可达性可能不只取决于 IP 层是否可达,还取决于使用何种协议以及端口号。

（4）ARP 工作机制

数据链路层协议如以太网或令牌环网都有自己的寻址机制（常常为 48 bit 地址）,这是使用数据链路的任何网络层都必须遵从的。当一台主机把以太网数据帧发送到位于同一局域网上的另一台主机时,是根据 48 bit 的以太网地址来确定目的接口的。设备驱动程序从不检查 IP 数据报中的目的 IP 地址。

ARP 协议实现 IP 地址和 MAC 地址的对应关系。ARP 协议实现过程:发送端广播 ARP 请求以太网数据帧给以太网上的每个主机,该 ARP 请求以太网数据帧中包含目的主机的 IP 地址,它希望该 IP 地址的主机给它回复自己的硬件地址。与发送端在同一局域网的所有主机都可以收到该 ARP 广播,当目的主机的 ARP 层收到该广播报文之后,首先根据包含在其中的 IP 地址判断这是发送端在询问它的 MAC 地址。于是发送一个单播 ARP 应答。这个 ARP 应答包含 IP 地址及对应的硬件地址。收到 ARP 应答后,发送端就知道接收端的 MAC 地址了。图 1.20 给出了 ARP 协议的一个示例过程,图中发送端为主机 1,IP 地址为 192.168.5.1,目的主机为主机 2,IP 地址为 192.168.5.2。主机 1 广播 ARP 请求以太网数据帧,请求 IP 地址为 192.168.5.2 的主机的 MAC 地址,当主机 2 收到该帧之后,首先判断自己的 IP 地址是否与之相同,判断结果发现自己的 IP 地址与之相同,然后给主机 1

回复自己的 IP 地址和 MAC 地址。

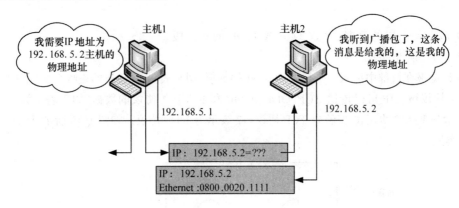

图 1.20　ARP 工作过程

每个主机上都有一个 ARP 高速缓存,存放了最近 IP 地址到硬件地址之间的映射记录,当主机查找某个 IP 地址与 MAC 地址的对应关系时首先在本机的 ARP 缓存表中查找,只有在找不到时才进行 ARP 广播,这使得 ARP 运行效率非常高。

(5) RARP 工作机制

当主机具有本地磁盘的系统引导时,一般是从磁盘上的配置文件中读取 IP 地址。但是无盘工作站或被配置为动态获取 IP 地址的主机则需要采用其他方法来获得 IP 地址。RARP 协议可以实现为主机获取 IP 地址。

RARP 协议实现过程是主机首先从接口卡上读取该机的唯一的硬件地址,然后广播一份 RARP 请求,请求某个主机(如 DHCP 服务器或 BOOTP 服务器)响应该主机系统的 IP 地址。DHCP 服务器或 BOOTP 服务器接收到了该 RARP 请求时,为其分配 IP 地址等配置信息,并通过 RARP 回应发送给源主机。图 1.21 给出了 RARP 协议工作过程的一个示例,图中主机 1 知道自己的 MAC,但是不知道 IP 地址,于是它广播了一个 RARP 请求,DHCP 服务器或 BOOTP 服务器收到该请求之后为其分配一个 IP 地址:192.168.5.35 给主机 1。

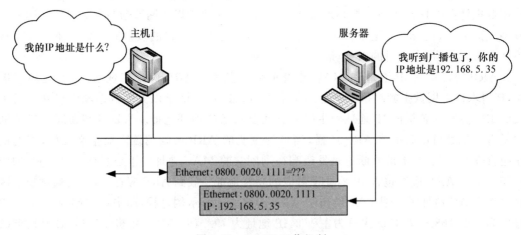

图 1.21　RARP 工作机制

（6）IPv4 地址

Internet 由不同的网络组成，IP 协议用于网络上的数据的端到端的路由，意味着一个 IP 数据包必须在多个网络之间传输，而且在达到目的地之前可能经过多个路由器接口。路由器用来连接不同的网络，并在不同网络间转发用户的数据，同一个路由器的不同接口必须配置不同网段的 IP 地址，而相邻路由器的相邻接口的 IP 地址必须是在同一网段内的不同地址。图 1.22(a)、(b)给出了 Internet 网络中 IP 地址的分配情况示例。

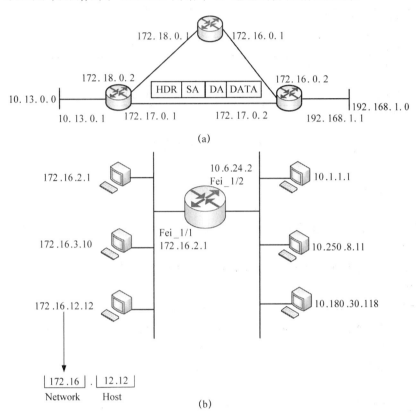

图 1.22　IPv4 地址标识示例

TCP/IP 网络通过 IP 地址唯一标识每一个主机，IP 地址为一个 32 位的二进制数，其中包括网络部分与主机部分。网络地址在全网中必须唯一，而在同一网络中主机地址必须唯一。

为方便书写及记忆，一个 IP 地址通常采用 0～255 之内的 4 个十进制数表示，数之间用句点分开。这些十进制数中的每一个都代表 32 位地址的其中 8 位，即所谓的八位位组，称为点分表示法。

随着网络中用户的不断增加，为了便于管理 Internet 网络，将 IP 地址分为五类：A 类、B 类、C 类、D 类和 E 类。A 类是指数量有限的特大型网络；B 类是指数量较多的中等网络；C 类是指数量非常多的小型网络；D 类是指用于多点传送；E 类通常指试验或研究类。

IP 地址的类别可以通过查看地址中的前 8 位位组（最重要的）而确定。不同类别的 IP 地址的分类方式如图 1.23 所示，具体解释如下。

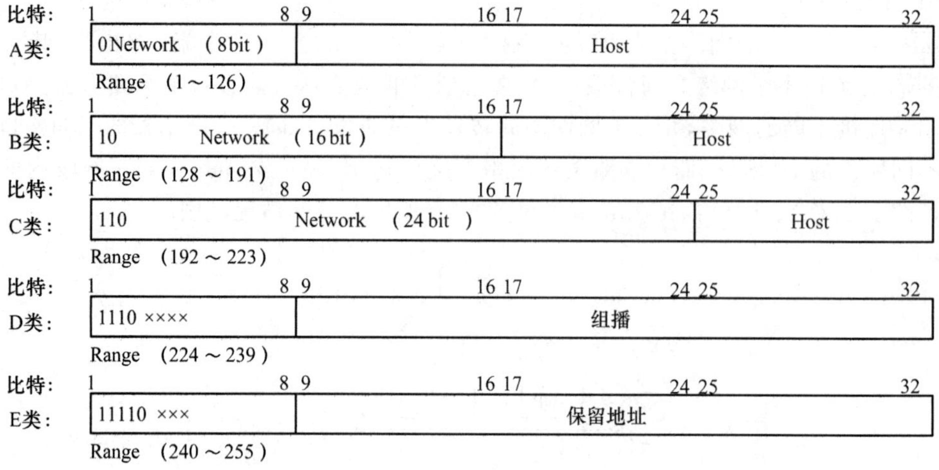

比特： 1　　　　8　9　　　　　16　17　　　　24　25　　　　32
A类：　0 Network（8 bit）　　　Host
Range（1～126）

比特： 1　　　　8　9　　　　　16　17　　　　24　25　　　　32
B类：　10　　Network（16 bit）　　　Host
Range（128～191）

比特： 1　　　　8　9　　　　　16　17　　　　24　25　　　　32
C类：　110　　Network（24 bit）　　　Host
Range（192～223）

比特： 1　　　　8　9　　　　　16　17　　　　24　25　　　　32
D类：　1110××××　　　　组播
Range（224～239）

比特： 1　　　　8　9　　　　　16　17　　　　24　25　　　　32
E类：　11110×××　　　　保留地址
Range（240～255）

图 1.23　IPv4 地址分类

① A 类

A 类地址,8 位分配给网络地址,24 位分配给主机地址。如果第 1 个 8 位位组中的最高位是 0,则地址是 A 类地址。

这对应于 0～127 的可能的 8 位位组。在这些地址中,0 和 127 具有保留功能,所以实际的范围是 1～126。A 类中仅仅有 126 个网络可以使用。因为仅仅为网络地址保留了 8 位,第 1 位必须是 0。然而,主机数字可以有 24 位,所以每个网络可以有 16 777 214 个主机。

② B 类

B 类地址中,为网络地址分配了 16 位,为主机地址分配了 16 位,一个 B 类地址可以用第 1 个 8 位位组的头两位为 10 来识别。这对应的值从 128～191。既然头两位已经预先定义,则实际上为网络地址留下了 14 位,所以可能的组合产生了 16 384 个网络,而每个网络包含 65 534 个主机。

③ C 类

C 类为网络地址分了 24 位,为主机地址留下了 8 位。C 类地址的前 8 位位组的头 3 位为 110,这对应的十进制数从 192～223。在 C 类地址中,仅仅最后的 8 位位组用于主机地址,这限制了每个网络最多仅仅能有 254 个主机。既然网络编号有 21 位可以使用(3 位已经预先设置为 110),则共有 2 097 152 个可能的网络。

④ D 类

D 类地址以 1110 开始。这代表的 8 位位组从 224～239。这些地址并不用于标准的 IP 地址。相反,D 类地址指一组主机,它们作为多点传送小组的成员而注册。多点传送小组和电子邮件分配列表类似。正如你可以使用分配列表名单来将一个消息发布给一群人一样,你可以通过多点传送地址将数据发送给一些主机。多点传送需要特殊的路由配置,在默认情况下,它不会转发。

⑤ E 类

如果第 1 个 8 位位组的前 4 位都设置为 1111,则地址是一个 E 类地址。这些地址的范围为 240～255,这类地址并不用于传统的 IP 地址。这个地址类有时候用于实验室或研究。

我们的大部分讨论内容的重点是 A 类、B 类和 C 类,因为它们是用于常规 IP 寻址类别。

IP 地址空间中的某些地址已经为特殊目的而保留,而且通常并不允许作为主机地址使用,如表 1.2 所示。这些保留地址如下。

表 1.2　特殊的 IP 地址

地址	用途
网络 127.0.0.0	指本地节点(一般为 127.0.0.1)用于测试网卡及 TCP/IP 软件
主机地址全 0	用于指定网络本身,称之为网络地址或者网络号
主机地址全 1	用于广播或定向广播,需要指定目标网络

① 网络地址

当 IP 地址中的主机地址中的所有位都设置为 0 时,它表示一个网络,而不是网络上的特定主机。这些类型的条目通常可以在路由表中找到,因为路由器控制网络之间的通信,而不是单个主机之间的通信。在一个子网中,将主机位设置为 0 将代表特定的子网。

网络位不能全部都是 0,因为 0 是一个不合法的网络地址,而且用于代表"未知网络或地址"。

② 回环地址

网络地址 127.×.×.× 已经分配给当地回环地址。这个地址的目的是提供对本地主机的网络配置的测试。使用这个地址提供了对协议堆栈的内部回环测试。

③ 广播地址

当 IP 地址中的主机地址中的所有位都设置为 1 时,它是一个广播地址。

RFC1918 标准中也定义了一些保留地址,这些保留的地址范围是:10.0.0.0～10.255.255.255、172.16.0.0～172.31.255.255、192.168.0.0～192.168.255.255。这些地址不允许直接出现在 Internet 上。

对于一个特定网络,已知网络中存在多少个主机位可用如图 1.24 所示公式计算可容纳的主机数量。其中 2 的 N 次方得出的是这个网段中 IP 地址的数量,主机位全为 0 和主机位全为 1 的网络地址和广播地址不可以被分配给主机使用,所以要将这 2 个地址减掉,得到的即是本网段可容纳的主机数量。

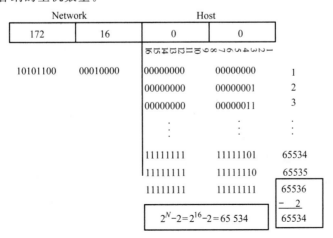

图 1.24　可用主机地址数量计算

（7）没有子网的编址

很多情况下，特别是对于 A 类与 B 类网络，没有子网划分的网络对地址空间的利用是不经济的，而过多的主机处在一个广播域中会严重影响网络和主机的性能。如图 1.25 所示给出了一个没有子网编址的网络。

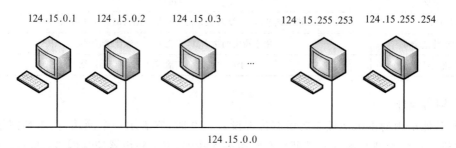

图 1.25　没有子网的编址

（8）带子网划分的编址

主机位可以被细分为子网位与主机位，如图 1.26 所示。子网位占用了整个第 3 段的 8 位，与图 1.25 的区别是原来一个 B 类网络被划分成了 256 个子网，每个子网可容纳的主机数量减少为 254。

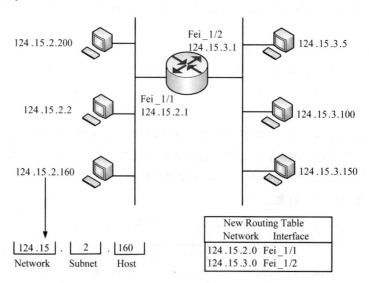

图 1.26　带有子网编址的网络

划分出来了不同的子网，即划分出了不同的逻辑网络。这些不同网络之间的通讯通过路由器来完成，也就是说将原来一个大的广播域划分成了多个小的广播域。

网络设备使用子网掩码确定哪些部分为网络位，哪些部分为子网位，哪些部分为主机位。网络设备根据自身配置的 IP 地址与子网掩码，可以识别出一个 IP 数据包的目的地址是否与自己处在同一子网或处在同一主类网络，但处于不同子网或处于不同的主类网络。

（9）子网掩码

IP 地址在没有相关的子网掩码的情况下存在是没有意义的。子网掩码定义了构成 IP 地址的 32 位中的多少位用于网络位，或者网络及其相关子网位。子网掩码中的二进制位构成了一个过滤器，它通过标识应该解释为网络地址的 IP 地址的那一部分来计算网络地址。完成这个任务的过程称为按位求与。按位求与是一个逻辑运算，它对地址中的每一位和相应的掩码位进行计算。划分子网其实就是将原来地址中的主机位借位作为子网位来使用，目前规定借位必须从左向右连续借位，即子网掩码中的 1 和 0 必须是连续的。如图 1.27 所示给出子网掩码的示例。

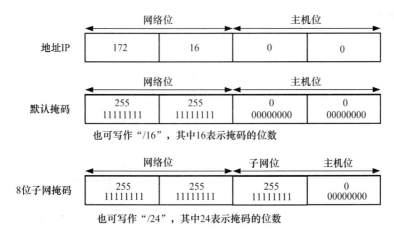

图 1.27　子网掩码

图 1.28 给出了计算实例：对给定 IP 地址和子网掩码要求计算该 IP 地址所处的子网网络地址，子网的广播地址及可用 IP 地址范围。

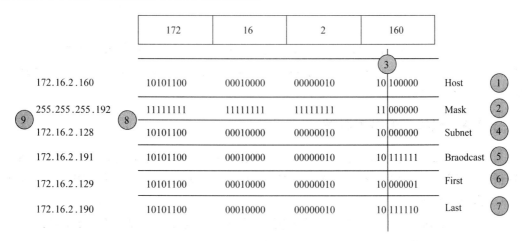

图 1.28　地址示例计算

① 首先将 IP 地址转换为二进制表示。

② 然后将子网掩码也转换成二进制表示。

③ 第 3 步，在子网掩码的 1 与 0 之间划一条竖线，竖线左边即为网络位（包括子网位），

竖线右边为主机位。

④ 将主机位全部置 0,网络位照写就是子网的网络地址。

⑤ 将主机位全部置 1,网络位照写就是子网的广播地址。

⑥ 介于子网的网络地址与子网的广播地址之间的即为子网内可用 IP 地址范围。

⑦ 然后将前 3 段网络地址写全。

⑧ 最后转换成十进制表示形式。

(10) 变长子网掩码 VLSM

定义子网掩码的时候,作出了假设,假设在整个网络中将一致地使用这个掩码。在许多情况下,这导致浪费了很多主机地址。比如,我们有一个子网,它通过串口连接了 2 个路由器。在这个子网上仅仅有两个主机,每个端口一个,但是我们已经将整个子网分配给了这两个接口。这将浪费很多 IP 地址。

如果我们使用其中的一个子网,并进一步将其划分为第二级子网,将有效地"建立子网的子网",并保留其他的子网,则可以最大限度地利用 IP 地址。"建立子网的子网"的想法构成了 VLSM 的基础。如图 1.29 所示给出了一个变长子网掩码的示例。

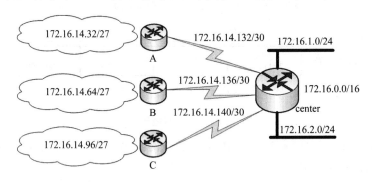

图 1.29 变长子网掩码

为使用 VLSM,我们通常定义一个基本的子网掩码,它将用于划分第一级子网,然后用第二级掩码来划分一个或多个一级子网。VLSM 仅仅可以由新的路由协议,如 BGP 或 OSPF 或 RIPv2 识别。

1.3.8 交换机的基本原理

二层交换机工作于数据链路层,可以识别数据包中的 MAC 地址信息,根据 MAC 地址进行转发,并将这些 MAC 地址与对应的端口记录在自己内部的一个地址表中。交换机的具体工作流程如下:

(1) 当交换机从某个端口收到一个数据帧,它先读取包头中的源 MAC 地址,这样它就知道源 MAC 地址的机器是连在哪个端口上的;

(2) 再去读取包头中的目的 MAC 地址,并在地址表中查找相应的端口;

(3) 如本端口下的主机访问本端口下的主机时丢弃;

(4) 如表中有与这目的 MAC 地址对应的端口,把数据包直接转发到这端口上;

(5) 如表中找不到相应的端口则把数据包广播到所有端口上,当目的机器对源机器回应时,交换机又可以记录这一目的 MAC 地址与哪个端口对应,在下次传送数据时就不再需要对所有端口进行广播了。不断的循环这个过程,对于全网的 MAC 地址信息都可以学习到,二层交换机就是这样建立和维护它自己的端口地址表。

交换机内部有一个地址表,这个地址表表明了 MAC 地址和交换机端口的对应关系。当交换机从某个端口收到一个数据包,它首先读取包头中的源 MAC 地址。这样它就知道源 MAC 地址的机器是连在哪个端口上的,它再去读取包头中的目的 MAC 地址,并在地址表中查找相应的端口,如果表中有与这目的 MAC 地址对应的端口,则把数据包直接复制到这端口上,当目的机器对源机器回应时,交换机又可以学习目的 MAC 地址与哪个端口对应,在下次传送数据时就不再需要对所有端口进行广播了。

二层交换机就是这样建立和维护它自己的地址表。由于二层交换机一般具有很宽的交换总线带宽,所以可以同时为很多端口进行数据交换。如果二层交换机有 N 个端口,每个端口的带宽是 M,而它的交换机总线带宽超过 $N \times M$,那么交换机就可以实现线速交换。二层交换机对广播包是不做限制的,把广播包复制到所有端口上。

1.4　实验设备

2826	一台
PC	一台
串口线	一条
平行网线	一条

1.5　网络拓扑

图 1.30　二层交换机网络拓扑图

1.6　实验步骤

1. 串口操作配置

ZXR10 2826 的调试配置一般是通过 Console 口连接的方式进行,Console 口连接配置采用 VT100 终端方式,下面以 CCS2000U 用户端程序配置为例进行说明。

(1) 将 PC 与 ZXR10 2826 进行正确连线之后,双击 Windows 桌面上"启动服务器"图标,如图 1.31 所示。启动服务器,进行命令提示符界面连接服务器,如图 1.32 所示。

图 1.31 "服务器"图标

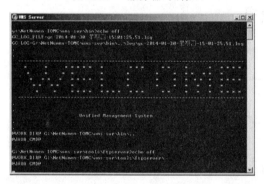

图 1.32 UMS Server

（2）启动服务器后，双击打开 Windows 桌面的"CCS2000U 用户端"图标，如图 1.33 所示。

图 1.33 "CCS2000U 用户端"图标

进入 CCS2000U 用户端后,出现如图 1.34 所示界面。

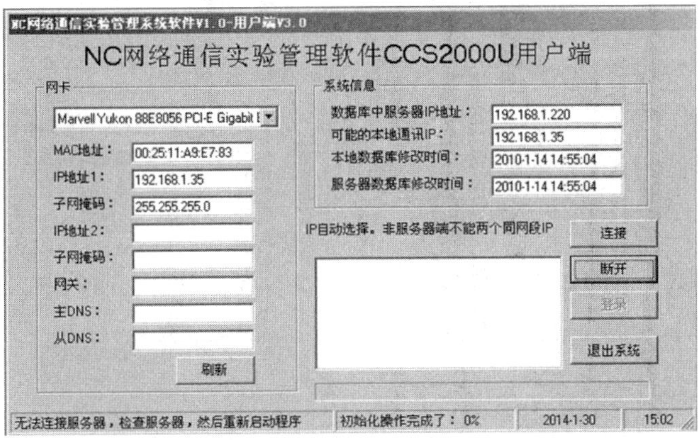

图 1.34 "CCS2000U 用户端软件"界面

(3) 在获取系统信息之后单击"连接",并在连接到服务器时,如图 1.35 所示。

图 1.35 CCS2000U 用户端软件与服务器相连接

选择"登录"服务器,并在弹出的窗口中填写用户的用户名、ID 和密码登录,如图 1.36 所示。我校与中兴合建的数据通信网实验室,其中一个用户名为:user35,用户 ID:35,用户密码:1111。

图 1.36 CCS2000U 用户登录

(4) 登录到"NC 网络通信实验管理系统",学生可以通过该界面查看"队列状态"、"用户状态"、"设备和端口状态"、"实验和队列选择"和"设备控制台操作",如图 1.37 所示。

(5) 学生在"实验和队列选择"界面中进行实验的选择,在该界面中学生可以进行"可选课程"、"可选课程实验列表"、"可选实验设备队列"选择,如图 1.38 所示。

(6) 学生在"实验和队列选择"中选择"数据实验",在"可选课程实验列表"中选择"二层交换机 10 分钟实验",在"可选课程实验列表"中选择可以使用的设备。本次实验选择使用"数据 1♯机柜独占 1♯2826",如图 1.39 所示。

图 1.37　NC 网络通信实验管理系统界面

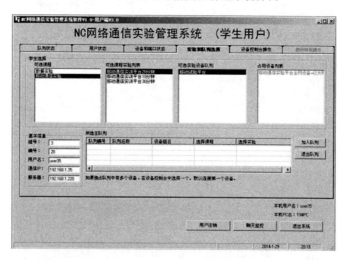

图 1.38　"实验和队列选择"界面

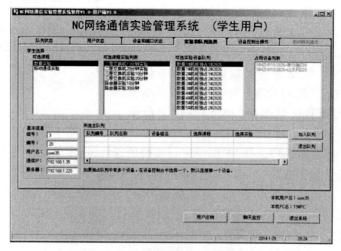

图 1.39　二层交换机实验选择界面

（7）做好选择之后，单击"加入队列"，如图 1.40 所示。

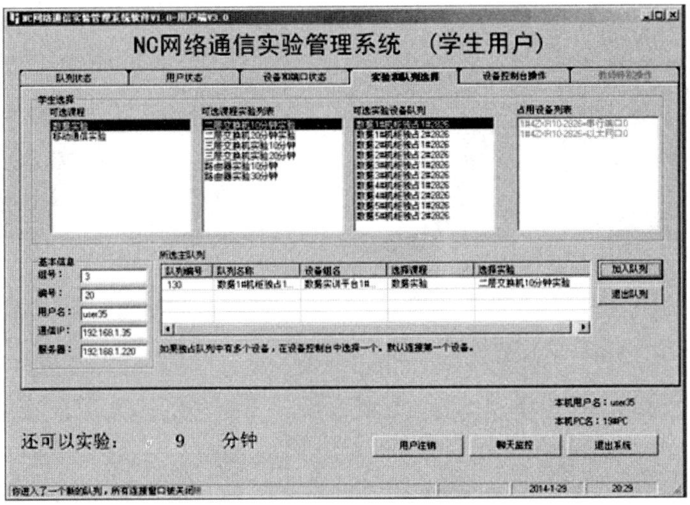

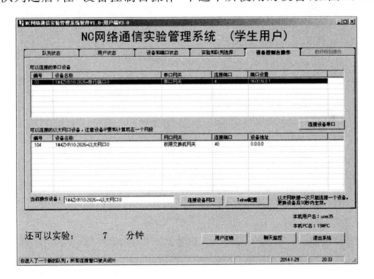

图 1.40 二层交换机实验加入队列界面

（8）加入队列之后，在"设备控制台操作"中选中所使用的设备，如图 1.41 所示。

图 1.41 二层交换机设备控制台操作界面

（9）选择好设备之后，单击"连接设备串口"，进入"CONSOLE 控制台命令行输入输出窗口"，如图 1.42 所示。

（10）检查前面设定的各项参数正确无误后，ZXR10 2826 就可以加电启动，进行系统的初始化，进入配置模式进行操作。可以看到如图 1.43 所示界面。

（11）系统启动成功后，出现提示符"login:"，要求输入登录用户名和密码，默认用户名是 admin，密码是 zhongxing。输入用户名和密码之后，进入 ZXR10 2826 用户模式，如图 1.44 所示。

（12）在提示符后面输入 enable，并根据提示输入密码（出厂配置没有密码），进入全局配置模式（提示符如下），如图 1.45 所示，此时可对交换机进行各种配置。

图 1.42　2826 命令行输入/输出窗口

图 1.43　2826 欢迎界面

图 1.44　2826 用户模式

图 1.45　2826 全局配置模式

2．查看配置及日志操作

（1）在所有模式下均可以查看交换机的配置。执行 show running-config 命令将会看到系统的全部配置（删除文件系统下的 RUNNING.CFG 文件，重启设备可恢复到默认的配置）。下面是默认的配置下命令执行后的部分情况，如图 1.46 所示。

（2）在全局配置模式下，使用 saveconfig 命令来保存配置信息，如图 1.47 所示。

图 1.46　2826 的全部配置

图 1.47　2826 保存配置信息

（3）要查看终端的监控和交换机日志信息，可执行如下操作：

zte(cfg)♯show terminal　　　　　//所有可以使用 show 命令的模式下都可以使用此命令，用于查
　　　　　　　　　　　　　　　　　看 monitor 和 log 的 on/off 状态

结果，如图 1.48 所示。

图 1.48　2826 的监控信息

zte(cfg)♯show terminal log　　　　//所有可以使用 show 命令的模式下都可以使用此命令，用于查
　　　　　　　　　　　　　　　　　看系统告警信息

结果，如图 1.49 所示。

图 1.49　2826 的系统告警信息

3. 设置密码操作

由于全局配置模式下可以对设备进行全部功能的操作，所以进入全局配置模式的密码
非常重要，设备在实际应用中都要求修改进入全局配置模式的密码，具体示例如下：

zte＞enable　　　　　　　　//进入全局配置模式

password：＊＊＊＊＊　　　　//输入进入全局配置模式的密码，默认没有密码

zte(cfg)♯adminpass zxr10　　//配置进入全局配置模式的密码为 zxr10

为了便于对设备的维护，有时需要修改登录用户名或密码，配置如下：

zte(cfg)♯create user zxr10　　//创建名为 zxr10 的用户

```
zte(cfg)#loginpass zxr10              //设置登录密码为 zxr10
zte(cfg)#show user                    //显示 telnet 登录用户信息和当前用户名
```

4. 端口基本配置和端口信息查看

在 ZXR10 2826 上,对端口基本参数进行配置,如自动协商、双工模式、速率、流量控制等,端口参数的配置在全局配置模式下进行。

```
zte(cfg)#set port 1 disable           //关闭端口 1
zte(cfg)#set port 1 enable            //使能端口 1
zte(cfg)#set port 1 auto disable      //关闭端口 1 的自适应功能
zte(cfg)#set port 1 duplex full       //设置端口 1 的工作方式为全双工
zte(cfg)#set port 1 speed 10          //设置端口 1 的速率为 10M
zte(cfg)#set port 1 flowcontrol disable   //关闭端口 1 的流量控制
zte(cfg)#create port 1 name updown    //为端口 1 创建描述名称 updown
zte(cfg)#set port 1 description up_to_router   //为端口 1 添加描述 up_to_router
```

使用 show 命令可以查看端口的相关信息。

```
zte(cfg)#show port 1                   //显示端口 1 的配置和工作状态
zte(cfg)#show port 1 statistics        //显示端口 1 的统计数据
```

1.7 实验结果及验证方法

退出重新登录,验证密码配置是否正确。其他的可通过 show 命令查看。

第 2 章　路由器的基本操作

2.1　实验目的

(1) 掌握路由器的基本原理与作用。

(2) 学会通过串口操作路由器,并对路由器的端口进行基本配置。

(3) 通过本实验,对 ZXR10 GAR(1800/1822)路由器基本了解,能够对 ZXR10 GAR(1800/1822)路由器进行基本配置。

2.2　实验内容

(1) 通过串口线连接到 ZXR10 GAR(1800/1822)路由器,对 ZXR10 GAR(1800/1822)路由器进行配置。

(2) 配置 ZXR10 GAR(1800/1822)路由器端口以及查看配置信息。

(3) 设置 ZXR10 GAR(1800/1822)路由器密码,包括 enable 密码以及 Telnet 的用户名和密码。

(4) 在 ZXR10 GAR(1800/1822)路由器上查看日志内容、路由表信息、查看接口统计。

2.3　基本原理

2.3.1　局域网接口及线缆

1. 局域网的概念

局域网(LAN)覆盖范围有限,一般为几公里,局限于一个单位或者一栋大楼或一个建筑群内,节点的数量有限,通信线路需要专门铺设,可以实现网内用户相互通信和共享诸如打印机和存储设备等。由于通信的地理范围有限,局域网的拓扑结构一般采用总线型和环形。局域网一般为一个单位所有,所以建网、维护及扩展比较容易、系统灵活性高,可靠性高,通信时延小,可以支持多种介质。

2. 局域网的类型

根据分类的原则不同,局域网有多种不同的分类方法。同一个局域网可以属于多种类型的网络。局域网经常采用的分类方法:按拓扑结构分类、按传输介质分类、按访问介质分类、按网络操作系统分类、按数据传输速率分类和按信息的交换方式分类。

（1）按拓扑结构分类

局域网最常用的分类方法是按局域网的拓扑结构进行分类。局域网经常采用的拓扑结构有总线型、环形、星形和混和型拓扑结构，因此可以把局域网分为总线型局域网、环形局域网、星形局域网和混和型局域网等类型。

（2）按传输介质分类

根据局域网采用的传输介质可以分为有线网和无线网。有线局域网经常采用的传输介质有同轴电缆、双绞线、光缆等，因此有线局域网可以分为同轴电缆局域网、双绞线局域网和光纤局域网。无线局域网经常采用的介质有无线电波和微波等。

（3）按访问介质分类

局域网为网络内的计算机提供了互通互连的通道，经常是多台计算机通过总线型、环形等方式共同使用一条传输介质，而同一介质在某一时间内只能被一台计算机所使用，那么多台计算机在同一时间内使用介质的方法就可以有很多种。局域网内多台计算机访问介质的方法或者原则称为协议或称为介质访问控制方法。目前，在局域网中常用的传输介质访问方法有：以太（Ethernet）方法、令牌（Token Ring）方法、FDDI 方法、异步传输模式（ATM）方法等，因此可以把局域网分为以太网（Ethernet）、令牌网（Token Ring）、FDDI 网和 ATM 网等。

（4）按网络操作系统分类

正如计算机上装有 DOS、UNIX、Windows、OS/2 等不同的操作系统一样，局域网上也有装有很多不同的网络操作系统。根据局域网所使用的操作系统不同而进行分类，可以分为 Novell 公司的 Netware 网，3COM 公司的 3＋OPEN 网，Microsoft 公司的 Windows NT 网，IBM 公司的 LAN Manager 网，BANYAN 公司的 VINES 网等。网络操作系统的不同会决定系统的功能和服务性能。

（5）按数据传输速率分类

局域网按数据的传输速率进行分类，可以分为 10 Mbit/s 局域网、100 Mbit/s 局域网、155 Mbit/s 局域网等。

（6）按信息的交换方式分类

局域网按信息的交换方式分类，可以分为交换式局域网和共享式局域网等。

除了以上的分类方法之外，局域网还有很多不同的分类方法。

3. 局域网接口类型

局域网接口主要是用于路由器和局域网进行连接，因为局域网类型多种多样，所以局域网的接口类型也是多种多样的。不同的网络设备有不同的接口类型，常见的以太网接口主要有 AUI、BNC 和 RJ-45 接口，还有 FDDI、ATM 和光纤接口等。

（1）BNC 接口

以太网分为粗缆、细缆和双绞线等类型，粗缆、细缆对应的接口是 RNC 接口。BNC 全称是 Bayonet Nut Connector，即卡口配合型连接器，又称为海军连接器（British Naval Connector）。BNC 接口可以隔绝视频输入信号，使信号间互相干扰减少，且信号带宽要比普通 15 针的 D 型接口大，可达到更佳的信号响应效果。

① 细缆以太网：使用 T 型的"BNC"接头，一端连接到电缆，另一端连接到终端上对应的插槽。

② 粗缆以太网：需要使用电缆钻钻个合适的孔，并且使用"vampire 接头"缚上一个接收器。

目前，BNC 接口比较少见，主要是由于粗缆和细缆作为传输介质应用越来越少，但是 BNC 接头之所以没有被淘汰，因为同轴电缆是一种屏蔽电缆，有传送距离长、信号稳定的优点。目前它还被用于通信系统中，如网络设备中的 E1 接口就是用两根 BNC 接头的同轴电缆来连接的，在高档的监视器、音响设备中也经常用来传送音频、视频信号。

（2）RJ-45 接口

RJ-45 接口作为网卡接口是目前最常见的端口，它是双绞线以太网端口。因为双绞线在以太网中作为传输介质应用较多，而且端口的通信速率不同，因此根据端口的通信速率不同，RJ-45 端口又可以分为 10Base-T 网 RJ-45 端口和 100Base-TX 网 RJ-45 端口两类。其中 10Base-T 网的 RJ-45 端口在路由器中通常是标识为"ETH"，而 100Base-TX 网的 RJ-45 端口则通常标识为"10/100bTX"，这主要是现在快速以太网路由器技术多数还是采用 10/100 Mbit/s 带宽自适应的。其实这两种 RJ-45 端口仅就端口本身而言是完全一样的，但端口中对应的网络电路结构是不同的，所以也不能随便接。

RJ-45 接口也可以作为网线插头，作为网线插头又称做水晶头，广泛应用于网络设备间网线的连接。现行的 RJ-45 网线接线标准有 T568A 和 T568B 两种，平常用的较多的是 T568B 标准。这两种标准本质上并无区别，只是线的排序顺序不同而已。

① T568B 标准从 1-8 的排线顺序为：橙白、橙、绿白、蓝、蓝白、绿、棕白、棕。

② T568A 标准从 1-8 的排线顺序为：绿白、绿、橙白、蓝、蓝白、橙、棕白、棕。

（3）ST 接口

光纤接口是利用光从光密介质进入光疏介质时发生了全反射。通常的光纤接口有 SC、ST、LC 和 FC 等几种类型。它们由日本 NTT 公司开发，FC 是 Ferrule Connector 的缩写，其外部加强方式是采用金属套，紧固方式为螺丝扣。SC 接口通常用于 100Base-FX。ST 接口通常用于 10Base-F，可能是最常见的光纤连接器。ST 连接器使用了尖刀型接口，连接器的直径约是 BNC 型的三分之一。ST 光纤连接器的特点可以使两条互联的光纤准确的对接，防止光纤连接不好，发生旋转。

（4）LC 接口

LC 型连接器是由贝尔研究所研发出来的，与 SC 型连接器类似，LC 型连接器也是一种插入式全双工连接器，有一个 RJ-45 型的弹簧产生的保持力小突起。LC 型连接器的尺寸为 0.179×0.179 英寸，方型，需要的面板安装面积约是 SC 型连接器的一半。

由于光纤网络发展迅速，万兆光纤网络已经成为未来企业网主干系统的主要发展趋势，光纤网络对于无源网段的衰减要求也越来越高，光纤接口对光纤网络性能和衰减的影响也越来越受到重视。LC 型光纤连接器由于损耗最小，成为目前全世界发货量最大的标准的单模及多模光纤接头之一。

（5）MT-RJ 接口

MT-RJ 型接口是一种光纤接口，是著名设备厂商安普为了满足客户对连接器小型化、低成本而开发的新型光纤接口。MT-RJ 接口尺寸与标准电话插口尺寸相当，为 SC 连接器的一半，因而可以安装到普通的信息面板，使光纤到桌面轻易成为现实。与传统的光纤连接器相比较，其端口密度提高了一倍。MT-RJ 接口采用插拔式设计，易于使用，甚至比 RJ-45 插头都小。MT-RJ 网络设备端口密度是普通 SC 设备的两倍，光纤连接器的平均插入损耗为 0.2 dB,小于 ST 的衰减,也远小于 TIA/EIA 568A 所规定的 0.75 dB。

(6) GBIC 光模块

GBIC (Gigabit Interface Converter)是一个通用的千兆位接口转换器模块,可提供交换机之间的高速连接,有可实现与服务器或者千兆位主干的连接,为快速以太网向千兆主干的连接,提供了低成本高性能的接口。GIBC 模块分为普通级联 GIBC 模块和堆叠专用的 GIBC 模块。

(7) SFP 光模块

SFP 光模块的功能与 GBIC 的功能基本一致,但是其体积比 GBIC 模块减少一半,因此可以配置更多的端口数量,所以可以说 SFP 光模块是 GBIC 的升级版本。

4. 局域网线缆

数据通信网的传输介质有同轴线缆、双绞线、光纤和光缆等。

(1) 同轴线缆

同轴电缆(coaxial cable)是由一根内导线和包围在其外面的圆柱导体组成,内导线和圆柱导体之间使用绝缘材料隔开,因而其屏蔽性能好,抗干扰能力强,而且其频率特性比双绞线好。同轴电缆通常多用于基带传输。同轴电缆又可以分为粗同轴电缆与细同轴电缆。

粗同轴电缆与细同轴电缆是指同轴电缆的直径大小不同,而且各自特点不同,适用的场合也不同。粗同轴电缆由于传输距离长、可靠性高,适用于比较大型的局域网络。细同轴电缆具有使用和安装比较方便的特点,成本也比较低。

同轴电缆接口的安装方法如下:

① 细同轴电缆:将细同轴电缆切断,两头都装上 BNC 接口,并通过 T 型连接器连接两端。

② 粗同轴电缆:粗同轴电缆一般采用一种类似夹板的端头(Tap)上的引导针穿透电缆的绝缘层,直接与导体相连。

无论是粗同轴电缆还是细同轴电缆均为总线拓扑结构,即一根电缆上连接多个终端,这种拓扑适用于终端比较密集的环境。但是当某一连接点发生故障时,会影响到整个电缆上的所有的终端,故障的诊断和修复都比较复杂。所以,同轴电缆已逐步被非屏蔽双绞线或光缆取代。

(2) 双绞线

双绞线(TP)是一种网络中最常用的传输介质,由两根具有绝缘保护层的 22～26 号铜导线按一定密度互相绞在一起组成,每一根导线在传输中辐射出来的电波会被另一根线上发出的电波抵消,因此可以降低信号干扰的程度。把一对或多对双绞线放在一个绝缘套管中便成了双绞线电缆。与其他传输介质相比,双绞线在传输距离、带宽和数据传输速度等方面均受到一定限制,但价格较为低廉。

目前,EIA/TIA(电气工业协会/电信工业协会)为双绞线电缆定义了六种不同质量的型号。这六种型号如下:

① 第一类:主要用于传输语音通信,该类主要应用于电话线,不能应用于数据传输。

② 第二类:该类可以支持最高 4 Mbit/s 的网络,主要应用于低速网络,该类双绞线在 LAN 中很少使用。

③ 第三类:主要应用于 10M 以太万网中,最高可以支持 16 Mbit/s 的容量。

④ 第四类：主要应用于语音传输，最大数据传输速率 16 Mbit/s，可以支持最高 20 Mbit/s的容量。该类电缆可以用于更长距离更高速率的网络环境。它主要应用于基于令牌的局域网和 10base-T/100base-T，这类双绞线可以是 UTP，也可以是 STP。

⑤ 第五类：可以应用于语音传输和高性能的数据传输，最高数据速率 100 Mbit/s，可以支持高达 100 Mbit/s 的容量，传输频率为 100 MHz。该类电缆增加了绕线密度，外套一种高质量的绝缘材料。它主要用于 100base-T 和 10base-T 网络，这是最常用的以太网电缆。

⑥ 超五类线缆：它是一个非屏蔽双绞线布线系统，其性能比其他五类相比有很大的提高。

双绞线可分为非屏蔽双绞线（UTP）和屏蔽双绞线（STP），非屏蔽双绞线也称无屏蔽双绞线。屏蔽双绞线电缆的外层由铝箔包裹着，可以防止双绞线传输数据时数据丢失，防止窃听，所以它的价格相对要高一些，安装要比非屏蔽双绞线电缆难一些。与同轴电缆类似，它也有支持屏蔽功能的特殊连接器和相应的安装技术。屏蔽双绞线的传输速率较高，100 m 内可达到 155 Mbit/s。

双绞线局域网络的带宽取决于所用线缆的质量、线缆的长度及传输技术。如果选用先进的技术，也可以在有限距离内达到很高的可靠传输速率。双绞线使用的是 RJ-45 接口，RJ-45 双绞线的制作如下：

① 先抽出一小段线，用压线钳把外皮剥除一段；

② 根据排线标准将双绞线反向缠绕开，用压线钳把参差不齐的线头剪齐，把线插入水晶头，并用压线钳夹紧；

③ 另一头也按同一标准接好；

④ 使用测试仪或者直接在网络上进行测试，看看网络是否连通。

而在使用 Hub 或者交换机等集线设备时，一端采用 T568A 标准，另一端采用 T568B 标准，这是因为网卡的脚 1 和脚 2 为发送数据引脚，脚 3 和脚 6 为接收数据引脚，1、3、2、6 线互换主要是使一块网卡 1、2 引脚发送数据，另一块网卡正好用 3、6 引脚接收。

（3）光纤

光纤是光导纤维的简称，由直径大约为 0.1mm 的细玻璃丝构成，把光封闭在其中并沿轴向进行传播，它透明、纤细，比头发丝还细。光纤通信就是以光波为载频、以光导纤维为传输介质的通信方式。光纤通信使用的光波波长范围是在近红外区内，波长为 0.8 至 1.8 μm。可分为短波长段（0.85 μm）和长波长段（1.31 μm 和 1.55 μm）。

光纤通信具有传输频带宽，通信容量大，损耗低，不受电磁干扰，线径细，重量轻，资源丰富等优点，但是光纤也有缺点，如质地较脆、机械强度低、易折断等。尽管如此，光纤通信还是得到了巨大的发展，逐渐取代了金属电缆，并将成为未来信息社会中各种信息网的主要传输工具。

光纤主要有单模光纤和多模光纤两种，单模光纤使用的是激光二极管（LD）作为发光设备，多模光纤使用发光二极管（LED）作为发光设备。常用多模和单模光纤的纤芯和外皮的尺寸：

• 多模光纤（芯/外皮）

■ 50/125 μm

■ 62.5/125 μm

- 单模光纤(芯/外皮)

■ 8.3/125 μm

对于单模-多模光纤的颜色表示如下：

- 桔色-多模光纤

- 黄色-单模光纤

① 单模光纤

由上面的数据可知,可以根据纤芯的大小来判断单模光纤和多模光纤。单模光纤的纤芯很小,为 4～10 μm,只有一种模态,只允许一束光线穿过光纤。这样可以避免模态色散,使传输频带很大,传递数据的质量更高,传输容量很大,传输距离更长。这种光纤适用于大容量、长距离的光纤通信,通常被用来连接办公楼之间或地理分散更广的网络。它是未来光纤通信与光波技术发展的必然趋势。

② 多模光纤

多模光纤允许多束光线穿过光纤,但是不同的光线进入光纤的角度不同,到达光纤末端的时间也会不同,这样会导致多模色散,从而限制了多模光纤所能实现的带宽和传输距离。因此,多模光纤一般被用于同一办公楼或距离相对较近的区域内的网络连接。

常见的多模光纤分为两种,50/125 μm 多模光纤和 62.5/125 μm 多模光纤。

- 50/125 μm 多模光纤:芯层直径为 50 μm,包层直径为 125 μm,该光纤适用于在局域网中进行高比特率、长距离信号传输。

- 62.5/125 μm 多模光纤:芯层直径为 62.5 μm,包层直径为 125 μm,该光纤适用于在局域网中进行短距离信号传输。

多模光纤又分为多模突变型光纤和多模渐变型光纤。多模突变型光纤纤芯直径较大,传输模态较多,导致传输带宽较窄,传输容量较小。多模渐变型光纤纤芯中折射率随着半径的增加而减少,可获得比较小的模态色散,因而频带较宽,传输容量较大,所以多模渐变型光纤应用较多。

(4) 光缆

在实际使用中,还有很多种类型的光缆,从使用场所来分,有室内光缆和室外光缆,从光纤芯数来分,有单芯光缆和多芯光缆。

光纤中的衰减主要是由于光纤材料造成的,同时光纤中的衰减也跟施工安装有关,施工时如果造成光纤变型、光纤与光源耦合损耗,以及光纤之间连接损耗等都会造成很大的损耗。因此,在施工当中,施工人员应当注意:

① 弯曲光缆时不能超过最小的弯曲半径。

② 铺设光缆的牵引力不应超过最大铺设张力,同时应避免使光纤受到过渡的外力(侧压、冲击、弯曲、扭曲等)。

2.3.2 广域网接口与线缆

1. 广域网的概念

广域网是一种跨区域的数据通信网络。对照 OSI 参考模型,广域网主要位于物理层、数据链路层和网络层。目前有多种公共广域网络,根据提供业务的带宽不同,可分为窄带广域网和宽带广域网两类。常见的窄带广域网有数字数据网(DDN)、公共电话交换网(PSTN)、帧中继(Frame Relay)等,宽带广域网有 ATM、SDH 等。

2. 广域网的接口类型

(1) 窄带广域网常见接口包括以下三种

① E1:数据速率为 64k-2 Mbit/s,采用 RJ-45 和 BNC 两种接口。

② V.24:外接网络端为 25 针接头,常接低速 Modem。

- 在异步工作模式下,V.24 的最高数据速率是 115.2 kbit/s,一般封装链路层的 PPP 协议;

- 在同步工作模式下,最高数据速率为 64 kbit/s,一般可以封装链路层的帧中继、PPP、HDLC 等协议,同时也支持 IP 和 IPX 等网络协议;

- V.24 的传输速率与传输距离有关,2 400 bit/s-60 m;4 800 bit/s-60 m;9 600 bit/s-30 m;19 200 bit/s-30 m;38 400 bit/s-20 m;64 000 bit/s-20 m;115 200 bit/s-10 m。

③ V.35:外接网络端为 34 针接头,常接高速 Modem。

- V.35 一般只用于同步模式进行传输数据,在接口处封装链路层的帧中继、PPP、HDLC 等协议,同时也支持 IP 和 IPX 等网络层协议。

- V.35 在同步模式下的最高传输速率是 2 Mbit/s。

- V.35 的传输速率与传输距离有关,2 400 bit/s-1 250 m;4 800 bit/s-625 m;9 600 bit/s-312 m;19 200 bit/s-156 m;38 400 bit/s-78 m;56 000 bit/s-60 m;64 000 bit/s-50 m;2 048 000 bit/s-30 m。

(2) 宽带广域网常见接口

① ATM:使用 LC 或 SC 等光纤接口,常见带宽有 155M、622M 等。

② POS:使用 LC 或 SC 等光纤接口,常见带宽有 155M、622M 和 2.5G 等。

3. 广域网缆

广域网同样也使用不少局域网中的接口和线缆,如接口包括:BNC、RJ-48 及各种光接口等;线缆包括:同轴电缆、双绞线、光缆(主要是单模光纤)等线缆。

广域网也使用自己特殊的接口和线缆:如 V.35 规程的接口。

4. 平衡非平衡转换器

1998 年 10 月国际 CCITT(现在的国际电联组织 ITU-T)采纳了 G.703/G.704 通信标准,平衡转换器在采用了新标准的国家中得到了广泛应用,最大程度地降低了成本和方便了网络连接。

平衡非平衡(balanced-unbalanced)的含义:平衡意味着两个通道以不同方式传递信号;非平衡意味着一个通道接地,另一个通道传递信号。在 G.703 的应用中,这两种介质分别是 75 Ω 的非平衡铜缆和 120 Ω 平衡双绞线。转换器与其中起到在 BNC 和 RJ-48 物理接口间接收和传递数据的功能,解决了 75 Ω 铜轴到 120 Ω 双绞线的信号转换问题,用户只需使用普通 120 Ω 双绞线就能完成 75 Ω 铜轴硬件间的信号通信,具体功能如下:

(1) 解决 G.703 端口不匹配问题;

(2) 75 Ω 到 120 Ω 双向信号转换;

(3) 数据速率 2.048 Mbit/s。

平衡转换器可以使得仅有铜轴接口或者双绞线接口的设备之间能够建立双向的数据传输连接。

5. V.24 规程

V.24 接口协议使用 DB25(25 针)或者 DB9(9 针)接口,符合标准的 RS-232 电平(±12 V),同步方式下,最大传输速率为 64 000 bit/s,异步工作方式下,最大传输速率为 115 200 bit/s。V.24 接口协议属于 OSI 参考模型的物理层协议,它包括了接口电路的功能特性和过程特性。

- 功能特性:ITU-T V.24 建议主要针对用于 DTE 和 DCE 之间的接口,定义了接口电路的名称和功能。
- 过程特性:同时 ITU-T V.24 还定义了各接口电路之间的相互关系和操作要求,即过程特性。

6. V.35 规程

V.35 规程使用 34 孔型接口和 34 针型接头,控制信号遵从标准 RS-232 电平(±12 V),数据与时钟遵从 V.3.5 电平标准(±0.5 V),同步方式下,最大传输速率为 2 048 000 bit/s(2 Mbit/s)。V.35 规程是通用终端接口规程,但是没有对机械特性即对连接器的形状作规定。但由于美国 Bell 规格调制解调器的普及,34 引脚的 ISO2593 被广泛采用。

(1) 电气特性

V.35 接口为数据和定时信号各分配两芯,控制信号只分配一芯。数据和定时信号使用差分接收。V.35 接口与 V.11 接口相通,其电特性与 RS-422A 的电特性相似。

(2) 机械特性

V.35 接口具有 34 芯,但是实际使用比较灵活,可以只用部分的芯线,而且电线长度也没有具体的规定,常见的为 60 m,这就是 V.35 接口的机械特性。

7. V.24/V.35 的主要数据信号

V.24/V.35 的主要数据信号包括:

(1) TXD-发送数据线

发送数据线是 DTE 向 DCE 发送数据的接口电路。当 TXD 线保持 OFF 状态时,不能发送数据。只有当 RTS 线、CTS 线、DSR 线、DTR 线这几条控制信号线处于接通状态(ON 状态)时,TXD 线才能接通,DTE 才能把要发送的数据送到此线上。

(2) RXD-接收数据线

接收数据线是 DCE 向 DTE 发送数据的接口电路。为了防止把强噪声当作信号送给 DTE,由 DCD 线先检查输入信号的电平范围,检查合格后 DCD 线接通,这时 RXD 线才能接通接收数据。若 DCD 线处于 OFF 状态,RXD 线也必须处于 OFF 状态。

8. V.24/V.35 的主要控制信号

V.24/V.35 的主要控制信号包括:数据终端准备好(Data Terminal Ready,DTR)、数据准备好(Data Set Ready,DSR)、数据载体检测 (Data Carrier Detect,DCD)、请求发送 (Request To Send,RTS)和清除发送 (Clear To Send,CTS)。

(1) DTR

DTR 线是对 DCE 接通或断开线路进行控制。DTR 处于 ON 状态表示 DTE 已做好准备,但不能命令 DCE 连接到线路上。当 DCE 对于收到远端来的振铃信号或收到自动呼叫设备发来的成功信号时,DCE 才能和线路接通;DTR 变为 OFF 状态时,在 TXD 线传送的数据传送完毕后,DCE 和通信线路断开。

（2）DSR

DSR 信号是 DCE 发送给终端设备的，告诉终端本地通信设备的状态，当它处于 ON 时，表明本地 DCE 已和通信信道接通，处于数据传送模式，不处于测试、对话或拨号方式。自动拨号 Modem 在拨通对方的 DTE 时给本地 DTE 发此信号。DSR 线处于 OFF 状态时，表示 Modem 准备工作没完成，在这种情况下，只有 DCE 端的振铃指示 CI 线（呼叫指示）可以动作，进行自动呼叫接收，并进行自动应答；DSR 线信号的 ON 状态是由 DTR 的 ON 送到 Modem 后，由 Modem 产生的。为了使 DSR 保持 ON 状态，DTR 必须处于 ON 状态。

（3）DCD

DCD 线信号表示从通信线路收到的载波电平是否在合适的规定范围内。DCD 线为 ON 状态，表示接收信号在规定范围内，DCE 已正确接收到远程 DCE 传来的载波信号，此时 RXD 数据线的数据是有效的；DCD 线为 OFF 状态时，表示接收到的载波信号不在规定的范围，此时不能接收 RXD 数据线上的数据。

（4）RTS

RTS 线用于 DTE 对 DCE 发送功能的控制。RTS 线接通（ON 状态）时，DCE 处于发送方式，若有调制器，将发送载频信号；RTS 线断开（OFF 状态）时，表明 DTE 不想发送数据。当 DTE 要求发送数据或正在发送数据时，RTS 线都要保持 ON 状态。

（5）CTS

CTS 线上的信号是 DCE 发出的，它是 DCE 收到 DTE 的 RTS 信号后延迟一段给定时间后对 DTE 的回答，响应 RTS 请求发送信号，ON 状态表明 DCE 已准备好发送数据，可以接收来自 DTE 的数据并发送出去；OFF 状态表明 DCE 不能发送数据。

2.3.3　逻辑接口

1. 逻辑接口的应用

逻辑接口主要有 Loopback 接口和子接口。Loopback 接口也称回环接口，是一种应用最为广泛的虚接口，几乎在每台路由器上都会使用。子接口是指在一个物理接口上，建立多个逻辑子接口。在 VLAN 子接口（802.1Q 子接口）、E1 通道化子接口和 ATM SVC/PVC 子接口等接口中，会经常遇到子接口的使用。

2. 回环接口

Loopback 常见的用途有如下几种：

（1）作为一台路由器的管理地址

为了便于管理网络，网络管理员在完成网络规划后，会为每一台路由器创建一个 Loopback 接口，并为该接口指定一个 IP 地址，网络管理员可以通过 IP 地址远程登录该路由器。该 IP 地址可以起到作为该路由器的名称的作用。

通常每台路由器上有众多的接口和地址，但是却不能选择一个作为管理地址，这是因为 telnet 命令使用 TCP 报文，如果选择的这个路由器的端口恰巧坏掉了，虽然 TCP 协议的连接仍然存在，telnet 可以访问其他的接口，但是却无法访问这个端口。因此，如果采用 Loopback 这样的虚拟端口，就可以保证 telnet 连接保持连通，而且可以省去地址资源。Loopback 接口的地址通常指定为 32 位掩码。

（2）动态路由协议 OSPF 、BGP 的路由 ID

动态路由协议 OSPF 、BGP 在运行过程中需要为路由器指定一个 32 位的无符号整数作为该路由器的唯一标识,并在整个运行过程中保持唯一。路由器对路由地址的要求与 IP 地址的要求一致,因此,通常将路由器的路由地址指定为该设备上的某个接口的地址。由于路由器的 Loopback 接口的 IP 地址通常被视为路由器的标识,所以也就成了路由器 ID 的最佳选择。

（3）作为 BGP 建立 TCP 连接的源地址

两个相邻的路由器上的 BGP 协议之间是通过 TCP 协议连接的,而路由器的 Loopback 接口的 IP 地址通常被视为路由器的标识,因此,该地址也可以作为 BGP 建立 TCP 连接的源地址。

3. 子接口

常见的子接口有以下几种:

（1）VLAN 子接口（802.1Q 子接口）:通过 802.1Q tag 中的 VLAN ID 来区分不同的子接口。

（2）E1 通道化子接口:在 controller 模式下先定义几个逻辑子接口,然后向子接口中添加相应的 timeslots,也就是说根据不同的时隙,就可以区分不同的子接口。

（3）ATM、FrameRelay PVC 子接口:每条 PVC 对应一个子接口,在 ATM 网络中,不同的 PVC 通过 VPI/VCI 来区分,在 FrameRelay 网络中,不同的 PVC 通过 DLCI 来区分。

2.3.4　网络通信设备介绍

1. 中继器

中继器（repeater）是位于 OSI 参考模型的第一层（物理层）的网络设备,其作用是能够对网络上的信号进行再生和重传。当发送端把数据传送到网络上时,信号被转化为可以在网络介质上传送的电脉冲或者光脉冲信号。由于传输线路噪声的影响,随着传输距离的增加,信号衰减越来越严重,使得接收端无法解调出原始信号。中继器是连接网络线路的一种装置,用于两个网络节点之间物理信号的复制、调整和放大,使得他们能够传送更远的距离。中继器扩大了通信的距离,增加了节点的数目,使得不同速率的网段可以进行通信。当网络中某个节点出现故障时,只能影响个别的网段,提高了网络的可靠性,使网络性能得到了提高。但是中继器对于衰减信号的恢复再生过程会增加网络的时延;当网络的负荷过重时,可能会因为中继器的缓冲区的存储空间不够而溢出,产生丢帧现象;中继器一旦出现故障,相邻的两个子网都会受到影响。

2. 集线器

集线器又称 Hub,工作在 OSI 模型的物理层,对信号只起简单的再生和放大,除噪声的作用。通过 Hub 连接的节点构成的网络在物理上是星形拓扑结构,但在逻辑上是总线拓扑结构,如图 2.1 所示。所有的工作站通过 Hub 相连都共享同一个传输媒体,所以所有的设备都处于同一个冲突域,所有的设备都处于同一个广播域,设备共享相同的带宽。对于 10M 的 Hub 而言,10M 是物理带宽,所有连接在这个 Hub 上的主机共享的有效带宽小于 10M,因为以太网中包含冲突等事件产生的协议开销。

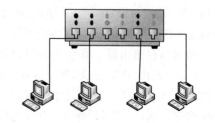

图 2.1　集线器

以太网使用 CSMA/CD(Carrier Sense Multiple Access With Collision Detection)，载波侦听多路访问/冲突检测或者带有冲突检测的载波侦听多址访问机制。所谓 CSMA 是指当连接在网络上的工作站要发送数据前，需要首先检测总线上是否有数据传输。如果总线上数据传输，则称总线为忙，工作站不发送数据；如果总线上没有数据传送，称总线为空，工作站立即发送数据。工作站收发数据都是使用同一条总线，而且是以广播形式在总线上进行数据传送。当有两个或两个以上的工作站同时发送数据时，数据会发生冲突或者碰撞而损坏。为了减少这种状况，工作站还要不断检测是否有冲突发生。当终端数量增多时，冲突也会随之增多，所以一个冲突域中如果主机数量过多会导致过多的冲突存在，消耗有效带宽，导致网络性能下降，甚至造成网络瘫痪。

CSMA/CD 流程图如图 2.2 所示。

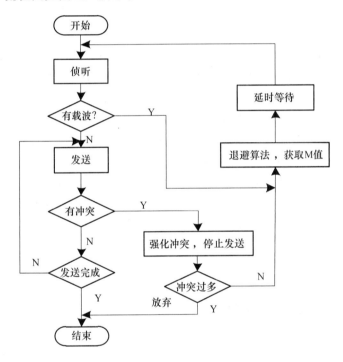

图 2.2　CSMA/CD 流程图

3. 网桥

网桥(bridge)也称为桥接器，是工作在 OSI 参考模式的第二层(数据链路层)设备，主要用来实现两个或多个局域网的分段，其中每一个分段都是一个独立的冲突域。两个不同的网段通过网桥连接起来，当网桥收到数据之后，首先检查帧中的 MAC 地址，如果数据是这个网段，就将其继续转发，如果不是就将其丢失。这样由网桥分割出的各个分段相互独立，如果一个出现故障，另外一个不会受到影响。使用网桥可以克服物理上的限制，扩展网络范围。但是网桥带来的时延较大，会影响网络的性能。

4. 交换机与集线器的区别

Hub 和交换机都是通过多个端口和网络设备连接在一起，形成星形的网络架构，共享资源，但是 Hub 工作 OSI 参考模型的第一层(物理层)，二层交换机工作在 OSI 参考模型的第二层，两者的工作机制不同。

Hub 只对信号做简单的再生与放大,所有设备共享一个传输介质,设备必须遵循 CSMA/CD 协议方式进行通信。使用 Hub 连接的传统共享式以太网所有工作站处于同一个冲突域和同一个广播域之中。

二层交换机是通过检测收到的数据帧中的 MAC 地址,进行识别,然后进行帧的封装与转发等。二层交换机的每个端口都是一个冲突域,所有端口在同一个广播域,每个端口的带宽都是独立的,每个端口都可以进行数据的转发。

另外,Hub 中所有端口都共享集线器的带宽,采用半双工的工作方式,即每台主机不能同时进行数据的收发。

二层交换机中每个端口都有各自的带宽,并采用全双工的工作方式,即每个端口都可以同时进行收发。

5. 路由器

路由器是工作在 OSI 参考模型中的第三层(网络层)操作的设备,能够实现 IP、TCP、UDP 和 ICMP 等网络层协议,能够实现网络流量控制和差错指示,将逻辑上分开的网络连接在一起,实现不同网络之间地址翻译、协议转换和数据格式的转换。

路由器可以根据网络中的 IP 地址判断网络,选择网络路径,能够在多个网络之间建立灵活的连接,实现信息的传输。路由器还可以监视每个用户的数据流量,利用动态过滤功能保证网络的安全。路由器之所以能够进行路由选择,主要是因为在路由器内部有一个路由表,它标明了如果要去某个地方,下一步应该往哪走。路由器从某个端口收到一个数据包,它首先把链路层的包头去掉(拆包),读取目的 IP 地址,然后查找路由表,若能确定下一步往哪送,则再加上链路层的包头(打包),把该数据包转发出去;如果不能确定下一步的地址,则向源地址返回一个信息,并把这个数据包丢掉。路由器的工作过程如图 2.3 所示。

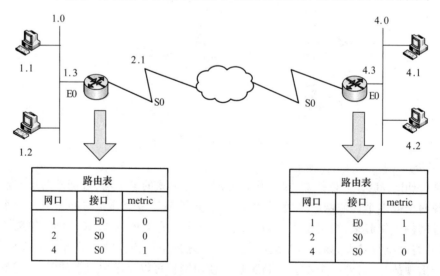

图 2.3　路由器的工作过程

由于网络中,各个设备之间的连接状况会发生变化,因此路由表中的信息要不断地更新和变化,建立和更新路由表的算法称作路由算法。路由更新信息是这样一种信息,一般是由部分或全部路由表组成。通过分析其他路由器发出的路由更新信息,路由器可以掌握整个网络的拓扑结构。

6. 路由器和交换机的区别

路由器和二层交换机的主要区别是交换机工作在 OSI 参考模型的第二层(数据链路层),而路由器工作在 OSI 参考模型的第三层,这一区别决定了路由和交换在传送数据的过程中需要使用不同的控制信息,两者实现各自功能的方式是不同的。

二层交换机主要是基于 MAC 地址的识别,路由器主要通过路由算法实现网络层寻址。路由算法在路由表中建立各种相关对应信息,路由器会根据数据包所要达到的目的地址选择最佳路径,把数据包发送到可以到达该目的地的下一跳路由器处。当下一跳路由器接收到该数据包时,也会查看其目的地址,并使用合适的路径继续传送给后面的路由器。依次类推,直到数据包到达最终目的地。

二层交换机主要用在小型局域网中,机器数量较少,二层交换机的快速交换功能已经可以满足小型网络的用户接入需求。这样的网络不需要引入路由器,节省了网络的复杂度和管理的费用,降低了网络成本。

大型局域网由于接入用户数较多,需要根据各个用户的地理信息将其分割为各个独立的小的局域网,这样同时可以减小广播风暴的影响。这样只使用二层交换机无法实现各个局域网之间的互访,只使用路由器的话,由于路由器端口有限,速度较慢,会限制网络的规模和访问速度,所以在大型的局域网中需要使用路由器和交换机相结合。

2.4　实验设备

1822	一台
PC	一台
串口线	一条
平行网线	一条

2.5　网络拓扑

图 2.4　路由拓扑结构

2.6　实验步骤

路由器 1822 的 Console 口和 PC 的 COM 相连。下面以 CCS2000U 用户端程序配置为例进行说明。

(1) 将 PC 与 ZXR10 1822 进行正确连线之后,双击 Windows 桌面上"启动服务器"图标,如图 2.5 所示。启动服务器,进行命令提示符界面连接服务器,如图 2.6 所示。

图 2.5 "服务器"图标

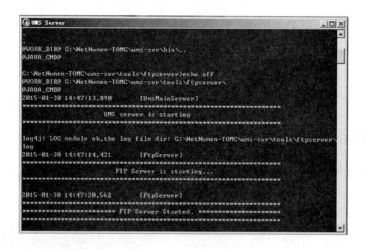

图 2.6　UMS Server

（2）在启动服务器之后，双击打开 Windows 桌面上的"CCS2000U 用户端"图标，如图 2.7所示，进入 CCS2000U 用户端后，出现如图 2.8 所示界面。

（3）在获取系统信息之后单击"连接"，并在连接到服务器时，如图 2.9 所示。选择"登录"服务器，并在弹出的窗口中填写用户的用户名、ID 和密码登录。如图 2.10 所示。我校与中兴合建的数据通信网实验室，其中一个用户名为：user36，用户 ID：36，用户密码：1111。

（4）登录到"NC 网络通信实验管理系统"，学生可以通过该界面查看"队列状态"、"用户状态"、"设备和端口状态"、"实验和队列选择"和"设备控制台操作"，如图 2.11 所示。

图 2.7 "CCS2000U 用户端"图标

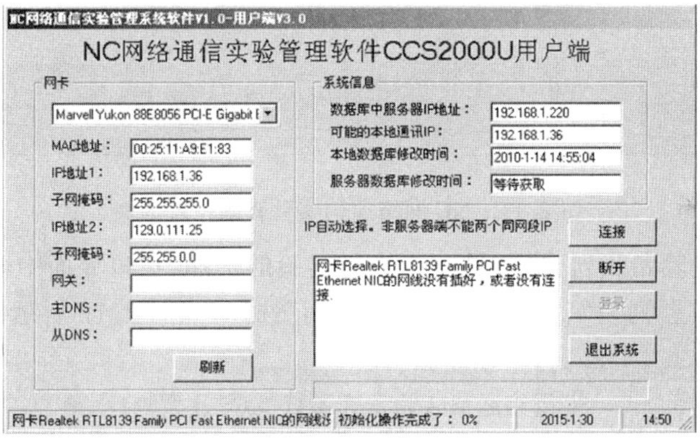

图 2.8 "CCS2000U 用户端软件"界面

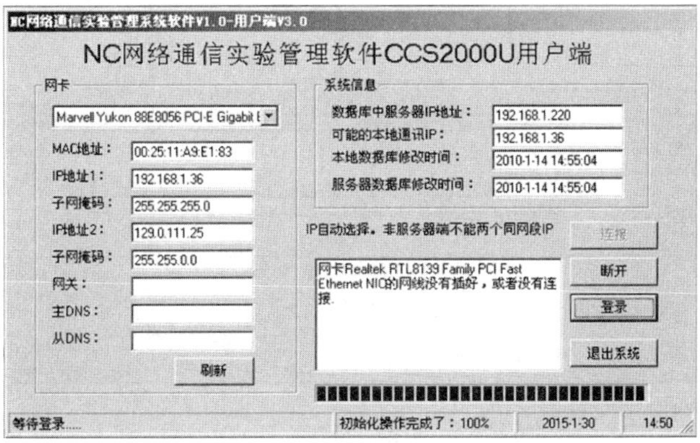

图 2.9 CCS2000U 用户端软件与服务器相连接

图 2.10　CCS2000U 用户登录

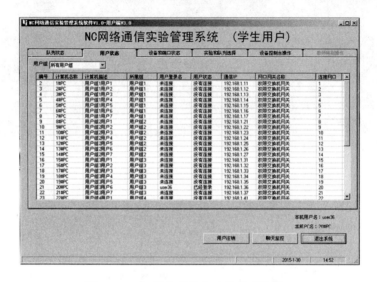

图 2.11　NC 网络通信实验管理系统界面

（5）学生在"实验和队列选择"界面中进行实验的选择，在该界面中学生可以进行"可选课程"、"可选课程实验列表"、"可选实验设备队列"选择，如图 2.12 所示。

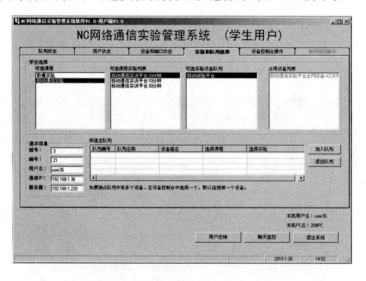

图 2.12　"实验和队列选择"界面

（6）学生在"实验和队列选择"中选择"数据实验"，在"可选课程实验列表"中选择"路由器 10 分钟实验"，在"可选课程实验列表"中选择可以使用的设备。本次实验选择使用"数据 2♯机柜独占 1♯1822"，如图 2.13 所示。

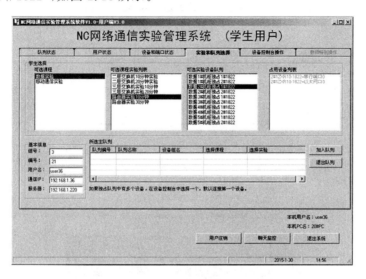

图 2.13　路由器实验选择界面

（7）做好选择之后，单击"加入队列"，如图 2.14 所示。

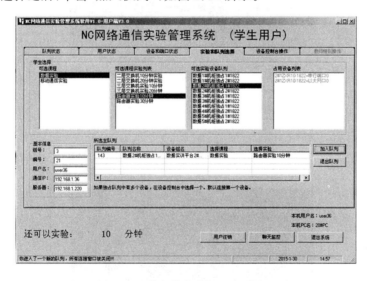

图 2.14　路由器实验加入队列界面

（8）加入队列之后，在"设备控制台操作"中选中所使用的设备，如图 2.15 所示。

（9）选择好设备之后，单击"连接设备串口"，进入"CONSOLE 控制台命令行输入/输出窗口"，如图 2.16 所示。

（10）检查前面设定的各项参数正确无误后，ZXR10 1822 就可以加电启动，进行系统的初始化，进入配置模式进行操作。可以看到如图 2.17 所示界面。

图 2.15　路由器设备控制台操作界面

图 2.16　1822 命令行输入输出窗口

图 2.17　1822 欢迎界面

（11）系统启动成功后，出现提示符"login："，要求输入登录用户名和密码，默认用户名是 admin，密码是 zhongxing。输入用户名和密码之后，进入 ZXR10 1822 用户模式，如图 2.18 所示。

图 2.18　1822 用户模式

（12）此时已经进入到路由器 1800 的用户模式。在用户模式下输入 enable 然后按 Enter 键，要求输入特权密码，再输入密码后（zxr10），则进入到路由器的特权模式。在特权模式下，我们已经可以查看路由器的各种信息。

（13）对路由器的端口进行配置，就必须进入到路由器的全局模式下。输入 configure terminal 命令进入到全局模式下，如图 2.19 所示。

图 2.19　1822 全局模式

（14）端口配置，在端口下主要命令如下：

arp	Set ARP timeout
backup	Backup a line
clear	Clear MAC binding
custom‐queue‐list	Assign a custom queue list to an interface

```
description          Interface specific description
dhcp                 Set dhcp configure.
duplex               Configure duplex operation
end                  Exit to EXEC mode
  exit               Exit from interface configuration mode
  h323 - gateway     Configure H323 Gateway
  interface          Set an interface characters
  ip                 Interface Internet Protocol config commands
  isis               ISIS interface commands
  keepalive          Keepalive period (default 10 seconds)
  load - interval    Set the interface statistics interval
  mpls               Configure MPLS interface parameters
  no                 Negate a command or set its defaults
  peer               Peer parameters for interfaces
  priority - group   Assign a priority group to an interface
  rate - limit       Rate Limit
  rmon               Remote Monitoring
set                  Binding MAC address
shutdown             Shutdown the selected interface
  speed              Configure speed operation
  user - interface   User interface
  vrrp               VRRP interface configuration commands
```

各个命令都有相应的描述信息,其中 IP 命令主要是配置有关 IP 协议有关的一些配置。对端口配置地址的命令示例如下:

```
ZXR10(config)#interface fei_2/1
ZXR10 (config - if) # ip address 192.168.10.254 255.255.255.0
ZXR10 (config - if) # description ZTE        接口描述信息
```

在 V2.6 以后的版本可以在全局模式下查看当前端口的配置情况以及路由器当前的配置信息,如图 2.20 所示。命令如下:

图 2.20　1822 当前路由配置信息

```
ZXR10(config)♯show  running-config          //查看当前路由器配置信息
```

（15）密码设置

特权模式密码的设置使用如下命令：

```
ZXR10 (config)♯ enable secret zte           //其中 zte 为要设置的密码
```

telnet 用户名和密码的设置：

```
ZXR10 (config)♯username zte password zte    //将 telnet 的用户名和密码都设置为 zte
```

注：enable 密码在 show running-connfig 时是看不到的；而 telnet 的用户名和密码在 show running-connfig 可以看到。

（16）查看日志

在特权模式下使用下面命令可以查看日志文件：

```
ZXR10♯show logging alarm                     //此命令查看所有的警告信息
ZXR10♯show loggfile                          //此命令查看所有的配置此路由器的历史命令
```

（17）查看路由表

在特权模式下使用下面命令可以查看路由表：

```
ZXR10♯show ip route
IPv4 Routing Table:
```

Dest	Mask	Gw	Interface	Owner	pri	metric
10.40.76.0	255.255.252.0	10.40.76.100	fei_2/1.1	direct	0	0
10.40.76.100	255.255.255.255	10.40.76.100	fei_2/1.1	address	0	0
10.50.76.0	255.255.252.0	10.50.76.20	fei_2/1.2	direct	0	0
10.50.76.20	255.255.255.255	10.50.76.20	fei_2/1.2	address	0	0
192.168.0.0	255.255.255.252	192.168.0.13	fei_2/1	ospf	110	2
192.168.0.4	255.255.255.252	192.168.0.13	fei_2/1	ospf	110	2
192.168.0.12	255.255.255.252	192.168.0.14	fei_2/1	direct	0	0
192.168.0.14	255.255.255.255	192.168.0.14	fei_2/1	address	0	0
192.168.1.1	255.255.255.255	192.168.0.13	fei_2/1	ospf	110	3
192.168.1.2	255.255.255.255	192.168.0.13	fei_2/1	ospf	110	2
192.168.1.3	255.255.255.255	192.168.0.13	fei_2/1	ospf	110	3
192.168.1.4	255.255.255.255	192.168.1.4	loopback1	address	0	0

注：dest 是指路由的目的地址；mask 是掩码信息；GW 是网关的缩写，指到达目的地址的经由的网关地址；到达目的地址的经由的接口；Owner 指此路由的特性，例如目的地址是 direct 表示是直连的，address 表示此条路由是一条地址，OSPF 则表示这是一条通过 OSPF 协议学习到的路由；Pri 表示此条路由的优先级；Metric 表示此条路由的管理距离。

（18）查看接口统计

在特权模式下使用下面命令可以查看接口统计信息：

```
ZXR10 (config)♯show interface                    //查看所有端口信息
ZXR10 (config)♯show interface  fei_2/1           //查看端口 fei_2/1 的信息
fei_2/1 is up,line protocol is up                //表示端口和协议都是 UP 的
MAC address is 00d0.d0c0.b740                     //表示此接口的 MAC 地址
duplex full                                      //表示此端口是全双工
Internet address is 192.168.0.14/30              //端口的 IP 地址
```

```
Description is none                                              //端口的描述信息
MTU 1500 bytes   BW 100000 Kbits                                 //MTU 值以及端口的带宽是 100M
Last clearing of "show interface" counters never
120 seconds input  rate        22 Bps,        0 pps             //端口 120 s 内输入速率
120 seconds output rate        19 Bps,        0 pps             //端口 120 s 内输出速率
Interface peak rate  : input 6750 Bps,output 6737 Bps          //端口输入峰值速率和输出速率
Interface utilization: input       0%,       output       0%
Input:
Packets  : 71994                       Bytes:4748984           //输入包的个数和字节
Unicasts : 45613        Multicasts: 26378    Broadcasts:3      //不同大小的包的分类统计
64B      : 28239        65 - 127B  : 42872      128 - 255B  : 669
256 - 511B : 153        512 - 1023B : 59        1024 - 1518B: 0
Undersize: 0         Oversize  : 0          CRC - ERROR : 0    //CRC 循环冗余校验
Output:
Packets  : 64296                       Bytes:4328701           //输出包的个数和字节
Unicasts : 37281    Multicasts: 26858    Broadcasts: 157       //不同大小的包的分类统计
64B      : 22347        65 - 127B  : 41085      128 - 255B  : 387
256 - 511B : 253        512 - 1023B : 222       1024 - 1518B: 0
Oversize : 0
```

2.7 实验结果及验证方法

记录实验的路由表。

退出重新登录,验证密码配置是否正确。其他的可通过 show 命令查看。

第3章　路由交换机基本操作

3.1　实验目的

(1) 掌握路由交换机的基本原理和作用。

(2) 学会通过串口操作路由交换机,并对路由交换机的端口进行基本配置。

(3) 通过本实验,对 ZXR10 3928(3200)路由交换机基本了解,能够对 ZXR10 3928 (3200)路由交换机进行基本配置。

3.2　实验内容

(1) 通过串口线连接到 ZXR10 3928(3200)路由交换机,对 ZXR10 3928(3200)路由交换机进行配置。

(2) 配置 ZXR10 3928(3200)路由交换机端口以及查看配置信息。

(3) 设置 ZXR10 3928(3200)路由交换机密码,包括 enable 密码以及 Telnet 的用户名和密码,查看日志。

3.3　基本原理

3.3.1　路由器的发展历程与趋势

1. 路由器的定义

Internet 现在已经渗透到人们生活的方方面面,为人们提供了远程登录、文件传输、电子邮件和 Web 浏览等,网络用户数也在急剧增加。随着网络的发展,每台计算机都要了解网络上的其他计算机的地址是非常困难的,必须有一个设备能够在网络上的计算机之间建立一个通路,网络计算机不必知道网络上所有计算机的地址,减少计算机的负担。因此,人们将互联网分成许多相互分离但相互连接的子网,每个子网在网络中有一个唯一的网络号,网络计算机只需要跟互联网上的一些网络计算机互联即可,而不需要知道整个网络的所有计算机。路由器就是可以实现网络分离的设备。

所谓路由就是指通过相互连接的网络把信息从源计算机移动到目的计算机,信息在移动过程中会经过多个路由节点,如图 3.1 所示。这种思想在 20 世纪 20 年代就已经出现,但是由于当时网络结构比较简单,网络用户数量较少,路由技术没有用武之地,所以没有发展起来。直到 20 世纪 80 年代网络大规模发展起来了,才为路由技术提供发展的基础和平台,路由技术才逐渐进入商业化的应用。路由器用于连接各种不同的网络,使各种网络之间能够进行数据传输,成为互联网的枢纽。因此,路由器已经广泛应用于各行各业,成为实现各种骨架网内部连接、骨干网间互联和骨干网与互联网互联互通业务的主力军。路由器已经成为 Internet 的骨架,处于核心地位,其发展历程和方向,成为整个 Internet 研究的一个缩影。由于未来的宽带 IP 网络仍然使用 IP 协议来进行路由,路由器在未来的网络中仍将扮演着重要的角色。

图 3.1　路由器

路由器处于 OSI 参考模型的第三层(网络层),屏蔽了网络层以下的技术细节,使采用各种不同物理技术的网络都具有统一的 IP 地址,使全球范围内的用户之间能够进行通信;同时路由器也将整个互联网分割成很多独立的逻辑子网,每个逻辑子网也分配一个 IP 地址。路由器通过对 IP 数据包的分组转发,使得全球通信成为可能。

由路由器分割的网络在数据链路层可以运行相同的协议,也可以不同,比如路由器可以在以太网之间或是以太网与 Frame Relay 网络之间进行数据转发,但是网络层协议必须一致。路由器不必在同一 IP 与 IPX 网络之间才能进行数据转发。

路由器为实现在不同网络间转发数据单元的功能必须具备以下条件:

(1) 路由器应该具有多个三层接口,每个三层接口连接不同的网络或者逻辑网段。三层接口既可以是物理接口,也可以是逻辑接口或子接口。在实际的组网中可能存在只有一个接口的情况,但是很少应用。

(2) 路由器工作在网络并且根据目的地址进行数据转发,所以协议至少向上实现到网络层。

(3) 路由器必须具有存储、转发、寻径功能。

2. 路由器技术的发展历程

路由的性能与业务的发展推动着路由技术的发展。一方面,带宽与网络规模的增大使路由器不得不在性能与容量上进行提升;另一方面,业务的发展驱动着路由器具备更强的业务提供能力。在这两项关键因素中,性能在路由器技术的前期发展历程中起主导作用。但是,随着 IP 网络和业务的迅猛发展,业务因素在路由器的发展历程中的作用越来越重要。

性能的提升不仅包含转发性能,也包括了业务的性能与服务品质提高,路由器不仅要处理好各种业务,同时转发数据的性能也不能下降。路由器提供的业务能力不是解决"有"或"无"的问题,而是高品质的业务保证。

基于上述原因,路由器正朝着"业务与性能并重,业务平滑演进"的方向前进,使路由器具有更高的性能、更加安全可靠,易于集成和智能化。

路由器从起步到现在经历了 5 代的发展历程,具体如下。

(1) 第一代路由器

最初由于 IP 网络很小,网关连接的设备和处理的负载也很小。这一时期的网关可以用一台计算机插上多个网络接口卡的形式实现,接口卡与 CPU 之间通过内部总线相连,网络接口收到报文后传送给 CPU,由 CPU 完成所有处理后通过另外一个网络接口传送出去。这个阶段的路由器主要用于科研机构连接 Internet。

（2）第二代路由器

在第一代路由器中，接收到的报文都要通过 CPU 处理，但随着网络用户越来越多，网络流量不断增大，CPU 已经渐渐不能处理越来越大的数据流量。于是为了降低 CPU 的负担，第二代路由器在网络接口卡上进行一些智能化处理，由于用户有时候只访问少数几个地方，所以可以把这些信息保留在业务接口卡上，不用再通过 CPU 的处理，直接通过业务板的路由表进行转发，减小了 CPU 的负担。因此，第二代路由器的性能有了较大的提升，并可以根据网络环境提供适合的连接方式，在各种网络中得到了广泛的应用。

（3）第三代路由器

Web 技术的出现使得用户的访问面获得了极大的拓宽，访问的地方不再固定，路由器会经常发生无法从业务板找到路由的现象，CPU 的负担再次增大。还有用户越来越多导致的路由器接口数量不足。为了解决这些问题，第三代路由器应运而生。

第三代路由器中路由与转发进行了分离，主控板负责整个设备的管理和路由的收集、计算功能。主控板将计算出的转发表传输至每个业务板，而各业务板根据转发表独立的进行数据转发。同时，总线技术得到较大的发展，总线与业务板之间的数据传输完全独立于主控板，实现的并行高速处理，是处理器性能得到了很大提高。

第三代路由器在 20 世纪 90 年代中期成为 Internet 骨干主流设备。

（4）第四代路由器

到了 20 世纪 90 年代中后期，Internet 技术空前发展，用户数量急剧增加，网络流量以指数级数增长，以前基于软件的路由器已经不能满足网络的发展需求。通过引入 ASIC 实现方式，将转发过程通过硬件的方式实现来解决这一问题。另外在交换网上采用了 CrossBar 或共享内存的方式，解决内部交换的问题，使路由器的性能达到千兆比特，即早期的千兆交换式路由器 GSR（Gigabit Switch Router）。

（5）第五代路由器技术

业务的发展导致了新的需求，从而推动着技术的进步。在互联网高速发展的同时，IP 网络技术暴露出越来越多的缺陷：网络无管理无法运营的问题、IP 地址缺乏问题、IP 业务服务质量问题，以及 IP 安全等问题，这些都阻碍着网络的发展。随着互联网泡沫的破裂，人们意识到业务才是网络的真正价值所在。于是，网络管理、用户管理、业务管理、MPLS、VPN、可控组播、IP-QoS 和流量工程等各种新技术纷纷出现。IP 标准也逐步修改成熟。这些新技术的出现对高速路由器的业务功能提出了更高的要求。

第五代路由器很好地解决了这个问题，其继承了第四代路由器在硬件体系结构上的成果，用可编程、专为 IP 网络设计的网络处理器技术处理关键的 IP 业务流程。网络处理器由微处理器和硬件协处理器组成，可以并行工作并通过软件控制处理流程。硬件协处理器可以对一些复杂的操作提高处理性能，实现业务灵活性与高性能的结合。

2002 年 12 月，华为公司正式发布了第五代路由器 NetEngine（简称 NE）80/40/20 系列产品，标志着第五代路由器进入成熟的商用阶段。每一代路由器都是针对相应地网络产生的，所以每一代路由器在实际应用中还有其应用空间。

第一代路由器也称为低端路由器，主要应用于远程的一些网点，比如家庭；第二代路由器可称为中端路由器，是企业网的主流联网设备；第三代路由器也就是高端路由器，主要应用于电信网络的边缘和行业网络骨干；第四代路由器称为核心路由器，主要应用于 IP 网络骨干汇聚和城域网环境;第五代路由器是新一代核心路由器正在逐渐取代第四代路由器在骨干网络和城域网络中的地位。第五代路由器的设计理念是"业务与性能并重,业务平滑演进"。这种理念可以被前三代路由器借鉴进而开发出适应不同环境的新一代路由器。

3. 路由器设计理念的革命

从性能与业务的角度看,可以把路由器设计历程分为两个阶段:第一阶段,以性能为主要设计目标,面向带宽与连接的业务模型。这一阶段只是保证了网络的互联互通而不是提供一个高品质的服务,只能在网络上提供一些对安全与服务质量要求不高的数据业务;第二阶段,以业务和性能并重、业务平滑演进为设计目标,面向全业务、开放的业务模型。

随着 IP 技术的发展,IP 网络上需要承载的各种业务,如语音、会议电视、OA、ERP 等,这些业务都要求更高的服务质量与安全,传统的 IP 网络无法满足这些需求,所以新的 IP 网络至少要能够提供端到端的 QoS 和安全保证,为用户提供高质量服务。

网络为了能够承载各种业务的需求,对网络的各部分进行了分工,各部分需要相互配合。如在网络边缘,用户采用 AAA 认证、业务区分、标记等技术;在核心层,对业务进行了灵活处理等。

要想适应网络的这种分工配合,路由器必须更加智能化,具有更好的业务适应能力,并且要支持全新的业务模式,如 MPLS VPN 和 IPv6。IPv6 相对于 IPv4 而言解决了 QoS、安全等问题,IPv6 网络最终会成为未来应用时代的基础架构,而 IPv4 是否可以平滑的升级支持 IPV6 已经成为选择网络设备的需要考虑的一个因素。新一代的 IP 网络可以通过软件的方式来提供新业务不需要更换硬件系统,这就具备了很强业务适应能力。

总之,基于性能而设计的路由器已经不能满足网络的发展要求,现在的路由器需要"业务与性能并重、业务平滑演进"这种设计理念。业务提供能力方面包括了业务种类和业务性能,而不再是普通的转发性能;由于新业务不断产生,很短的时间就会产生一种新的 IP 业务,所以必须也要有很强的业务演进能力。这种设计理念导致了在电信和大型企业中很快出现了第五代路由器。如华为公司的 NE80/40 系列。

4. 高端路由器和中低端路由器的未来

第四代和第五代路由器,也就是高端路由器和核心路由器一般是在一些大型行业和电信级的网络环境中使用,具有高性能、高安全性、高可靠性和严格的服务质量保证等特点,支持高品质的服务,并且可以提供丰富高效维护管理手段和业务管理能力。特别是核心路由器还可以提供全 IP 业务的支撑能力和运营能力。

可以想象的到,核心路由器在将来会具有更高密度的接口,更好的业务处理能力。高端路由器将具有更全面的业务特性,更丰富的接入方式和更灵活的适应能力。核心路由器将继续挑战更高的骨干带宽和业务性能,高端路由器将主要聚焦电信网的边缘和行业网络环境。

中端路由器主要用于企业级网络环境。传统的企业网络对路由器的性能、可靠性、服务质量等方面要求比较低。但是随着时代的发展,越来越多的企业将 ERP、财务、OA、决策支持、语音、视频等关键业务承载到 IP 网络,所以对于路由器的要求也越来越高,这种要求甚至达到了与行业网络相似的高性能、高可靠性、高安全性和严格的服务质量保证,而且还要支持 MPLS VPN、组播、语音、QoS 等业务。

除此之外,宽带网络用户大量增加,这就要求中低端路由器必须拥有更加丰富的宽带接入方式,比如 XDSL、LAN、Cable、WLAN 等,并且适用范围要向中小型办公环境和家庭环境拓展,这就为路由器提供了更大的发展空间。

现在路由器的发展趋势就是核心路由器、高端路由器与中低端路由器技术的不断融合。一方面,由于电信网络与行业网络的环境越来越复杂多变,所以高端路由器和核心路由器要融合很多中低端路由器的特点,比如高密低速接口、丰富的接入方式,以这种高效的管理模式可以提高对不同环境的适应能力;另一方面,中低端路由器也融入了很多高端与核心路由器的特点,比如高可靠性、高性能、高安全性和严格服务质量保证等,还要针对企业和个人应用进行相应的优化,把这些高端特性不断地推向网络边缘。

3.3.2　路由器的原理与功能

1. 路由器的作用

路由器的核心作用是实现各个子网络的互连互通,在不同网络之间进行数据传输。路由器需要具备以下功能:

(1) 路由功能:也称为寻径功能,包括路由表的建立、维护和查找。

(2) 交换功能:路由器的交换功能是数据在路由器内部移动和处理的过程,从路由器一个接口接收,通过查找路由表,决定转发接口,这中间做帧的解封装与封装,并对包作相应处理。

(3) 隔离广播、指定访问规则:路由器可以通过设置访问控制列表(ACL)对流量进行控制,并且可以阻止广播的通过。

(4) 异种网络互连:支持不同的数据链路层协议,连接各种不同的网络。

(5) 子网间的速率匹配:路由器有多个接口,不同接口具有不同的速率,路由器需要利用缓存及流控协议进行速率适配。

在路由器的诸多功能中,路由功能和交换功能是路由器的两个最重要的基本功能。

路由器的工作过程大致就是路由器从某一个端口接收到一个报文,然后除去链路层封装并发送给网络层。网络层先检查报文是不是发送给本机的,如果是就去掉网络层封装。如果不是,就通过路由表查找到目的地址对应的路由,并发送到相应端口的链路层进行封装,然后继续发送报文。如果找不到路由,将报文丢弃。

路由器中的路由表可以通过手工配置,也可以通过路由协议自动形成。路由器必须管理好路由表来保证实现正确路由功能。

2. 路由协议原理

路由协议创建了路由表,描述了网络拓扑结构,并通过共享路由信息来支持可路由协议。路由协议与路由器协同工作,路由协议共享的路由信息在路由器之间传递来确保所有路由器知道其他路由器的路径,路由器来完成数据包转发功能。

路由协议工作在路由器上,它包括 RIP、IGRP、EIGRP、OSPF、IS-IS、BGP,路由协议主要用来确定到达的路径。

路由协议属于 TCP/IP 协议族中的一员,路由协议选择路径的好坏会影响到整个 Internet 网络的工作效率。路由协议按应用范围的不同可以分为两类:一类是内部网关协议,另一类是外部网关协议。

一个大的互联网被划分为许多小的网络,这些小的网络内部有权自主决定在本系统中采用何种路由协议。在这些小的内部网络内的协议称为内部网关协议；各个小的网络之间的路由协议称为外部网关协议。这里网关是路由器的旧称。

现在正在使用的内部网关路由协议有以下几种：RIP-1，RIP-2，IGRP，EIGRP，IS-IS 和 OSPF，其中采用距离向量算法的有：RIP-1、RIP-2、IGRP；采用链路状态算法的有：IS-IS、OSPF；EIGRP 是结合了链路状态和距离矢量型路由选择协议的 Cisco 私有路由协议。对于小型网络而言，采用距离向量算法比较合适，但对于大型网络，由于环路问题和带宽迅速增加超过了网络承载能力，所以大型网络一般都采用链路状态算法。链路状态算法中 IS-IS 与 OSPF 在质量和性能上的差别不大，但 OSPF 更适用于 IP，相对于 IS-IS 更具有活力。由于 OSPF 改进工作一直在持续进行，所以现在大部分的路由器都会使用 OSPF 路由协议。

EGP 是最早采用的外部网关协议。但是 EGP 只适用于简单的拓扑结构，但随着 Internet 用户的增加，EGP 已经不能满足需求，所以 IETF 边界网关协议工作组制定了标准的边界网关协议 BGP。

路由可以分为两种：直连路由与非直连路由。前者就是路由器的接口连接的是子网；后者就是通过路由协议从其他路由器学到的路由。非直连路由又分为静态路由和动态路由，对应的路由表就可以分为静态路由表和动态路由表。静态路由表是在系统安装时就已经被管理员设定好的，如果需要修改时必须进行手动修改。动态路由是随网络的变化而变化，路由器根据路由协议自动计算出传输的最佳路径，这就是动态路由表。

（1）静态路由

静态路由表是开始时就已经设定好的，如修改必须由网络管理员手工修改，所以静态路由表只适合网络传输比较简单的环境。

静态路由具有以下特点：

静态路由无须进行路由交换，因此节省网络的带宽、CPU 的利用率和路由器的内存。

在静态路由网络中由于每一个连接到网络上的路由器都需要在邻近的路由器上设置路由，进而提高了网络的安全性，所以静态路由具有更好的安全性，有些情况必须使用静态路由，比如 DDR、使用 NAT 技术的网络环境。

静态路由具有以下缺点：

管理者必须真正理解网络的拓扑并正确配置路由。

由于静态路由表需要管理员进行手工配置，所以在扩展网络时就必须在所有路由器上加一条路由，特别是跨越几台路由时，路由配置更为复杂。

（2）动态路由

动态路由协议包含内部网关协议 IGP 和外部网关协议 EGP。而内部网关协议又可以分为距离矢量路由协议和链路状态路由协议，这两种协议的特点如下：

① 距离矢量（DV）协议

距离向量就是指协议不用考虑每条链路的速率，直接使用跳数或向量来确定设备间的距离。

距离向量路由协议不使用正常的邻居关系，用两种方法获知拓扑的改变和路由的超时，具体方法如下：

- 当路由器不能直接从连接的路由器收到路由更新时；
- 当路由器从邻居收到一个更新，通知它网络的某个地方拓扑发生了变化。

　　距离向量路由协议可以在小型网络中运行的好,但是在大型网络中距离向量路由协议计算新路由的收敛速度极慢,而且这个过程属于过渡状态很可能发生循环并造成堵塞。距离向量算法对与网络底层链路的多样性和带宽各不相同也没有反应,所以会造成网络收敛的延时并消耗了带宽。随着路由表的增大,需要消耗更多的 CPU 资源,并消耗了内存。

　　② 链路状态(LS)路由协议

　　链路状态路由协议没有跳数的限制,使用"图形理论"算法或最短路径优先算法。

　　链路状态路由协议有更短的收敛时间、支持 VLSM(可变长子网掩码)和 CIDR。

　　链路状态路由协议可以在相邻的路由之间维护正常的邻居关系,可以是路由更快收敛。链路状态路由协议在传输数据期间通过交换链路状态信息来创建对等关系,这也可以加快路由的收敛速度。

　　与距离向量路由协议不同的是,链路状态路由协议值广播更新的内容或是改变的拓扑结构,这样会使更新内容更少,节省了带宽和 CPU 的利用率。在网络不发生变化的情况下,更新包指在特定的时间内发出,通常为 30 分钟到 2 小时。

　　3. 路由器的功能

　　简单的讲,路由器主要有以下几种功能:

　　(1) 网络互连

　　路由器主要用于互连局域网和广域网,可以支持各种局域网和广域网接口,实现不同网络互相通信;

　　(2) 数据处理

　　路由器提供包括分组过滤、分组转发、优先级、复用、加密、压缩和防火墙等功能;

　　(3) 网络管理

　　路由器提供包括配置管理、性能管理、容错管理和流量控制等功能。

　　路由器中保存着所有传输路径的数据的表格就是路由表,供路由选择时使用。路由表中含有子网的标识信息、网络中路由器的个数和下一个路由器的名称。路由表既可以一开始设定好也可以由系统动态修改,可以由路由器自动调整。

　　完成路由功能需要路由器学习与维护以下几个基本信息:

　　首先需要知道路由协议的是什么。默认状态下 IP 路由是打开的,在接口上配置好 IP地址、子网掩码,就在接口上启动了 IP 协议。如果路由器在这个接口上成功配置了三层的地址信息,并且接口工作状态正常,就可以在这个接口上转发数据包。

　　目的网络地址一定要存在才能进行 IP 数据包的发送。IP 数据包是通过目的网络地址进行数据转发的,所以路由表中必须存在能够匹配的上的路由条目才可以转发此数据包,否则数据包就会被丢弃。

　　路由表中还含有发送至目的网络的数据包从哪个端口发出和应该转发到的哪个下一跳地址等信息。

　　路由器的优缺点:

　　(1) 优点

　　① 适用于大规模的网络;

　　② 复杂的网络拓扑结构,负载共享和最优路径;

　　③ 能更好地处理多媒体;

　　④ 安全性高;

⑤ 隔离不需要的通信量；

⑥ 节省局域网的频宽；

⑦ 减少主机负担。

（2）缺点

① 它不支持非路由协议；

② 安装复杂；

③ 价格高。

3.3.3　路由器的路由过程

1. 路由过程

通信可分为同一网段内部的通信和不同网段之间的通信。

（1）同一网段内部的通信，如图 3.2 所示。

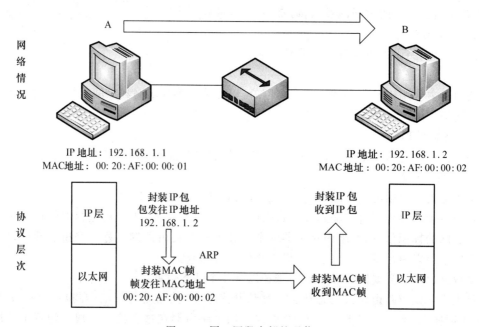

图 3.2　同一网段内部的通信

　　如图 3.2 所示，首先主机 A 可以通过 HOSTS 表或 WINS 系统或 DNS 系统得到主机 B 的 IP 地址，然后通过比较目的主机与自己的 IP 地址发现是同一网段。然后在 ARP 缓存查找是否存在主机 B 的 MAC 地址，如果含有就直接做数据链路层封装通过网卡封装好的以太数据帧发送到物理线路上去；如果没有主机 A 将通过本地上的 ARP 广播查询主机 B 的 MAC 地址，然后将地址写入 ARP 缓存表进行封装和转发。

　　（2）不同网段之间的通信，如图 3.3 所示。

　　不同的数据链路层网络必须分配不同网段的 IP 地址并且由路由器将其连接起来。首先主机 A 可以通过 HOSTS 表或 WINS 系统或 DNS 系统得到主机 B 的 IP 地址，然后通过比较目的主机与自己的 IP 地址发现是不同网段。于是主机 A 应该将此数据包发送给自己的默认网关也就是路由器的本地接口。主机 A 在 ARP 缓存查找是否存在默认网关的 MAC 地址，如果含有，就直接做数据链路层封装，通过网卡将封装好的以太数据帧发送到物理线路上去；如果没有，主机 A 将通过本地上的 ARP 广播查询默认网关的 MAC 地址，然后将地址写入 ARP 缓存表进行封装和转发。数据帧到达路由器的接收接口后首先解封装转换为 IP 数据包并进行处理，然后通过查找路由表来决定转发接口并做好适合转发接口数据链路层协议的帧的封装，并发送至下一个路由器，以此类推知道到达目的网络或主机。数据报文的源 IP、目的 IP 以及 IP 层向上的内容在整个过程中都不会改变。

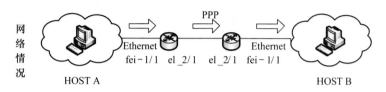

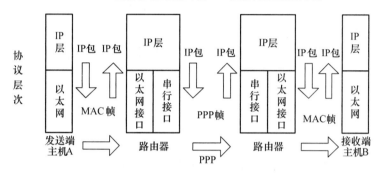

图 3.3 不同网段之间的通信

2. 通信流程

源主机的网络通信数据流程，如图 3.4 所示。

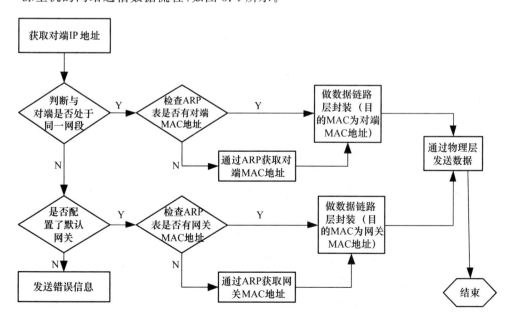

图 3.4 通信流程

首先将主机的主机名称转换为 IP 地址。然后通过 IP 地址与子网掩码计算出自己所处的网段,然后比较对端主机的 IP 地址,观察是否与自己处于同一网段。如果在同一网段,则继续观察 ARP 表中有没有对端主机的 MAC 地址,如果有就直接进行链路层封装,如果没有则通过 ARP 获得对端主机 MAC 地址并封装,然后通过物理层转发。如果对端主机与自己不在同一网段,则检查 ARP 表看是否有默认网关的 MAC 地址,如果有就直接进行封装,如果没有则通过 ARP 获得对端主机 MAC 地址并封装,然后通过物理层转发。如果既不在同一网段,又找不到默认网关的 MAC 地址,则返回错误信息,通信中断。

3. IP 通信流程基本概念

IP 通信是基于 hop by hop 的方式,当数据包到达路由器时会根据路由表中的信息决定转发的出口与下一跳设备的地址,数据包转发出去后就不在受到这个路由器的控制。无论在哪个路由器中数据包的转发都是由路由表中的信息决定的,所以这种方式称作 hop by hop 方式。只有整条路径上的路由器都包含正确的路由信息,数据包才能正确的转发至目的。

IP 数据包在转发的过程中,源地址和目的地址都没有发生改变(没有设置 NAT),但是 IP 数据包中的 TTL 值与包头的校验位还有一些其他的选择项在经过每一个路由器时都会发生改变。

每经过一个数据链路层都要进行一次新的数据链路层封装。接收接口收到数据帧后会解除数据帧的封装,然后根据目的信息查找路由表来决定转发出口,在转发之前要在根据数据链路层协议类型再次进行封装。所以数据帧每经过一次数据链路层都会被重新封装。

数据包的前进与返回是没有关系的。一般的数据传输都是双向进行,例一个数据包从 A 网络发送至 B 网络,然后做出回应。数据包从 A 到 B 的转发过程中的路径选择都是朝向 B 的网络地址,而 B 到 A 的转发过程中的路径选择都是朝向 A 的网络地址。如果能够成功从 A 转发至 B 则说明链路中所有路由器中路由表信息都包含正确的 B 网络地址;同样如果能够成功从 B 转发至 A 则说明整个链路中所有路由器中路由表信息都含有正确的 A 的网络地址。所以数据包的返回和发送是没有关系的,可以选择两条不相同的路径。

3.3.4 路由过程示例

下面以两台处于不同网段主机间的通信为例说明数据包路由的过程。

如图 3.5 所示,当数据包从主机 A 发往主机 B 时,主机 A 先通过自己的 IP 地址和子网掩码计算出自己的网络地址,然后在和主机 B 的 IP 地址进行比较,发现不在同一网段。主机 A 就会将数据包发送给默认网关-路由器的本地接口 R1 的 fei-1/1 接口的 IP 地址。路由器 R1 在接口 fei-1/1 上接收到一个以太网数据帧,然后检查这个数据帧发送的 MAC 地址是不是本地接口的 MAC 地址,如果是就解除数据链路层的封装转换为 IP 数据包送往高层进行处理。路由器 R1 继续检查 IP 数据包中的目的 IP 地址,如果不是路由器上任何一个接口的 IP 地址,则通过目的地址所在路由表中查看转发路径进行转发。

在本例中,路由器通过目的网段的路由信息决定转发出口为 e1-1,再转发前还要做相应的处理与封装。同理,对于整个链路中所有路由器都要进行类似的步骤,直到数据包到达主机 B。

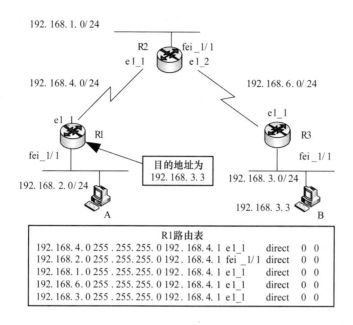

图 3.5　路由过程示例

3.3.5　路由交换机的发展现状

1. 路由交换机定义

路由交换机是一个带有第三层路由功能的第二层交换机，也称作三层交换机。从硬件上看，第三层交换机与第二层交换机不同之处在于与路由器有关的第三层路由硬件模块插在高速背板/总线上，从而可以使需要路由功能的其他模块与路由模块之间进行高速的数据交换，这样可以突破外界路由器的速率的限制。在软件方面，第三层交换机通过硬件高速实现了数据包的转发，又通过高效的软件对实现了路由信息的更新、路由表维护、路由计算、路由的确定等功能。

假设机器 A 与机器 B 通过第三层交换机进行网络通信，机器 A 已知目的地址，但不知道发送所需要的 MAC 地址。机器 A 通过 IP 地址与子网掩码计算出自己所处的网段，然后比较机器 B 的 IP 地址，观察是否与自己处于同一网段。如果在同一网段，则继续观察 ARP 表中有没有对端主机的 MAC 地址，如果有就直接进行链路层封装，如果没有则通过 ARP 获得对端主机 MAC 地址并封装，然后通过物理层转发。如果机器 A 与机器 B 不在同一网段，发送机器 A 要向"默认网关"发出 ARP 包，而"默认网关"的 IP 地址已经在系统软件中设置，这样第三层交换模块就会把以往得到的机器 B 的 MAC 地址返回给机器 A；否则第三层交换模块就会向机器 B 发送一个 ARP 请求来得到 MAC 地址，然后回复给机器 A。然后在以后的发送过程中，机器 A 就会直接用机器 B 的 MAC 地址进行封装和转发。

三层交换机很巧妙的把二层交换机和路由器的功能合二为一。三层交换机上的物理接口都是具有二层功能的接口，通过配置可以创建它的三层接口。三层接口是基于 VLAN 创建的，三层接口的 IP 地址被设置为这个 VLAN 中所有成员的默认网关地址。三层交换机上创建的这些三层接口可是看做是直连路由，这样不仅可以提高网络的集成度，还可以增强转发性能。

通过标准的 IP 协议可以实现各种异构网络的互联,IP 协议在转发报文时会经过很多流程,做很多处理,会给软件带来很大的分担。

但是这些流程不是发送每一个报文都必须经历的,大部分的报文只需要经过很少的一部分,IP 路由的方法还有很大的改进余地。

三层交换机把 IP 路由中发送每一个报文所要经历的过程提取出来转化成一个十分简化的过程,其具体简化表现在以下几个方面。

- IP 路由中大部分报文不包含 IP 选项的报文,所以不用处理报文 IP 选项。
- 因为以太网络的帧长度是固定的,所以 IP 针对不同网络的报文长度不同的报文分片的功能也是可以减少的工作。
- 和路由器采用最长掩码匹配不同,三层交换机使用的是精确地址匹配的方式处理,这样有利于一些硬件进行快速查找。
- 三层交换机把经常使用的一些主机路由放到硬件的查找表中,只有在这个查找表中找不到的项目才会通过软件转发出去。所以只要通过软件转发了每个流的第一个报文,那么以后就可以在硬件中进行转发大量的数据了。

三层交换机做了以上改进,简化了 IP 转发流程,大部分的报文处理都在硬件中进行,很少一部分需要软件转发,所以系统的性能得到了极大地增加。同性能的设备在成本上大幅减小。

VLAN 与 IP 网段是一一对应的,与二层交换机中交换引擎功能一样,VLAN 之间也是隔离的,因而 IP 网段之间的访问需要通过三层转发引擎提供的 VLAN 间路由功能。在二层交换机与路由器的组网中,不同 IP 网段之间的通信都需要使用一个路由器接口作为网关。而三层转发引擎就相当于这个路由器,当和其他 IP 网段通信时也要在三层交换引擎上分配一个接口用来做网关。三层交换机上的这个接口是用过配置芯片转发实现的,位置在三层转发引擎和二层转发引擎上,与路由器上的接口不同的是它是不可见的。

假设站点 A、B 都是使用 IP 协议,然后要通过第三层交换机通信,首先要通过比较发送站点 A 的 IP 地址与目的站点 B 的 IP 地址是否处于同一子网内,如果在同一子网内就可以直接进行二层转发,如果不在同一子网内,则发送站 A 要向三层交换机的三层交换模块发出 ARP 封包,通过三层交换模块解析出目的 IP 地址,并向目的 IP 地址网段发送 ARP 请求。当站点 B 接收到 ARP 请求就会把 MAC 地址通过三层交换模块回复给发送站 A,同时将 B 站的 MAC 地址发送到二层交换引擎的 MAC 地址表中。以后站点 A、B 之间通信就可以直接在第二层交换机进行处理,所以说只有路由过程通过第三层进行处理,大部分数据都在第二层。第三层交换机的速度很接近第二层交换机的速度,非常快。

2. 路由交换机的发展状况

当今的网络业务流量以非常快的速度在增长,越来越多的业务流需要跨越子网边界和穿越路由器几率也大大增加。由于传统路由器不能满足这些条件,所以第三层交换技术就产生了。第三层交换技术很好地解决了业务流在局域网中跨网段引起的低速、延时等问题。应用第三层交换技术的产品无论在体系结构上,还是在功能与性能上和二层以太网交换机与传统路由器有一定的区别。

第三层交换是为了区别传统交换提出的,第三层交换又可以称为 IP 交换技术,因为第三层交换主要是对 IP 数据包进行处理。第三层交换机是把第二层交换中的实现手段和重新调整的第三层路由器的功能结合起来,就是为了解决二层交换机与传统路由器的不足之处。第三层交换技术是新一代局域网路由与交换技术,具有优于过去十倍的传输性能。

传统路由有两个基本的功能就是路径选择与数据转发。最优路径选择需要启用路由协议来发现和建立网络拓扑结构,不同协议使用的算法也不一样,所以路径选择是很复杂的过程。数据的转发就是数据报文在子网之间的传送,当路径选择好了以后,接着就是数据报文的转发。报文的转发工作主要包括检查 IP 报文头、IP 数据包的分片和重组、修改存活时间(TTL)参数、重新计算 IP 头校验和、MAC 地址解析、IP 包的数据链路封装,以及 IP 包的差错与控制处理 ICMP(Internet Control Messages Protocol),等等。

传统路由器是通过软件进行驱动的,用软件来完成数据包的交换、路由和处理一些底层技术与第三层协议,并且可以通过升级软件来增强设备功能,所以传统路由器拥有很好的扩展性与灵活性。但是也具有很多缺点,比如,配置复杂、价格高、相对较低的吞吐量和相对较高的吞吐量变化等。

第三层交换机弥补了路由器的一些缺点,但是其只完成交换和转发功能,只支持 IP 协议,限制了一些特殊服务,而传统路由器则支持很多协议。第三层交换机不是采用 RSIC 处理器之上的软件运行相应的功能,而使用专门集成电路(Application Specific Integrated Circuit,ASIC)构造这些功能。

大部分路由协议对于报文转发这一操作任务都可以比较简单的实现,而且处理也基本一样。由于硬件技术发展,这一处理过程可以使用 ASIC 技术高速实现,所以第三层交换改变了传统路由器用软件来实现所有功能的方法,把一些简单、有规律的转发工作用硬件来实现,同时一些复杂的功能仍然用高效的软件实现,因此提高了路由器的效率。为了与二层交换机进行互相连接,三层交换机也具有二层交换机的功能,这使第三层交换技术在网络参考模型的第二层和第三层都实现了数据包的高速转发。

第三层交换也包含了一些特殊功能,如数据包的格式转换、信息流优先级别划分、用户身份验证及报文过滤等安全服务、IP 地址管理、局域网协议和广域网协议之间的转换。在局域网子网间或 VLAN 间进行转发业务时,第三层交换机只进行业务流转发,不进行路由处理,这种情况下不需要路由功能。

第三层交换技术由于采用了结构化、模块化的设计方法,软硬件之间分工明确,配合协调,使信息可以在三层交换机之间进行高速传输。比如,只要确定了 IP 报文目的地址在帧中的位置,地址就可以通过硬件提取出来,并进行路由计算和地址查找;路由表的构造与维护可继续由 RSIC 芯片中的软件完成。所以,现在芯片技术的快速发展促进了第三层交换技术和产品的实现。

目前,第三层交换技术及产品在企业网/校园网建设和宽带 IP 网络建设中得到了大量的应用,市场需求与技术进步也在促使着第三层交换技术的快速发展。尽管不同的三层交换机实现方法与复杂程度不一样,但是作为一种高性能、成本低的一种技术,以后肯定会有很大的发展。

3. 路由交换机的分类

三层交换机可以根据其处理数据的不同而分为纯硬件和纯软件两大类。

(1) 基于纯硬件的第三层交换技术其核心思想是利用硬件芯片进行路由信息的构建、刷新和查找,这种方法带来的好处是数据处理速度快,性能好,但是随之而来的是硬件构造复杂,成本较高。基于纯硬件的第三层交换技术,当数据从端口接收进来以后,先在第二层查找相应的目的 MAC 地址,如果查到就直接进行转发,如果没有查到就将数据发送至三层转发引擎,通过 ASIC 芯片查找相应的路由表信息,与数据的目的 IP 地址相比对,然后发送送 ARP 数据包到目的主机,得到该主机的 MAC 地址,将 MAC 地址发到二层并直接进行转发。

(2) 基于纯软件的第三层交换机技术其核心思想是利用硬件芯片进行路由信息的构建、刷新和查找,这种方式使得硬件比较简单,但是运行速度较慢,不适合作为主干。基于软件的三层交换机技术,在收到数据包之后,如果在第二层可以找到相应的目的 MAC 地址,就进行二层转发,否则将数据送至 CPU。CPU 查找相应的路由表信息,与数据的目的 IP 地址相比对,然后发送 ARP 数据包到目的主机得到该主机的 MAC 地址,将 MAC 地址发送至第二层进行数据包转发。由于 CPU 的成本高,而低成本的 CPU 处理速度缓慢,所以这种三层交换机处理速度较慢。

3.3.6 路由交换机的主要技术与功能

1. 路由交换机主要技术

"IP 交换"这个概念起始于 Ipsilon 公司在 1996 年引入的新一类称作 IP 交换机的互连设备,后来 Cisco 公司、IBM 公司和其他厂商也纷纷推出了各自的相应的类似技术方案,即把交换功能与路由功能集成在同一个设备中。目前,第三层交换技术的实现方法多种多样,这些实现方法从不同的角度可以分成不同的类别。按照报文处理方式的不同可以分为两个基本类型:流交换和报文到报文的交换。流交换就是只分析流中的第一个报文来完成路由处理,并基于第三层地址转发该报文,后续的报文使用捷径技术进行处理,这种设计的目的就是实现线速路由;报文到报文的交换中任何一个报文都要经过分析完成路由处理,然后基于第三层进行数据流转发。

流交换技术的设计目标就是为了实现线速路由的处理。现在把这种技术进行实现的有 Ipsilon 公司的 IP 交换、Cisco 公司的标签交换、3Com 公司的 Fast IP、Cabletron 公司的 SecureFast 虚拟网络,以及 ATM 论坛的 MPOA 等,它们把路由器的功能可以分解成路由计算和报文转发两个部分,并由软件和硬件分别完成这两个功能。流交换技术是一种高性能、低成本的技术。在上述技术中除 MPOA 外其他技术都是各设备制造商专有的,不能与网络中现有的设备进行相互操作,所以没能在市场上取得成功。

MPOA 是唯一一个获得支持的流交换标准,它使用路由服务器和 ATM 网络结构分别进行路由计算和报文转发。虽然这样可以得到良好的性能保证,但是设计起来特别复杂,成本很高,而且它也只能用于包含有 ATM 网络的用户环境。在进行流交换时,通过分析第一个报文来确定这一个报文是否标识一组具有相同源地址或目的地址的报文,不用检查每一个报文,从而节省了处理时间。然后把后续的报文发送到二层目的 MAC 地址。流交换需要两步,第一,识别报文哪一个特征标识一个流;第二,为了更充分地捷径,要让流足够长。怎样标识报文和建立穿越网络的路径,随实现机制的不同而不同,可以主要分为两个类型:端系统驱动流交换和网络中心式流交换。

3Com 公司的快速 IP 就属于端系统驱动流交换技术,工作原理是基于 NHRP 标准。源端主机发送一个快速 IP 连接请求,目的端主机也运行快速 IP,然后发送一个含有其 MAC 地址的 NHRP 应答报文给源端主机,如果源端主机和目的端主机在第二层中有交换通路, 则通过 NHRP 应答报文在源端主机建立目的端主机 MAC 地址和端口映射表,随后源端主机可根据目的端主机 MAC 地址直接通过交换机二层通路交换数据报文,不再经过路由器。 如果两端主机没有交换路径,就不会有 NHRP 应答返回,则报文如前。

这些技术虽然没有广泛使用,但是也为网络性能的提高做出了贡献。这些技术通过 ATM 标记交换的思想,利用第二层交换来提高 IP 选路功能。在广域网 IP 交换领域,多协议标记交换技术(MPLS)可以帮 Internet 服务提供者(ISP)在各种数据链路技术基础上以更易于控制和扩展的方式提供 IP 路由服务的解决方案。MPLS 采用将 IP 技术与第二层的交换技术结合在一起的集成模式,具备了 IP 的灵活性和第二层交换的高速性。MPLS 被提出以后,有关 MPLS 技术的协议标准草案和规范已有 140 多个,并且一些厂商在 1999 年就推出了 MPLS 设备。

报文到报文的交换就是高性能的实现传统路由的功能,它具有一个很显著的特征就是可以适应路由拓扑结构的变化。报文到报文交换设备可以通过运行标准协议并维护路由表重新路由报文,不用因为网络故障和堵塞来等待高层的协议检测报文。而流交换则要通过另外的协议来获得拓扑结构的变化或堵塞信息,因为流交换的后续报文走捷径不需要经过第三层处理,所以不能识别标准协议对于路由的改变。

报文到报文的交换过程是这样的:首先报文被发送到 OSI 参考模型的第一层,然后在第二层进行 MAC 检查,如果检查到 MAC 地址则在第二层进行交换,如果没有就进入第三层网络层,进行路径确定、地址解析和一些其他服务。最后,处理完毕后确定输出端口,报文通过第一层传送到物理介质上。

提供报文到报文第三层交换机的代表有面向企业级的:Bay 公司的 Accelar 1000Series, 3Com 公司的 CoreBuilder 3500,Extreme 公司的 Summit1 和 Summit2。面向因特网级的: Torrent 公司的 IP9000,Ascend 公司的 GRF400。

Torrent 公司的 IP9000 三层交换机是他们公司的唯一的报文到报文的第三层交换机, 由千兆交换阵列、转发引擎和路由处理机三个主要硬件块构成。千兆交换阵列负责网络业务流的转发;转发引擎负责路由查找、报文分类、第三层转发和业务流决策;路由处理机处理 IP9000 系统的各种背景操作。

IP9000 三层交换机的核心部分是由产生路由表、路由表查找和第三层报文转发组成。 路由处理机可以为端口产生唯一一个单播传输和组播路由表,并且对路由表进行维护,还可以通过交换阵列的私有通道更新转发引擎的路由表,从而可以及时处理路由的摆动。第三层交换机中网络业务流的能力直接受路由表查找效率的影响。IP9000 千兆路由器结合了新的查找技术与一次遍历路由表,对报文进行全表查询,并在端口对路由表进行维护。在转发引擎端口 ASIC 中进行报文的转发,并在报文发送给交换阵列之前根据路由表的查询结果对报文进行修改。为了消除阻塞,IP9000 三层交换机使用了流排队体系结构,并提供了多个路由的并行等价路径,当一条路径行不通时可以重新路由选择另一条路径,并支持子网与端口间一对多的关联。

目前的第三层交换设备大部分的体系结构是一样的。中央硅交换阵列是流量汇聚和交换的中心,它通过 CPU 接口总线连接 CPU 模块,通过 c 接口总线连接 I/O 接口模块,并且提供了所有设备进出端口的并行交换路径,只要是通过在 I/O 接口模块的数据流,就要硅交换阵列中进行转发。一个 I/O 接口模块可以含有多个转发引擎,并通过 ASIC 完成所有的报文处理工作,第三层交换设备能够线速路由的关键就是怎么将报文转发至分布于每一个 I/O 端口的 ASIC 上。CPU 模块运行各种与路由器相关的路由协议、创建与维护路由表等,并把路由表信息导入每一个 I/O 接口模块分布式转发引擎的 ASIC 中。这样 ASIC 就可以直接通过路由表信息进行路由而不用在经过 CPU 的处理。

很多的流交换技术一开始都是路由选择的速度很慢而且开发的成本很高,但随着报文到报文交换技术的产生,这两个问题得到了相应地解决。在动态网络环境中,怎么更准确的标识、建立、管理和撤消大量的流量仍然是一个问题。在局域网中第三层交换设备大部分都是基于报文到报文交换技术,在广域网中可以找到基于流交换技术的设备。

传统路由器就是基于报文到报文间交换技术的第三层交换设备,它完全通过软件来进行路由和报文转发,所以有很多的缺陷,随着基于硬件的第三层交换设备的出现,这些问题得到了解决。第三层交换机与二层交换机和第三层路由器可以进行相互操作,并且在局域网内采用报文到报文的交换技术更为合适。这样可以提高网络的性能,实现网络的平滑升级。

2. 三层交换机的特点

(1) 线速路由

第三层交换机的路由速度比传统路由器要快很多,且相对于传统路由用软件维护路由表,第三层交换机采用 ASIC 硬件来维护路由表,所以第三层交换机可以实现线速路由转发。

(2) IP 路由

在局域网中,二层交换机是通过源 MAC 地址标识发送者,通过目的源 MAC 地址转发数据包。如果目的地址不在本局域网内,交换机就要通过路由设备来转发数据。交换机先把要转发的数据包送至路由器上,路由器再根据目的地址检查路由表寻找转发路径,如果找到,路由器就会把数据包发送到其他网段,否则就会丢弃数据包。传统路由器速度慢,成本高,所有的处理过程都要通过软件来处理。第三层交换机即可以通过 MAC 地址来标识转发数据包,也可以在两个网段间进行路由转发,所以第三层交换机能实现 IP 路由。

(3) 路由功能

第三层交换机比传统路由器路由速度快,配置简单。当交换机接入网络后,设置完 VALN 并设置一个路由接口。第三层交换机就会把子网内的数据流限定在子网内,并通过路由实现子网间的数据包交换。管理员可以设置基于端口 VLAN 并配上 IP 地址和子网掩码,这样就产生了一个路由接口。然后就可以设置静态路由器启动动态路由协议。

(4) 路由协议支持

第三层交换机具有自动发现功能,并通过此功能处理本地 IP 包、获取相邻路由器的地址。当路由表进行更新后,会把更新的内容发送给临近的路由器而不用等待广播间隔时间的结束。

引起路由表的变化可能会有如下原因：

- 启动了一个新的接口；
- 使用中的接口出现了故障；
- 邻近路由器的路由表改变；
- 路由表中的某条记录的生存周期结束，被自动删除。

（5）自动发现功能

第三层交换机具有的自动发现功能可以减少配置的复杂性，并通过监测数据流来学习路由信息。第三层交换机会通过对端口入站数据包的分析自动产生一个广播域、VLAN、IP子网和更新他们的成员。所以在不改变任何配置的情况下，自动发现功能可以提高网络的性能。第三层交换机启动时就已经自动具有了 IP 包的路由功能，并通过检查入站数据包来学习子网的地址，然后发送路由信息给临近的路由器和三层交换机，最后转发数据包。当第三层交换机连接网络时，通过监听网上的数据包和学习到的内容来更新路由表。交换机的自动发现功能不需要其他的管理配置，也不会发送探测包来增加网络负担。在第三层，自动发现有以下过程：

① 通过侦察 ARP，RARP 或者 DHCP 响应包的原 IP 地址，在几秒钟之内发现 IP 子网的拓扑结构。

② 在同一网络的不同网段之间建立一个逻辑连接，即在网段间进行路由，实现网段间信息通信。

③ 学习地址，根据 IP 子网、网络协议或组播地址来配置 VLAN，使用 IGMP（Internet Group Management Protocol）来动态更新 VLAN 成员。

④ 支持 ICMP（Internet Control Message Protocol）路由发现选项。

⑤ 存储学习到的路由到硬件中，用线速转发这些地址的数据包。

⑥ 把目的地址不在路由表中的包送到网络上的其他路由器。

⑦ 通过侦听 ARP 请求来学习每一台工作站的地址。

在子网之内实现 IP 包的交换。在第二层，自动发现有如下过程：

① 通过硬件地址（如 C）的学习，发现基于硬件地址的网络结构。

② 根据 ARP 请求，建立路由表。

③ 交换各种非 IP 包。

④ 查看收到的数据包的目的地址，如果目的地址是已知的，将包转发到已知端口，否则将包广播到它所在的 VLAN 的所有成员。

（6）过滤服务功能

过滤服务功能就是为了限制不同的 VLAN 之间和单个 MAC 地址与组 MAC 地址的不同协议之间帧的转发。交换机会根据一些规则决定是转发还是丢弃相应的帧。早期的 802.1d 标准（1993）规定交换机必须广播所有的组 MAC 地址的包到所有的端口。新的 802.1d 标准（1998）定义扩展过滤服务规定对组 MAC 地址也可以进行过滤。如果没有人为设置过滤条件，交换机将采用默认的过滤条件。扩展过滤服务功能使用 GMRP 来控制交换机的动态组转发和组过滤。通过 GMRP 交换机和工作站可以申明他们是否愿意接收一个组 MAC 地址的帧。GMRP 协议会在交换机间传播这些信息，可以使多台交换机及时的更新过滤信息。由于旧的交换机不支持动态的组播地址过滤，所以要在相应的端口进行过滤配置。交换机可以通过学习和手工配置来更新过滤库，并通过过滤库进行帧的过滤。交换机根据以下条件来决定 MAC 地址或是 VLAN 标识的包是否应该转发到某一个端口：

① 默认地址。

② 由管理员输入的静态过滤信息。

③ 通过查看数据包源地址而动态学习到的单目地址。

④ 动态或者静态的 VLAN。

⑤ 通过 GMRP 管理的动态组播过滤信息或 VLAN 成员信息。

3.3.7　路由交换机的拓扑结构

连接到骨干交换机的设备包括服务器、交换机、集线器、工作站等。其中的交换机就是一台第三层交换机，通过它可以实现不同 VLAN 间的通信。在同一个子网内，第三层交换机只具有第二层交换的功能，这样可以保证传输速度；在不同的子网内，三层交换机还起到三层交换的作用，这样可以进行 ARP 解析，来确保传输路径的正确性，同时它还支持组播、帧和包过滤、流量计算等功能，以确保安全性能与用户需求。

第三层交换是在网络层进行的，根据网络层目的地址转发数据包。第三层地址是由网络管理员安装的网络分层确定的。IP、IPX 和 AppleTalk 等协议都使用第三层寻址。通过第三层寻址系统，管理员可以创建一个地址组，然后可以方便管理子网成员，从而可以支持建立一个能够扩展的分层寻址系统。

第三层寻址系统相对于第二层寻址系统而言更加动态。如果用户转移的位置，第三层交换机会产生一个新的第三层地址，但第二层 MAC 地址不会改变。所以第三层路由网络可以将逻辑寻址结构与物理基础架构相连接，这样就可以提供一个比第二层网络更加灵活的分层结构。

第三层交换机的第三层 VLAN 既可以通过管理员进行手工配置，也可以通过对数据包的分析自动配置和更新成员。交换机发现 IP 地址后可以动态的产生基于 IP 子网的VLAN，所以在被分配到一个新的 IP 地址时，第三层交换机就可以很快定位这个地址。第三层交换机可以通过 IGMP、GMRP、ARP 和包探测技术来对第三层 VLAN 成员进行更新。可以通过网络管理界面对自动学习的范围设定为三个状态：自动学习完全不受限、部分受限和完全禁止。

第三层交换的意义就在于只要在源地址和目的地址之间有一条第二层通路就可以直接进行转发，不用在经过路由器进行路由。第三层交换可以通过第三层路由协议来确定传送路径，这条路径可以使用存储起来，之后的数据就可以直接绕过路由器快速发送。第三层交换技术的出现，解决了在网段中管理子网必须依赖路由器的局面，也解决了传统路由器传输速率低，成本高，结构复杂等问题。三层交换机技术是通过交换机与路由器的有机结合形成的一个完整的，集体的解决方案。

第三层交换机既有路由器的功能，又可以通过 ASIC 技术实现二层线速交换。这样把二层交换技术与三层转发技术结合起来就可以大幅度提高设备的数据转发能力。通过 VLAN 划分、高效的组播控制、流策略的管理和访问控制等功能,可以使资源得到更加充分的利用,以满足各类用户的需求。三层交换机的 VLAN 技术实现了管理的自动化,又提高了系统的安全性。所以未来接入网的市场肯定会是三层交换机。随着跨地区和跨网络的业务急剧增加,传统路由器已不能适应市场的需求,三层交换技术必将成为网络的主力军。第三层交换提供以下优点。

(1) 提高网络效率:由于网络管理员可以直接在第二层 VLAN 进行路由业务,把第二层广播限制在一个 VLAN 内,降低了业务量负载。

(2) 可持续发展:由于 OSI 层模型的分层特点,第三层交换机能够创建更加易于扩展和维护的更大规模的网络。

(3) 更加广泛的拓扑选择:由于基于路由器的网络支持任何形式的拓扑结构,所以第三层交换机可以选择规模更大,复杂程度更高的网络。

(4) 工作组和服务器安全:第三层交换机可以根据第三层网络地址通过管理员来控制和阻塞一些 VLAN 到 VLAN 的通信,也可以阻止某些子网访问特定的信息。

(5) 更加优异的性能:第三层交换机基于硬件技术可以提供比基于软件技术的传统路由器更加高品质的服务与性能。第三层交换机可以为千兆网络提供所需的路由性能,所以第三层交换机可以在网络中占有更高战略意义的位置。

3.4　实验设备

3928	一台
PC	一台
串口线	一条
平行网线	一条

3.5　网络拓扑

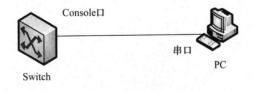

图 3.6　路由交换机网络拓扑

3.6　实验步骤

1. 串口操作配置

ZXR10 3928 的调试配置一般是通过 Console 口连接的方式进行,Console 口连接配置采用 VT100 终端方式,下面以 CCS2000U 用户端程序配置为例进行说明。

（1）将 PC 与 ZXR10 3928 进行正确连线之后，双击 Windows 桌面上"启动服务器"图标，如图 3.7 所示。启动服务器，进行命令提示符界面连接服务器，如图 3.8 所示。

图 3.7　"服务器"图标

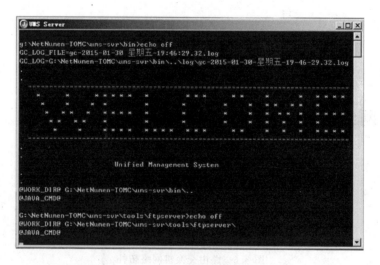

图 3.8　UMS Server

（2）在启动服务器之后，双击打开 Windows 桌面上的"CCS2000U 用户端"图标，如图 3.9 所示，进入 CCS2000U 用户端后，出现如图 3.10 所示界面。

（3）在获取系统信息之后单击"连接"，并在连接到服务器时，如图 3.11 所示。选择"登录"服务器，并在弹出的窗口中填写用户的用户名、ID 和密码登录。如图 3.12 所示。我校与中兴合建的数据通信网实验室，其中一个用户名为：user13，用户 ID：13，用户密码：1111。

图 3.9 "CCS2000U 用户端"图标

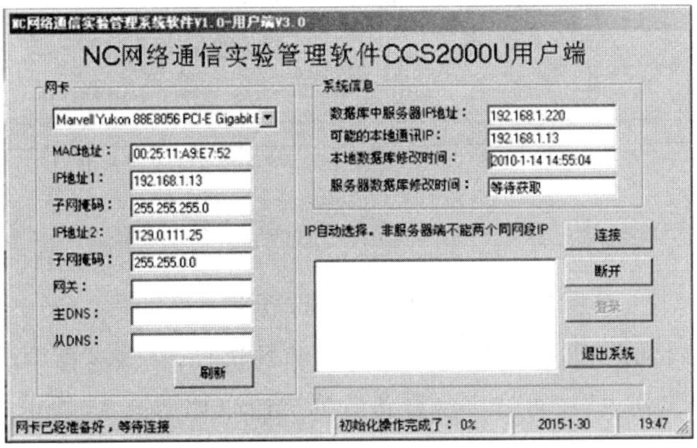

图 3.10 "CCS2000U 用户端软件"界面

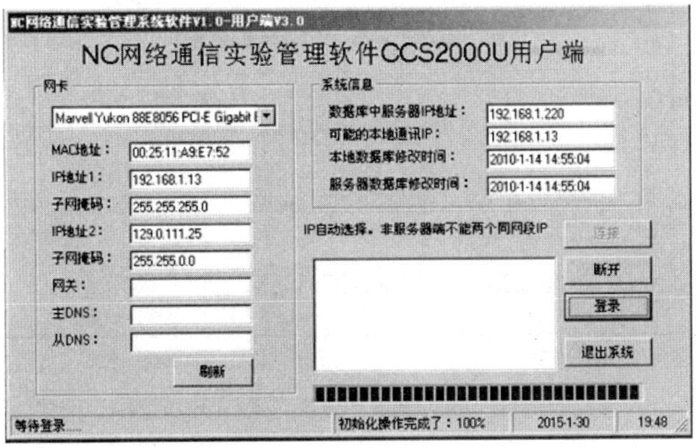

图 3.11 CCS2000U 用户端软件与服务器相连接

图 3.12 CCS2000U 用户登录

（4）登录到"NC 网络通信实验管理系统"，学生可以通过该界面查看"队列状态"、"用户状态"、"设备和端口状态"、"实验和队列选择"和"设备控制台操作"，如图 3.13 所示。

图 3.13 NC 网络通信实验管理系统界面

（5）学生在"实验和队列选择"界面中进行实验的选择，在该界面中学生可以进行"可选课程"、"可选课程实验列表"、"可选实验设备队列"选择，如图 3.14 所示。

图 3.14 "实验和队列选择"界面

（6）学生在"实验和队列选择"中选择"数据实验"，在"可选课程实验列表"中选择"三层交换机 20 分钟实验"，在"可选课程实验列表"中选择可以使用的设备。本次实验选择使用"数据 5♯机柜独占 3928"，如图 3.15 所示。

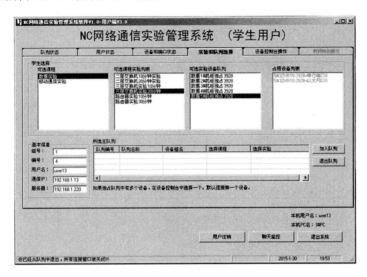

图 3.15　三层交换机实验选择界面

（7）做好选择之后，单击"加入队列"，如图 3.16 所示。

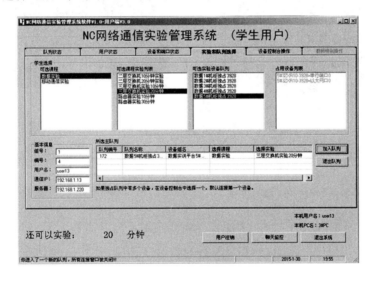

图 3.16　三层交换机实验加入队列界面

（8）加入队列之后，在"设备控制台操作"中选中所使用的设备，如图 3.17 所示。

（9）选择好设备之后，单击"连接设备串口"，进入"CONSOLE 控制台命令行输入输出窗口"，如图 3.18 所示。

（10）检查前面设定的各项参数正确无误后，ZXR10 3928 就可以加电启动，进行系统的初始化，进入配置模式进行操作。可以看到如图 3.19 所示界面。

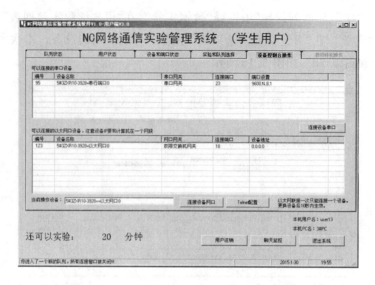

图 3.17　三层交换机设备控制台操作界面

图 3.18　3928 命令行输入/输出窗口

图 3.19　3928 欢迎界面

　　（11）此时已经进入 ZXR10 3928 配置界面。在提示符后面输入 enable，并根据提示输入特权模式密码（出厂配置为 zxr10），进入特权模式（提示符如图 3.20 所示），此时可对交换机进行各种配置。

　　2. 查看配置及日志操作

　　要查看交换机的配置，必须进入特权模式。在特权模式下执行 running-config 命令将会看到系统的全部配置，如图 3.21 所示。下面是命令执行后的部分情况：

ZXR10 ♯ show running-config

Building configuration...

Current configuration：

!

```
version V4.6.02
!
enable secret 5 RcMLuUKvnFZX9kNAV6A/UA = =
!
nvram mng - ip - address 172.1.1.3 255.255.0.0
……
```

图 3.20　3928 特权模式　　　　　　　　图 3.21　3928 配置查看

要查看交换机的日志,可执行如下操作:

```
ZXR10# show logfile            //所有可以使用 show 命令的模式下都可以使用此命令,用于查看
                                 交换机上的所有操作
ZXR10# show logging alarm      //所有可以使用 show 命令的模式下都可以使用此命令,用于查看系统
                                 告警信息,还可配置具体的参数来查看某日某一等级的告警信息
```

3. 设置密码操作

由于特权模式下可以对设备进行全部功能的操作,所以 enable 密码非常重要,设备在实际应用中都要求修改 enable 密码,具体示例如下:

```
ZXR10>enable                        //进入特权模式
ZXR10# configure terminal           //进入全局配置模式
ZXR10(config)# enable secret abcdefg    //配饰 enable 密码为 abcdefg
```

为了便于对设备的维护,需要设置设备的 telnet 用户名和密码,配置如下:

```
ZXR10(config)# username zxr10 password zxr10   //全局模式下,配置一个用户名和密码都是 zxr10 的用户
ZXR10# who                          //查看当前用户
Line      User      Host(s)        Idle        Location
* 0  con 0           idle            00:00:00
ZXR10# show username                //查看配置的用户信息:可显示用户名及密码
Username          Password
zxr10             zxr10
```

4. 端口基本配置

端口参数的配置在端口配置模式下进行,主要包括以下内容。

（1）进入端口配置模式

interface

（2）关闭/打开以太网端口

shutdown/no shutdown

（3）使能/关闭以太网端口自动协商

negotiation auto/ no negotiation auto

（4）设置以太网端口双工模式

duplex

（5）设置以太网端口速率

speed

（6）设置以太网端口流量控制

flowcontrol

以太网端口使用流量控制抑制一段时间内发送到端口的数据包。当接收缓冲器满时，端口发送一个"pause"包，通知远程端口在一段时间内暂停发送更多的数据包。以太网端口还能接收来自其他设备的"pause"包，并按照这个数据包的规定执行操作。

（7）允许/禁止巨帧通过以太网端口

jumbo - frame

（8）端口别名

byname

设置端口别名的目的是为了区分各个端口，方便记忆。对端口进行操作时可以用别名代替端口名称。

（9）设置以太网端口广播风暴抑制

broadcast - limit

可以限制以太网端口允许通过的广播流量的大小。当广播流量超过用户设置的值时，系统对广播流量作丢弃处理，使广播流量降低到合理的范围，从而有效地抑制广播风暴，避免网络拥塞，保证网络业务的正常运行。广播风暴抑制以设置的速率作为参数，速率越小，表示允许通过的广播流量越小。当为 100M 时，表示不对该端口进行广播风暴抑制。

3.7　实验结果及验证方法

退出重新登录，验证密码配置是否正确。其他的可通过 show 命令查看。

第4章　二三层交换机 VLAN 配置与链路聚合配置

4.1　实验目的

（1）掌握 VLAN 的基本原理。

（2）学会通过串口操作交换机，并对二三层交换机 VLAN 的端口进行基本配置和聚合。

（3）通过本实验，掌握 ZXR10 2826E/2626/2618 交换机 VLAN 的配置聚合和使用。

4.2　实验内容

使用 ZXR10 3928/3228 交换机进行 VLAN 的配置、聚合和使用。

4.3　基本原理

4.3.1　虚拟局域网（VLAN）

1. 传统以太网基本概念

在传统的以太网中使用带有冲突监测的载波侦听多址访问（Carrier Sense Multiple Access with Collision Detection，CSMA/CD）协议。在网络中，存在多个终端用户在没有任何管制的情况下同时访问同一条线路的情况，这时多个用户的信号将会叠加而互相破坏，称之为冲突。采用 CSMA/CD 协议后，每个终端用户在发送数据之前，先监听载波线路，如果这时有用户在发送数据，则等待该用户发送完数据之后再发送数据。如果出现两个用户同时开始进行数据传输，则会出现冲突。当发生冲突时，两个终端用户都停止发送数据，等待一段随机时间之后再开始进行数据传输。因此，采用 CSMA/CD 协议可以减少冲突发生的可能性，使成功传送的数据帧达到最大，增加系统容量。

以太网中所有用户终端共享同一介质，所以在 CSMA/CD 方式下，某个时间段内只能有一个终端占用介质传送数据，节点传送完数据之后释放介质，其他节点才能够占用介质传输数据。

Hub（集线器）与 Repeater（中继器）都是工作在 CSMA/CD 方式下，所有端口在同一个冲突域中，也是同一个广播域。

交换机工作在数据链路层，使用 MAC 地址转发或过滤数据帧，每个端口都是全双工工作方式，所以每个端口都是一个冲突域。工作站直接连接到交换机的端口，独享此带宽。

但是交换机收到数据之后判断是进行单播还是洪泛操作,如果是广播帧则作洪泛操作,把广播帧发送到连接到交换机的所有端口,所有连接到交换机的所有端口处于同一个广播域中。也就是说,交换机、网桥、集线器和中继器都在一个广播域内,其中集线器与中继器是一个冲突域,交换机与网桥能终止冲突域。通常要想终止广播和多播,需要用路由器或三层设备来实现,但 VLAN 在二层实现了广播域的分隔。

2. VLAN 概述

虚拟局域网(Virtual Local Area Network,VLAN)是将一组物理上分散的用户,根据功能和用户等因素将它们组织起来,使它们在逻辑上属于同一网段,由此得名虚拟局域网,如图 4.1 所示。VLAN 是一种新兴的技术,网络设备的添加、修改等比较容易,组网更加灵活方便,而且可以控制广播等活动的范围,提高了网络的安全性。

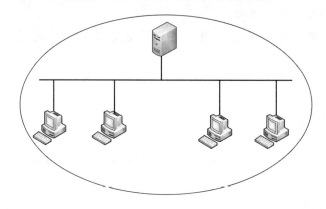

图 4.1　VLAN 的概念

IEEE 于 1999 年颁布了用以标准化 VLAN 实现方案的 802.1Q 协议标准草案。网络中地理位置上处于同一 LAN 中的工作站处于同一广播域中,通过 VLAN 技术可以将有相同需求的工作站划分为逻辑上的局域网,这些 VLAN 内的工作站在不同的物理空间内,不一定属于同一物理的 LAN 网段,但是他们就像物理上在同一个网段内的工作站一样。一个 VLAN 内部的广播和单播流量都不会转发到其他 VLAN 中,从而有助于控制流量、减少设备投资、简化网络管理、提高网络的安全性。

不同 VLAN 的划分是通过 VLAN ID 来进行区分的,VLAN ID 是在以太网帧的基础上增加 VLAN 头,这样在不同工作组中的用户不能在二层上进行互访,可以限制广播的范围,动态的管理网络,形成一个虚拟的局域网。

3. VLAN 特点

VLAN 提供的功能与好处如图 4.2 所示,具体如下:

(1) 区段化:使用 VLAN 可以分离出多个单独的网络,将一个大的广播域分割为多个小的广播域,这样每个区段的主机数量减少,提高了网络的性能。

(2) 灵活性:能将不同地点、不同网络、不同用户组合在一起,形成一个虚拟的网络环境,降低移动或变更工作站地理位置的管理等费用,一般情况下无须更改物理网络与增添新设备及更改布线系统,VLAN 提供了极大的灵活性。

(3) 安全性:含有敏感数据的用户组可与网络的其余部分隔离,从而降低泄露机密信息的可能性。不同 VLAN 内的报文在传输时是相互隔离的,即一个 VLAN 内的用户不能和其他 VLAN 内的用户直接通信,如果不同 VLAN 要进行通信,则需要通过路由器或三层交换机等三层设备。相对于没有划分 VLAN 的网络,所有主机可直接通信而言,VLAN 提供了较高的安全性。另外将第二层平面网络划分为多个逻辑工作组(广播域)可以减少网络上不必要的流量并提高性能。用户想加入某一 VLAN 必须通过网络管理员在交换机上进行配置才能加入特定 VLAN,相应的提高了安全性。

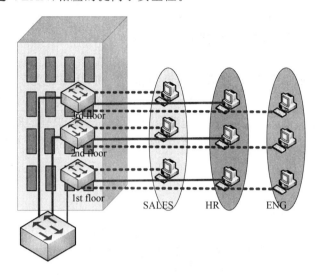

图 4.2　VLAN 的应用

4. VLAN 成员划分的方式

目前最普遍的 VLAN 划分方式为基于端口的 VLAN、基于 MAC 地址的 VLAN、基于路由的 VLAN、基于应用划分、基于用户名和密码划分等多种方式。

5. VLAN 的运作(图 4.3)

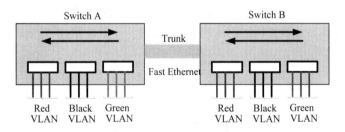

图 4.3　VLAN 的运作

不同的 VLAN 成员之间是不能直接访问的,因为每一个 VLAN 成员就相当于一个物理上独立的网桥,但是相同 VLAN 成员可以在不同交换机之间进行直接访问,因为不同交换机上的相同 VLAN 处于同一广播域。

因为交换机的每一个端口都配置了特定的 VLAN,所以如果交换机从某个已经连接主机的端口上接收到一个数据帧,那么交换机就知道这个数据帧是属于哪个 VLAN 的。

但是当一条链路上连接两台交换机时,连接链路的端口就不再属于特定的 VLAN,此时链路就要同时承载不同的 VLAN 数据。在发送数据帧时,交换机无法判断数据帧属于哪个 VLAN,所以就需要对数据帧进行标记,每一个数据帧都要进行标记来确定所属的

VLAN。通过对数据帧进行标记可以使不同 VLAN 上的业务流复用到一条物理线路上。

（1）默认 VLAN

ZXR10 交换机初始情况下有一个默认 VLAN，该 VLAN 有以下特性：

① 默认 VLAN 的 VLAN ID 为 1。

② 默认 VLAN 的名称为 VLAN0001。

③ 默认 VLAN 包含所有端口。

④ 默认 VLAN 的所有端口默认都是 untagged 的。

（2）链路类型

① 接入链路（Access link）连接着终端设备和交换机，主要是为了把不能识别 VLAN 的工作站连接到一个 VLAN 交换机端口。如果端口配置了特定的 VLAN，那么每一个接入链路就属于一个特定的 VLAN。接入链路可以由非 VLAN 识别的网桥和交换机连接起来的多个网段或工作站组成，也可以是一个单独的网段。接入链路是不可以承载标记分组的，接入链路如图 4.4 所示。

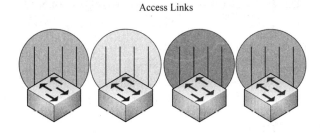

图 4.4　接入链路

② 干线链路（trunk link）与接入链路不同，它是可以承载标记分组，即一条干线链路可以承载不同的 VLAN 数据。干线链路经常用于连接两个 VLAN 交换机，也可以连接一些可以理解 VLAN 帧格式的成员资格的设备。VLAN 可以通过干线链路跨越多个交换机。交换机与具有识别能力的工作站或服务器之间的连接也可以使用干线链路，干线链路如图 4.5 所示。

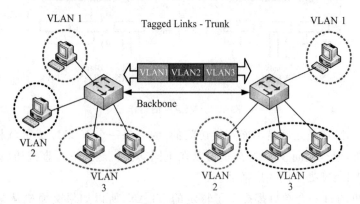

图 4.5　干线链路

（3）IEEE 802.1Q

IEEE 制订了虚拟桥接 LAN 的 IEEE 802.1Q 规范。具体规定如下：

① 定义了一个体系结构，以便在现有的 IEEE 802 桥接 LAN 上提供 VLAN 服务。

② 定义了在以太网 IEEE 802.3 及令牌环/IEEE 802.5 上承载 VLAN 标记的帧格式。

③ 定义了 VLAN 识别(VLAN-aware)设备用来进行配置信息和成员资格信息通信的协议和机制。

④ 定义了在 IEEE 802.1Q VLAN 识别设备网络中转发帧的标准和过程。

⑤ 保证与非 VLAN 识别设备(non-VLAN-aware devices)的互操作性和共存性(非 VLAN 识别设备就是既不能收发带有 VLAN 标记的分组也不能理解 VLAN 成员资格的工作站或路由器)。

⑥ 由于标记头的加入使以太网帧的最大长度从 1 514 字节变成了 1 518 字节,但是 IEEE802.3 标准中规定以太网的最大帧长度为 1 514 字节,所以要对其进行修改以便于支持带有 VLAN 标记长度为 1 518 字节的以太网帧。

标记头是由两部分组成分别为标记协议表示服(TPID)和标记控制信息(TCI),如图 4.6 所示。2 字节的 TPID 字段值必须与以太网字段中任何值都不一样,一般为十六进制的 81-00,这表示这个帧承载的是 802.1Q/802.1p 标签信息。TCI 字段中包含一个 1 比特规范格式标识符(CFI),用来标识 MAC 地址信息是否是规范格式。TCI 还包含了一个用来标识帧的优先级的 3 比特用户优先级字段,这个帧必须是支持 IEEE 802.1p 规范的交换机进行帧转发。TCI 还包括一个 12 比特长用来定义该帧所属的 VLAN 的 VID 字段。

Initial MAC Address	2-Byte TPID 2-Byte TCI	Initial Type /Data	New CRC

图 4.6　VLAN 帧格式

6. 配置静态 VLANs

根据工作的需要可以把不同的部门划分为不同的 VLAN 成员。如果交换机是基于端口对 VLAN 进行划分的,也就是配置静态 VLAN,那么连接在某个端口的主机都属于这个端口所对应的特定 VLAN,如图 4.7 所示。

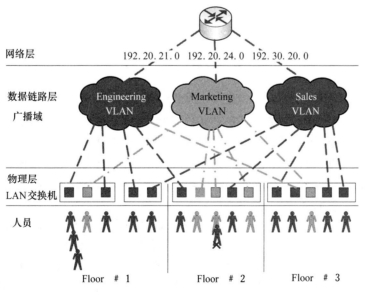

图 4.7　静态 VLAN 的配置

如果为不同的 VLAN 分配一个不同的网络或是子网地址,那么逻辑网络地址就与 VLAN 联系起来,这样可以使 VLAN 之间的通信更加方便。如果 VLAN 之间不用进行通信,可以给不同 VLAN 分配相同和不同的地址段。

(1) VLANs 的两种设计方式

在网络设计中 VLAN 的设置通常采用 2 种形式:端-端(End-to-End)VLANs 与本地化(Local)VLANs。

① 端-端 VLANs

端-端 VLANs 设计方式就是让 VLAN 脱离分布层与核心层设备,由一台三层设备完成 VLAN 间的路由。在一个园区内,即使这些工作组的成员不在一个交换区内,但他们肯定在同一个 VLAN 之中,如图 4.8 所示。

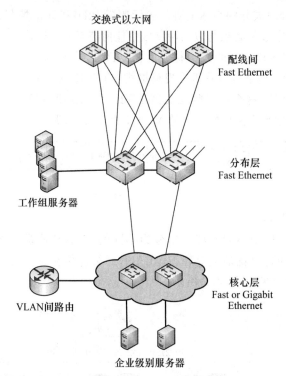

图 4.8　端-端 VLAN

端-端 VLANs 设计方式适合连接主机数量和网络流量较少且结构简单的园区网络。其优点就是结构简单,接入层、分布层与核心层都采用 2 层设备,而 VLAN 之间的通信只需一台 3 层设备就可以完成。缺点是流量不容易控制,因为 VLAN 中的广播也是跨越分布层与核心层,而且如果出现了广播风暴那就会影响整个网络的运行。

② 本地化 VLANs

本地化 VLANs 是目前在中大型规模园区网设计中广泛采用的方法,如图 4.9 所示。

在本地化 VLANs 设计中 VLAN 不会跨越分布层设备到达核心层的链路之上,就是将 VLAN 限制在一个交换区块中。VLAN 间的数据通信如果是在同一交换区块中就由交换区块中的分布层设备进行路由,如果不在同一交换区块中,则通过分布层设备把数据路由到核心层,然后通过目的 VLAN 所在分布层设备路由到目的 VLAN。这里的分布层设备采用的是三层交换机。本地化 VLANs 设计方式的优点是结构清晰,VLAN 内的广播不会出现在核心层链路之上,所以如果产生了广播封包也会限制在一个交换区块内,不会影响到整个网络;缺点就是分布层设备采用了三层交换机,成本增加,网络规划与配置变得更加复杂。

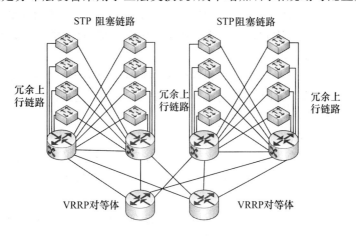

图 4.9　本地化 VLAN

(2) VLAN 类型

具有相似网络需求的用户可以共享一个 VLAN,这样就可以方便网络管理。VLAN 可以通过把用户和设备结合在一起来支持商业和地域上的需求。通过职能划分可以使项目管理与特殊应用的处理更加方便。比如利用 VLAN 可以很容易的确定升级网络服务的影响范围。

可以通过怎么把一个已接收的帧看做属于某个特定 VLAN 来决定 VLAN 的类型。VLAN 分为以下几种类型,其中基于端口的 VLAN 是最常用的:基于端口、基于 MAC 地址、基于协议、基于子网、基于组播和基于策略。

① 基于端口的 VLAN

如果给交换机的某个端口分配了一个 VLAN,那么从这个端口接收到的任何数据都是属于这个 VLAN 的,如图 4.10 所示。如果端口 1、2 和 3 同属于一个 VLAN,那么端口 1 接收的数据可以在端口 2 和端口 3 上发送,不能在其他端口上发送。

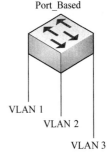

图 4.10　基于端口的 VLAN

基于端口的静态划分方式就是最常用的 VLAN 划分方式。网络管理员可以将主机连接到已经划分为某个特定 VLAN 的端口上,这个主机就属于这个 VLAN。这种方法相对而言配置比较简单而且也不会对交换机的转发性能产生影响。但是也有其不足之处,比如在为每个端口配置了特定的 VLAN 后,一旦用户的位置发生改变就需对交换机相应端口进行重新配置。

② 基于 MAC 地址的 VLAN

基于 MAC 地址的 VLAN 就是交换设备追踪网络中的所有 MAC 地址,然后根据网络管理器的配置信息将这些 MAC 地址映射到虚拟局域网也就是 VLAN 上。当端口接收数据帧时,首先检测出帧的目的 MAC 地址,然后通过查询 VLAN 数据库来确定帧属于哪个VLAN。

基于 MAC 地址的 VLAN 的优点就是网络设备可以任意移动且不需要重新配置,缺点是必须要掌握网络上所有的 MAC 地址,所以管理任务较重。

③ 基于协议的 VLAN

基于协议的 VLAN 就是根据接收到的帧的协议所决定。比如给 IP,IPX 和 Appletalk 3 种协议分配各自独立的 VLAN。IP 协议的广播帧只被广播到 IP VLAN 中的所有端口接收。

④ 基于子网的 VLAN

基于子网的 VLAN 就是根据接收到的帧所属的子网来决定。交换机通过查看帧的网络层包头来确定帧所属的子网进而决定帧所属的 VLAN。这种 VLAN 划分与路由器相似,把不同的子网分成不同的广播域。

⑤ 基于组播的 VLAN

基于组播的 VLAN 就是为每一个组播分组分配一个对应的 VLAN,这个过程是动态的。这样就可以使组播帧只被相应的组播分组成员的那些端口接收。

⑥ 基于策略的 VLAN

基于策略的 VLAN 就是对于每个入帧通过查询策略数据库来决定帧所属的 VLAN。比如可以建立一个公司的管理人员之间的来往电子邮件的特别 VLAN 的策略,以便这些流量不被其他任何人看见。

7. P-vlan(私有 vlan)简介

通过给每个用户分配一个 VLAN 来将户之间的报文隔开,这样虽然可以提高了网络的安全性,但是这种方法有一定局限,主要表现在以下几个方面:

(1) 目前 IEEE 802.1Q 标准中所支持的 VLAN 数目最多为 4 094 个,用户数量受到限制,且不利于网络的扩展。

(2) 每个 VLAN 对应一个 IP 子网,划分大量的子网会造成 IP 地址的浪费。

(3) 大量 VLAN 和 IP 子网的规划和管理使网络管理变得非常复杂。

PVLAN(Private VLAN)技术的出现解决了这些问题。

PVLAN 将 VLAN 中的端口分为两类:隔离端口(Isolate Port)与混合端口(Promiscuous Port),如图 4.11 所示。其中隔离端口是与用户相连,混合端口是与路由器相连。隔离端口只能与混合端口通信,相互之间不能通信。这样就可以保证用户只能和自己默认的网关进行通信,从而保证了网络的安全性。

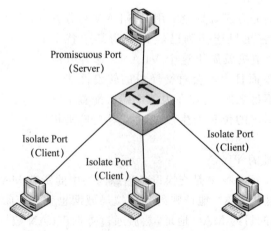

图 4.11 P-vlan

ZXR10 T160G/T64G 支持 20 个 PVLAN 组,每一组可以任意选择端口互相隔离,最多可以选择 8 个端口作为上行端口。

8. superVLAN (超级 vlan)简介

传统的 ISP 网络会给每一个用户分配一个子网其中子网的网络号、广播地址和默认网关占用了 3 个 IP 地址,但是可能会有一些用户子网中还有大量的 IP 地址没有使用,这就造成了 IP 地址的浪费。

为了解决这个问题可以利用 SuperVLAN 技术,就是让很多个 VLAN 使用同一个 IP 子网和默认网关,把这些个 VLAN(子 VLAN)聚合在一起形成 SuperVLAN。这样 ISP 就可以只为 SuperVLAN 分配一个子网,然后每个用户建立一个子 VLAN,把 SuperVLAN 子网中的 IP 地址灵活分配给所有子 VLAN,SuperVLAN 的默认网关可以被所有子 VLAN 使用。这样可以保证用户间的隔离,而用户间的通信可以通过 SuperVLAN 进行路由。

9. QinQ 简介

QinQ 又称 VLAN 堆叠是基于 IEEE 802.1Q 封装的隧道协议。QinQ 技术就是在原有 VLAN 标签外再增加一个标签把原有标签屏蔽起来,增加的标签我们称为外层标签,与之对应的原有标签称为内层标签。

QinQ 可以实现简单的二层虚拟专用网(L2VPN),它不需要协议的支持,非常适合以三层交换机为骨干的小型局域网。QinQ 技术的组网如图 4.12 所示,服务提供商网络边缘接入设备称为 PE(Provider Edge),与服务提供商网络连接的端口是 Uplink 端口,与用户网络连接的是 Customer 端口。

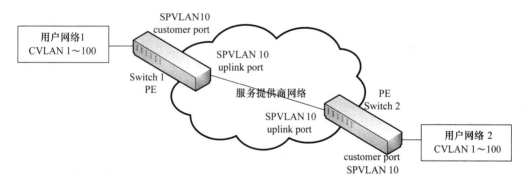

图 4.12　QinQ

服务提供商网络内部的 Uplink 端口对称连接与用户网络接入 PE 都是通过 Trunk VLAN 方式完成的。

当交换机 A 的 customer 端口从用户网络 1 接收到一个报文,交换机 A 都会强行插入外层标签(VLAN ID 为 10)并且不管接收到的报文是 tagged 还是 untagged 的。然后在服务提供商网络内部报文通过 VLAN 10 传播,当到达交换机 B 后,交换机 B 检测到与用户网络 2 相连的端口是 customer 端口,于是就按照 802.1Q 协议除去报文的外层标签进行恢复,最后发送到用户网络 2。这样,用户网络 1 和用户网络 2 之间的数据可以通过服务提供商网络进行透明传输,用户网络可以自由规划自己的私网 VLAN ID,而不会导致和服务提供商网络中的 VLAN ID 冲突。

不同的用户网络可以通过自由选择私网 VLAN ID 在服务提供商网络内部进行透明传

输,而且通过自由选择 VLAN ID 就不会与服务提供商网络中的 VLAN ID 产生冲突。

4.3.2 链路聚合

1. 链路聚合简介

链路聚合(Link Aggregation)又称 Trunk,就是指把多个物理端口聚合成一个逻辑端口,为了就是分担出/入流量在成员端口的负荷,交换机可以根据预先配置好的负荷分担策略来决定报文从哪一个成员端口进行发送。当某个端口发生故障后就会停止使用该端口进行报文发送,然后交换机就会根据负荷分担策略重新计算报文的发送端口,如果端口故障修复了,交换机再次重新计算发送端。链路聚合在增加链路带宽、实现链路传输弹性和冗余等方面是一项很重要的技术。链路聚合如图 4.13 所示。

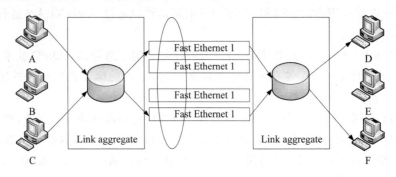

图 4.13 链路聚合

链路聚合就是把交换机间的很多平行链路进行聚合,最终形成一条大带宽的逻辑链路。比如如果两个交换机之间有 5 条 100M 的链路,那么聚合后就会形成一条单向 500M,双向 1000M 带宽的逻辑链路。在生成树环境中聚合链路被认为是一条逻辑链路。多条物理链路要想进行聚合必须具备相同的带宽与双工方式,如果是 access port,应属于相同的 VLAN。

如果不使用链路聚合,STP 协议就会在两个交换机之间多条平行链路中保留一条,并阻塞其他链路,这样就会使设备的端口资源产生很大的浪费。如果使用链路聚合技术,在交换机之间 STP 识别的就是一条大带宽的逻辑链路,流量会被重新分配到剩下的物理链路中,能更加充分利用设备的端口处理能力与物理链路。使用链路聚合技术会使故障的切换时间将大大减小,达到毫秒级,并且基本不会对应用造成影响。

对链路进行聚合后,逻辑链路的带宽相对于每条物理链路增加了$(n-1)$倍,n 就是聚合的物理链路的个数,并且只要这些链路中有一条处于正常状态,那个逻辑链路就可以工作,所以大大提高了可靠性。对链路进行聚合后,通过内部控制可以合理的把数据分配到被聚合连接的设备上,实现负载分担。

链路聚合也可以称为负载平衡,因为通信负载分布在多个链路上。但是通过利用负载平衡可以将来自客户机的请求分布到两个或更多的服务器上。聚合有时被称为反复用或 IMUX。和多路复用不同,反复用是在多个链路上进行数据分散,而多路复用就是把多个低速信道合成一个高速信道。反复用允许以某种增量尺度配置分数带宽,以满足带宽要求。链路聚合也称为中继。

按需带宽就是通过添加线路来达到需要的带宽能力,在这个过程中线路会按照需求自动进行连接。聚合通常伴随着 ISDN 连接。基本速率接口可以同时支持用于电话呼叫和传输数据两条 64 bit/s 的链路,如果把这两条链路进行结合就可以建立一条 128 bit/s 的数据链路。

2. 负载分配机制

链路聚合优点如图 4.14 所示,具体如下:

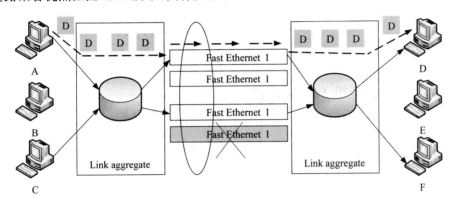

图 4.14　链路聚合的优点

(1) 增加网络带宽

链路聚合可以通过聚合多个物理链路使得聚合后的逻辑链路的带宽为每个物理链路的带宽总和。

(2) 提高网络连接的可靠性

如果聚合链路中有一条链路发生故障,流量就会自动在其他链路中重新分配。

链路聚合的方式主要有以下两种:

(1) 静态 Trunk

静态 Trunk 将多个物理链路直接加入 Trunk 组,形成一条逻辑链路。

(2) 动态 LACP

链路聚合控制协议(Link Aggregation Control Protocol,LACP)是一种实现链路动态汇聚的协议。LACP 协议通过链路聚合控制协议数据单元(Link Aggregation Control Protocol Data Unit,LACPDU)与对端交互信息。

当某端口的 LACP 协议被激活后,该端口就会向对端发送 LACPDU,这其中包括系统优先级、系统 MAC 地址、端口优先级和端口号。对端口通过把这些信息与自己的属性进行比较来确定聚合的端口,这样对于端口加入或退出某个动态聚合双方就可以达成一致。

链路聚合往往用在两个重要节点或繁忙节点之间,既能增加互联带宽,又提供了连接的可靠性。

3. 802.1Q 和链路聚合

如果被聚合的物理链路都是 trunk 端口并且允许的 VLAN 范围一致,那么聚合链路也可以是 802.1Q 端口。

建议首先设置链路聚合,然后在聚合链路再设置 trunk。

4.4　实验设备

4.4.1　二层交换机 VLAN 配置

2826	一台
PC	四台
直连网线	五条
串口线	一条

4.4.2　三层交换机 VLAN 配置

3928	两台
PC	四台
直连网线	五条
串口线	一条

4.4.3　二层交换机链路聚合配置

2826	两台
直连网线	六条
PC	四台
串口线	一条

4.4.4　三层交换机链路聚合配置

3928	两台
串口线	一条
直连网线	两条

4.4.5　Super VLAN 配置

2826	两台
直连网线	六条
PC	四台
串口线	一条

4.4.6　QinQ 配置

2826	两台
直连网线	六条
PC	四台
串口线	一条

4.5　网络拓扑

4.5.1　二层交换机 VLAN 网络拓扑结构

交换机 A 和交换机 B 通过端口 15 相连,交换机 A 的端口 3 与交换机 B 的端口 5 是 VLAN3 的成员,交换机 A 的端口 4 与交换机 B 的端口 6 是 VLAN4 的成员,如图 4.15 所示。

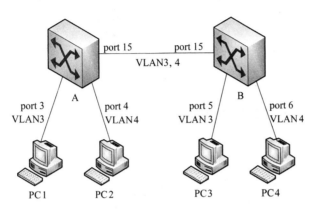

图 4.15　二层交换机 VLAN 网络拓扑结构

4.5.2　三层交换机 VLAN 拓扑结构

交换机 3928-1 的端口 fei_1/3 和交换机 3928-2 的端口 fei_1/5 属于 VLAN 30;交换机 3928-1 的端口 fei_1/4 和交换机 3928-2 的端口 fei_1/6 属于 VLAN 40,均为 Access 端口。两台交换机通过端口 fei_1/15 以 Trunk 方式连接,两端口为 Trunk 端口,如图 4.16 所示。

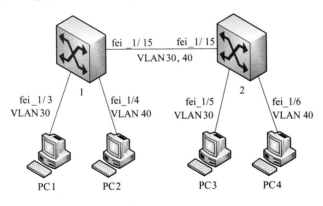

图 4.16　三层交换机 VLAN 拓扑结构

4.5.3　二层交换机链路聚合拓扑

交换机 A 和交换机 B 通过聚合端口相连(将端口 14 和端口 15 捆绑而成),交换机 A 的端口 3 与交换机 B 的端口 5 是 VLAN3 的成员,交换机 A 的端口 4 与交换机 B 的端口 6 是

VLAN4 的成员,如图 4.17 所示。

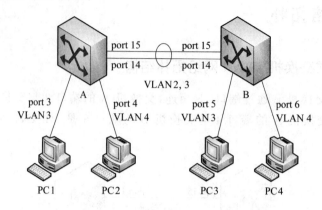

图 4.17 二层交换机链路聚合拓扑

4.5.4 三层交换机链路聚合拓扑

交换机 3928-1 和交换机 3928-2 通过 Smartgroup 端口相连,它们分别由 2 个物理端口聚合而成。Smartgroup 的端口模式为 trunk,承载 VLAN30 和 VLAN40,如图 4.18 所示。

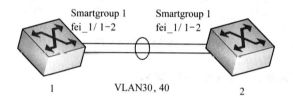

图 4.18 三层交换机链路聚合拓扑

4.5.5 Super VLAN 拓扑结构

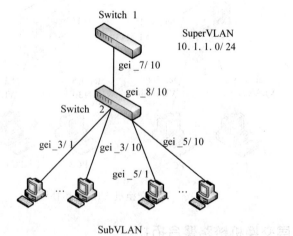

图 4.19 Super VLAN 拓扑结构

4.5.6 QinQ 配置拓扑结构

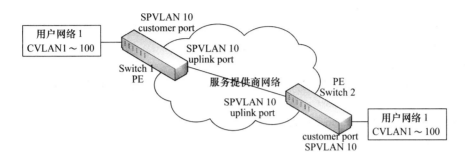

图 4.20 QinQ 配置拓扑结构

4.6 实验步骤

4.6.1 二层交换机 VLAN 配置步骤

交换机 A 的具体配置如下：

zte(cfg)♯ set vlan3 add port 15 tag	//在 VLAN 3 中加入端口 15,并打 tag
zte(cfg)♯ set vlan3 add port 3 untag	//在 VLAN 3 中加入端口 3,不打 tag
zte(cfg)♯ set vlan4 add port 15 tag	//在 VLAN 4 中加入端口 15,并打 tag
zte(cfg)♯ set vlan4 add port 4 untag	//在 VLAN 4 中加入端口 4,不打 tag
zte(cfg)♯ set port3 pvid 3	//设置端口 3 的 PVID 为 3
zte(cfg)♯ set port4 pvid 4	//设置端口 4 的 PVID 为 4
zte(cfg)♯ set vlan3 - 4 enable	//使能 VLAN 3 和 4

交换机 B 的具体配置如下：

zte(cfg)♯ set vlan3 add port 15 tag	//在 VLAN 3 中加入端口 15,并打 tag
zte(cfg)♯ set vlan3 add port 5 untag	//在 VLAN 3 中加入端口 5,不打 tag
zte(cfg)♯ set vlan4 add port 15 tag	//在 VLAN 4 中加入端口 15,并打 tag
zte(cfg)♯ set vlan4 add port 6 untag	//在 VLAN 4 中加入端口 6,不打 tag
zte(cfg)♯ set port5 pvid 3	//设置端口 5 的 PVID 为 3
zte(cfg)♯ set port6 pvid 4	//设置端口 6 的 PVID 为 4
zte(cfg)♯ set vlan3 - 4 enable	//使能 VLAN 3 和 4

4.6.2 三层交换机 VLAN 配置步骤

1. 在 3928-1 上配置 VLAN30 和 VLAN40,VLAN30 的成员包括 fei_1/3 和上行端口 fei_1/15,VLAN40 的成员包括 fei_1/4 和上行端口 fei_1/15。

2. 在 3928-2 上配置 VLAN30 和 VLAN40,VLAN30 的成员包括 fei_1/5 和上行端口 fei_1/15,VLAN40 的成员包括 fei_1/6 和上行端口 fei_1/15。

下面以 3928-1 的配置为例进行说明,3928-2 的配置可参考 3928-1。

ZXR10(config)♯vlan30   //创建 vlan 30

```
ZXR10(config - vlan)#exit
ZXR10(config)#vlan40
ZXR10(config - vlan)#exit
ZXR10(config)#interface fei_1/3              //把端口 fei_1/3 加入 vlan 30,fei_1/3 模式为 access
ZXR10(config - if)#switchport access vlan30
ZXR10(config - if)#exit
ZXR10(config)#interface fei_1/15             //把端口 fei_1/15 以 trunk 模式加入 vlan30,vlan 40
ZXR10(config - if)#switchport mode trunk
ZXR10(config - if)#switchport trunk vlan30
ZXR10(config - if)#switchport trunk vlan40
```

4.6.3 二层交换机链路聚合配置步骤

1. 静态聚合

交换机 A 的具体配置如下：

```
zte(cfg)#set lacp enable                          //使能 LACP 功能
zte(cfg)#set lacpaggregator 3 add port 14 - 15    //在 LACP 3 中加入端口 14 和 15
zte(cfg)#set lacp aggregator 3 mode static        //设置 LACP 3 的聚合模式为静态
zte(cfg)#set vlan 3 add trunk 3 tag               //在 VLAN 3 中加入 trunk 3,并打 tag
zte(cfg)#set vlan3 add port 3 untag               //在 VLAN 3 中加入端口 3,不打 tag
zte(cfg)#set vlan 4 add trunk 3 tag               //在 VLAN 4 中加入 trunk 3,并打 tag
zte(cfg)#set vlan 4 add port 4 untag              //在 VLAN 4 中加入端口 4,不打 tag
zte(cfg)#set port 3 pvid 3                         //设置端口 3 的 PVID 为 3
zte(cfg)#set port 4 pvid 4                         //设置端口 4 的 PVID 为 4
zte(cfg)#set vlan 3 - 4 enable                     //使能 VLAN 3 和 4
```

交换机 B 的具体配置如下：

```
zte(cfg)#set lacp enable                          //使能 LACP 功能
zte(cfg)#set lacp aggregator 3 add port 14 - 15   //在 LACP 3 中加入端口 14 和 15
zte(cfg)#set lacp aggregator 3 mode static        //设置 LACP 3 的聚合模式为静态
zte(cfg)#set vlan 3 add trunk 3 tag               //在 VLAN 3 中加入 trunk 3,并打 tag
zte(cfg)#set vlan 3 add port 5 untag              //在 VLAN 3 中加入端口 5,不打 tag
zte(cfg)#set vlan 4 add trunk 3 tag               //在 VLAN 4 中加入 trunk 3,并打 tag
zte(cfg)#set vlan 4 add port 6 untag              //在 VLAN 4 中加入端口 6,不打 tag
zte(cfg)#set port 5 pvid 3                         //设置端口 5 的 PVID 为 3
zte(cfg)#set port 6 pvid 4                         //设置端口 6 的 PVID 为 4
zte(cfg)#set vlan 3 - 4 enable                     //使能 VLAN 3 和 4
```

2. 动态聚合

交换机 A 的具体配置如下：

```
zte(cfg)#set lacp enable                          //使能 LACP 功能
zte(cfg)#set lacp aggregator 3 add port 14 - 15   //在 LACP 3 中加入端口 14 和 15
zte(cfg)#set lacp aggregator 3 moded ynamic       //设置 LACP 3 的聚合模式为动态
zte(cfg)#set vlan 3 add trunk 3 tag               //在 VLAN 3 中加入 trunk 3,并打 tag
zte(cfg)#set vlan 3add port 3 untag               //在 VLAN 3 中加入端口 3,不打 tag
```

zte(cfg)#set vlan 4 add trunk 3 tag	//在 VLAN 4 中加入 trunk 3,并打 tag
zte(cfg)#set vlan 4 add port 4 untag	//在 VLAN 4 中加入端口 4,不打 tag
zte(cfg)#set port 3 pvid 3	//设置端口 3 的 PVID 为 3
zte(cfg)#set port 4 pvid 4	//设置端口 4 的 PVID 为 4
zte(cfg)#set vlan 3 – 4 enable	//使能 VLAN 3 和 4

交换机 B 的具体配置如下:

zte(cfg)#set lacp enable	//使能 LACP 功能
zte(cfg)#set lacp aggregator 3 add port 14 – 15	//在 LACP 3 中加入端口 14 和 15
zte(cfg)#set lacp aggregator 3 mode dynamic	//设置 LACP 3 的聚合模式为动态
zte(cfg)#set vlan 3 add trunk 3 tag	//在 VLAN 3 中加入 trunk 3,并打 tag
zte(cfg)#set vlan 3 add port 5 untag	//在 VLAN 3 中加入端口 5,不打 tag
zte(cfg)#set vlan 4add trunk 3 tag	//在 VLAN 4 中加入 trunk 3,并打 tag
zte(cfg)#set vlan 4 add port 6 untag	//在 VLAN 4 中加入端口 6,不打 tag
zte(cfg)#set port 5 pvid 3	//设置端口 5 的 PVID 为 3
zte(cfg)#set port 6 pvid 4	//设置端口 6 的 PVID 为 4
zte(cfg)#set vlan 3 – 4 enable	//使能 VLAN 3 和 4

4.6.4　三层交换机链路聚合配置步骤

1. 静态聚合

下面以 3928-1 为例进行配置说明:

/ * 创建 Trunk 组 * /

ZXR10(config)#interface smartgroup1

/ * 绑定端口到 Trunk 组 * /

ZXR10(config)#interface fei_1/1

ZXR10(config – if)#smartgroup 1 mode on　　　　//设置聚合模式为静态

ZXR10(config)#interface fei_1/2

ZXR10(config – if)#smartgroup 1 mode on

/ * 修改 smartgroup 端口的 VLAN 链路类型 * /

ZXR10(config)#interface smartgroup1

ZXR10(config – if)#switchport mode trunk

ZXR10(config – if)#switchport trunk vlan 30　　　//把 smartgroup1 端口以 trunk 方式加入 vlan30

ZXR(config – if)#switchport trunk vlan 40

2. 动态聚合

下面以 3928-1 为例进行配置说明:

/ * 创建 Trunk 组 * /

ZXR10(config)#interface smartgroup1

/ * 绑定端口到 Trunk 组 * /

ZXR10(config)#interface fei_1/1

ZXR10(config – if)#smartgroup 1 mode active　　　//设置聚合模式为 active

ZXR10(config)#interface fei_1/2

ZXR10(config – if)#smartgroup 1 mode active

/ * 修改 smartgroup 端口的 VLAN 链路类型 * /

```
ZXR10(config)#interface smartgroup1
ZXR10(config-if)#switchport mode trunk
ZXR10(config-if)#switchport trunk vlan30        //把 smartgroup1 端口以 trunk 方式加入 vlan30
ZXR(config-if)#switchport trunk vlan40
```

注:聚合模式设置为 on 时端口运行静态 trunk,参与聚合的两端都需要设置为 on 模式。聚合模式设置为 active 或 passive 时端口运行 LACP,active 指端口为主动协商模式,passive 指端口为被动协商模式。配置动态链路聚合时,应当将一端端口的聚合模式设置为 active,另一端设置为 passive,或者两端都设置为 active。

4.6.5 SuperVLAN 配置步骤

交换机 A 的配置:
```
/*创建 SuperVLAN 并分配子网、指定网关*/
ZXR10_A(config)#interface supervlan 10
ZXR10_A(config-int)#ip address 10.1.1.1 255.255.255.0
/*把 SubVLAN 加入到 SuperVLAN*/
ZXR10_A(config)#vlan 2
ZXR10_A(config-vlan)#supervlan 10
ZXR10_A(config)#vlan 3
ZXR10_A(config-vlan)#supervlan 10
/*设置 vlan trunk 端口*/
ZXR10_A(config)#interface gei_7/10
ZXR10_A(config-int)#switch mode trunk
ZXR10_A(config-int)#switch trunk vlan 2-3
```

交换机 B 的配置:
```
ZXR10_B(config)#interface gei_3/1
ZXR10_B(config-int)#switch access vlan 2
ZXR10_B(config)#interface gei_3/10
ZXR10_B(config-int)#switch access vlan 2
ZXR10_B(config)#interface gei_5/1
ZXR10_B(config-int)#switch access vlan 3
ZXR10_B(config)#interface gei_5/10
ZXR10_B(config-int)#switch access vlan 3
ZXR10_B(config)#interface gei_8/10
ZXR10_B(config-int)#switch mode trunk
ZXR10_B(config-int)#switch trunk vlan 2-3
```

4.6.6 QinQ 配置步骤

交换机 A 的配置:
```
ZXR10_A(config)#vlan 10
ZXR10_A(config)#interface gei_3/1
ZXR10_A(config-if)#switchport qinq customer
ZXR10_A(config-if)#switchport access vlan 10
```

```
ZXR10_A(config)#interface gei_3/24
ZXR10_A(config-if)#switchport qinq uplink
ZXR10_A(config-if)#switchport mode trunk
ZXR10_A(config-if)#switchport trunk vlan 10
```

交换机 B 的配置：

```
ZXR10_B(config)#vlan 10
ZXR10_B(config)#interface gei_7/1
ZXR10_B(config-if)#switchport qinq customer
ZXR10_B(config-if)#switchport access vlan 10
ZXR10_B(config)#interface gei_7/24
ZXR10_B(config-if)#switchport qinq uplink
ZXR10_B(config-if)#switchport mode trunk
ZXR10_B(config-if)#switchport trunk vlan 1
```

4.6.7　P-vlan 配置步骤

下面的配置实例中配置了两个隔离组：

隔离组 1：端口 gei_3/1,gei_3/2,fei_7/4,fei_7/5 为隔离端口,端口 gei_5/10 为混合端口。

隔离组 2：端口 gei_3/7,gei_3/8,fei_7/10,fei_7/11 为隔离端口,端口 gei_5/12 为混合端口。

具体配置如下：

```
ZXR10(config)#vlan private-map session-id 1 isolate gei_3/1-2,fei_7/4-5 promis gei_5/10
ZXR10(config)#vlan private-map session-id 2 isolate gei_3/7-8,fei_7/10-11 promis gei_5/12
ZXR10(config)#show vlan private-map
Session_id      Isolate_Ports              Promis_Ports
----------      ----------------------     ----------------------
1               gei_3/1-2,fei_7/4-5,            gei_5/10
2               gei_3/7-8,                      gei_5/12
ZXR10#
```

4.7　实验结果及验证方法

4.7.1　二层交换机 VLAN

（1）PC-1 和 PC-3 能互通,PC-2 和 PC-4 能互通。

（2）PC-1 和 PC-4 不能互通,PC-2 和 PC-3 不能互通。

思考:不同 VLAN 的二层交换机如何通信?

4.7.2　三层交换机 VLAN

（1）PC-1 和 PC-2 不能互通,PC-3 和 PC-4 不能互通。

（2）PC-1 和 PC-3 互通,PC-2 和 PC-4 互通。

思考：不同 VLAN 的三层交换机如何通信？

4.7.3　二层交换机链路聚合

PC-1 和 PC-2 不能互通，PC-1 和 PC-3 互通，PC-2 和 PC-4 互通；当拔掉交换机 A 的 15 或 16 端口时，PC-1 和 PC-3、PC-2 和 PC-4 还可以互通。同时，可通过相关命令显示 LACP 的配置信息和聚合结果，下面命令可在所有模式下运行。

```
show lacp                        //显示 LACP 的配置信息
show lacp aggregator 3           //显示 LACP 聚合组聚合信息
show lacp port 14 - 15           //显示 LACP 参与聚合的端口信息
```

4.7.4　三层交换机链路聚合

使用命令 show lacp 1 internal 查看 trunk 组 1 中成员端口的聚合状态。Selected 表示聚合成功。

```
ZXR10(config)♯show lacp 1 internal
Smartgroup:1

Actor     Agg        LACPDUs    Port           Oper    Port  RX    Mux
Port      State      Interval   Priority Key   State   Machine     Machine
        --------------------------------------------------------------------------
fei_1/3   selected   30         32768   0x102  0x3d    current     distributing
fei_1/4   selected   30         32768   0x102  0x3d    current     distributing
```

第5章　生成树协议(STP)配置

5.1　实验目的

(1) 掌握生成树协议的基本原理。

(2) 学会通过串口操作交换机,并对三层交换机链路聚合的端口进行基本配置。

(3) 通过本实验,掌握 ZXR10 3928/3228 交换机链路聚合的配置和使用。

5.2　实验内容

掌握 ZXR10 3928/3228 交换机 STP、RSTP 和 MSTP 的配置,熟悉相关配置命令。

5.3　基本原理

5.3.1　以太网交换机原理

1. 以太网发展历史及现状

在 20 世纪 70 年代 Xerox 公司 Palo Alto 研究中心推出了以太网。以太网的原型就是由 Xerox 公司把许多机器相互连接形成的一台巨型打印机,这就是最早的以太网的雏形,如图 5.1 所示。后来 Xerox 公司又独立开发了 2 Mbit/s 的以太网,又和 Intel 和 DEC 公司合作研发出了 10 Mitb/s 的以太网,这就是所谓的以太网Ⅱ或以太网 DIX(Digital,Intel 和 Xerox)。IEEE(电器和电子工程师协会)下属的 802 协委员会制定了局域网标准,其中的以太网标准(IEEE 802.3)与以太网Ⅱ非常相似。

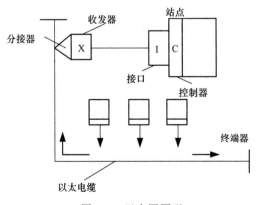

图 5.1　以太网原型

随着以太网技术的不断进步与带宽的提升,目前在很多情况下以太网成为了局域网的代名词。

2. 以太网相关标准

1980 年 2 月电气与电子工程师协会制定了一系列关于局域网的标准——802.3 协议族,其中:

(1) IEEE 802.3 为以太网标准。

(2) IEEE 802.2 为 LLC(逻辑链路控制)标准。

(3) IEEE 802.3u 为 100M 以太网标准。

(4) IEEE 802.3z 为 1000M 以太网标准。

(5) IEEE 802.3ab 为 1000M 以太网运行在双绞线上的标准。

日常人们所说的以太网主要包括以下三种局域网技术:

(1) 以太网/IEEE 802.3:采用同轴电缆作为网络媒体,传输速率达到 10 Mbit/s;

(2) 100 Mbit/s 以太网:又称为快速以太网,采用双绞线作为网络媒体,传输速率达到 100 Mbit/s;

(3) 1 000 Mbit/s 以太网:又称为千兆以太网,采用光缆或双绞线作为网络媒体,传输速率达到 1 000 Mbit/s(1 Gbit/s)。

以太网之所以能够成为现在最重要的局域网技术,是因为以太网具有高度灵活,相对简单,易于实现等优点。但是以太网的扩展性能相对较差,而且还有其他各种各样的问题和局限性,所以相关标准制定组织和业界的主导厂商对以太网规范不断地做出修订与改进。即便有一些局域网技术也具有同等的优势,但是大部分的网络管理员仍然选择以太网技术作为网络解决方案。

3. 以太网帧结构

以太网的帧结构如图 5.2 所示,以太网帧中各部分如下:

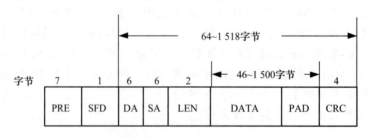

图 5.2 以太网帧结构

(1) 前导(Preamble,PRE):一个交替由 0 和 1 组成的 7 个 8 位位组(octet)模式被用作同步。

(2) 帧定界符开始(Start of Frame Delimiter,SFD):特殊模式 10101011 表示帧的开始。

(3) 目的地址(Destination Address,DA):如果第一位是 0,则这个字段指向的是一个固定的站点。如果第一位是 1,则这个字段表示的是一组地址,而帧就会被发往由这个地址中定义的一组地址中全部的站点。每个站点的接口知道它自己的组地址,当它见到这个组地址时会做出响应。如果该字段所有位都是 1,则这个帧就会被广播到所有的站点。

（4）源地址(Source Address,SA)：说明一个帧来自哪儿。

（5）数据长度字段(Data Length Field,LEN)：说明在数据和填充字段里的 8 位字节的数目。

（6）数据字段(Data Field,DATA)：上层数据。

（7）填充字段(Pad Field,PAD)：数据字段至少是 46 个 8 位字节,所以如果数据不够,则需要从额外的 8 位位组中填充数据来达到要求。

（8）帧校验序列(Frame Check Sequence,FCS)：使用 32 位循环冗余校验码的错误检验。

4. MAC 地址

MAC 地址如图 5.3 所示。MAC 地址是由 48 位二进制数组成,也可以转换成 12 位十六进制数,这个数用点平均分成三组,每组四个数,所以 MAC 地址也可以称作点分十六进制数,它通常情况下是输入 NIC(网络接口控制器)中。MAC 地址由 IEEE 进行管理,每个 MAC 地址是由供应商代码和序列号两部分组成,这可以保证 MAC 地址的唯一性,MAC 地址前 6 位十六进制(共 24 位二进制数字)数字是供应商代码,代表着 NIC 制造商的名称;后 6 位(最后的 24 位二进制数字)是序列号并由供应商进行管理。如果后 6 位序列号全部用完,则供应商需要申请新的供应商代码。目前 ZTE 的 GAR 产品 MAC 地址前 6 位为 00d0d0。

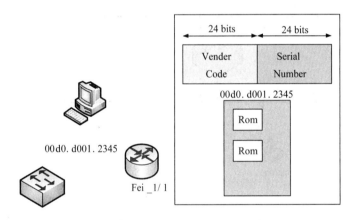

图 5.3　MAC 地址结构

5. 传统以太网基本概念

传统的以太网如图 5.4 所示。以太网使用带有冲突监测的载波侦听多址访问(Carrier Sense Multiple Access with Collision Detection,CSMA/CD)进行工作。首先,在以太网网段上需要传送数据的节点要先对传输导线进行监听,这就称作 CSMA/CD 的载波侦听。如果侦听到这个导线上有另一个节点正在传输数据,则监听节点就等待直到正在传送的节点传送完毕。如果在某一时刻同时有两个工作站要进行数据传送,则以太网网段就会发出"冲突"信号。由于这时导线上的电压会超过标准电压,所以所有的工作站都会检测到冲突信号为了保证每个工作站都知道以太网上发生了"冲突",这两个节点还要立刻发送拥塞信号。然后网络需要一段时间进行自我恢复,这时导线上不再传送数据,这两个节点传送完拥塞信号后,分别经过一段随机时间后再对导线进行监听,如果监听到没有数据正在传送,就开始传输数据。第二个节点监听到第一个节点正在进行数据传输的话,就等待第一个节点传输完毕后再进行数据传输。在 CSMA/CD 方式下,在同一个时间段上,导线上只允许一个节点可以传输数据,其他节点必须等待导线上的数据传输完以后才可以开始传输。之所以称以太网为共享介质就是因为节点共享同一传输介质。

图 5.4　以太网 CSMA/CD

6. 透明桥的工作原理

在以太网中,作出转发决定的过程称为透明桥接。透明桥的结构,如图 5.5 所示。在图中有 A、B、C、D 四个终端用户,分别处于两个网段 A、B,连接两个网段的是透明桥接。

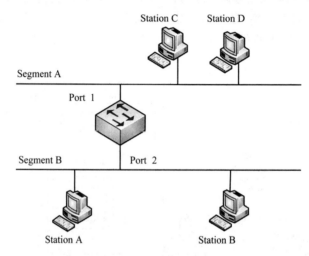

图 5.5　透明桥工作原理

透明的含义:第一,设备对于终端用户来说是透明的,终端用户并不知道所连接的是共享媒介还是交换设备;第二,透明桥不会对转发的帧结构进行处理和改动(VLAN 的 trunk 线路除外)。

7. 透明桥的功能

透明桥接结构如图 5.6 所示。透明网桥的主要功能有:地址学习功能、转发和过滤功能、环路避免功能。

一般情况下,透明桥的这三个功能会在网络中同时被使用。以太网交换机执行与透明桥相同的三个主要功能。

(1) 地址学习功能

由于网桥是根据 MAC 地址来做出转发决定的,所以要想准确进行数据转发,必须获取 MAC 地址的位置。

当网桥与物理网段进行连接时,它会读取它检测到的所有帧的源 MAC 地址字段,然后再通过与接收端口并联记录到 MAC 地址表中。

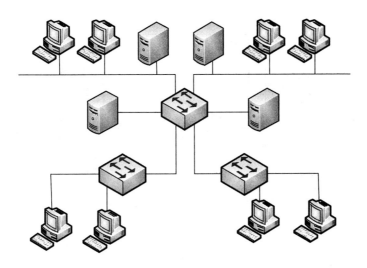

图 5.6　透明桥接结构图

MAC 地址表的保存位置是交换机的内存,所以重新启动交换机时 MAC 地址表是空的,如图 5.7 所示。

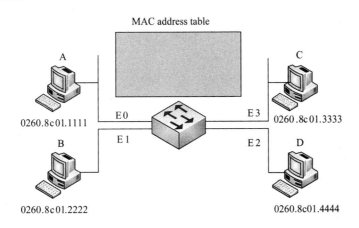

图 5.7　透明网桥功能(1)

(2) 转发和过滤功能

工作站 A 向工作站 C 发送一个数据帧,交换机通过 E0 口接收这个帧并读取出源 MAC 地址,并将此 MAC 地址与端口 E0 关联,并记录到 MAC 地址表中。因为数据帧的目的 MAC 地址是对交换机来说是未知的,所以要帧可以到达目的地,交换机就要执行洪泛操作,即向除了接收端口 E0 外其他全部端口进行转发。这个过程如图 5.8 所示。

当工作站 D 向工作站 C 发送一个数据帧时,交换机就会通过相同的操作学习到 D 的 MAC 地址,并将此 MAC 地址与 E3 相关联,记录到 MAC 地址表中。因为此时数据帧的目的 MAC 地址是未知的,所以要想是帧可以到达目的地,交换机就要执行洪泛操作,即通过除了接收端口 E3 外其他全部端口进行转发。这个过程如图 5.9 所示。

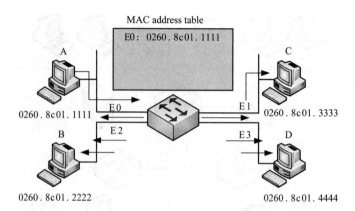

图 5.8　透明网桥功能(2)

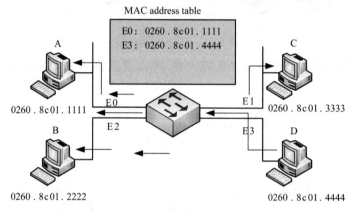

图 5.9　透明网桥功能(3)

　　当所有的工作站都发送过数据帧后,MAC 地址表中就记录了全部工作站的 MAC 地址与端口的对应关系。此时当工作站 A 向工作站 C 发送单播数据帧时,由于此时 MAC 地址表中记录了此目的端的 MAC 地址和端口的关联关系,所以数据帧就会直接通过 E2 口进行转发,其他的端口不会进行转发,这就是所谓的过滤操作,如图 5.10 所示。

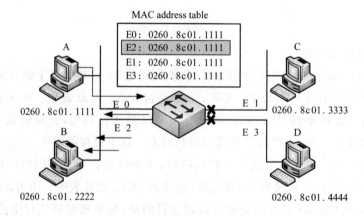

图 5.10　透明网桥功能(4)

(3) 环路避免

环路避免功能见 5.3.2 节。

8. 广播、组播和目的 MAC 地址未知帧的转发

当工作站发送数据帧后,交换机在 MAC 地址表中检测不到此目的 MAC 地址,或是检测到此目的 MAC 地址为广播、组播时,交换机就会进行洪泛的操作,除了进入端口外其他端口都要对此帧进行转发。如图 5.11 所示,终端 D 发送了数据,在 MACA 地址表无法检查到该目的地址,交换机就对此帧进行洪泛操作。但是如果交换机支持 IGMP 监听等支持组播的功能,交换机将不再采用洪泛的方式转发组播数据帧。

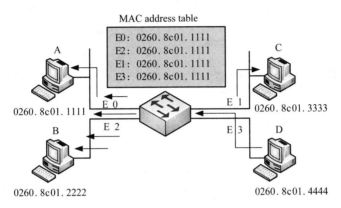

图 5.11　数据帧转发

9. 转发/过滤流程

交换机在某端口接收到一个数据帧后的处理流程,如图 5.12 所示。交换机在某端口接收到一个数据帧后的处理流程:交换机通过判断数据帧的目的 MAC 地址是否为广播、组播地址来决定要不要进行洪泛操作,如果是广播、组播地址就进行洪泛操作。如果不是广播、组播地址而是单播地址,交换机就要在 MAC 地址表中进行此地址查找,如果没有此单播地址,还要进行洪泛操作。如果在 MAC 地址表中含有此地址,就进行单播,即交换机就会通过与此目的 MAC 地址关联的端口进行转发。

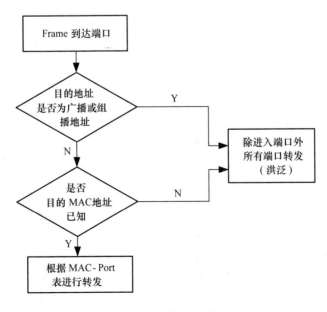

图 5.12　转发/过滤流程

10. 传统以太网与交换式以太网比较

传统以太网和交换式以太网的比较如图 5.13 所示。

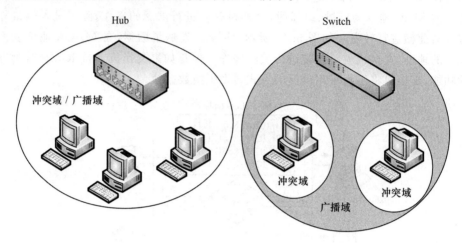

图 5.13　传统以太网和交换式以太网的比较

集线器(Hub)只能对信号进行再生和方大。所有用 Hub 相连接的工作站都是在一个冲突域和广播域中。由于所有设备都使用同一个传输介质,所以设备必须要遵循 CSMA/CD 方式进行通信。

交换机是通过数据帧的目的 MAC 地址进行转发和过滤的,工作在数据链路层,所以交换机的每一个端口都是一个单独的冲突域。

要想某工作站单独使用一个宽带,只要将此工作站直接连接到交换机的端口。

在交换机检测到目的 MAC 地址为广播地址时,交换机会对数据帧进行洪泛操作,数据帧就会通过除了进入端口外其他所有端口进行转发,所以与交换机相连接的所有工作站都处于同一个广播域之中。

11. 保证网络的可靠性

一般可以通过在网络中采用多台设备、多个端口、多条线路的冗余连接方式来提高网络的可靠性,消除单点失效故障。网络冗余连接如图 5.14 所示。

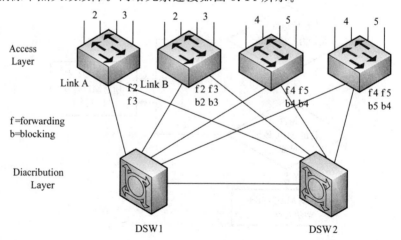

图 5.14　网络冗余连接

12. 冗余拓扑

但是在存在物理环路的情况下可能导致 2 层环路的产生,如图 5.15 所示。

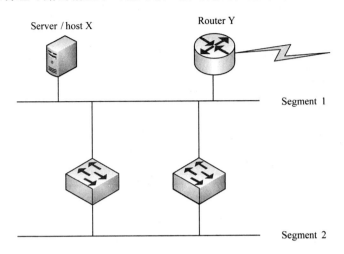

图 5.15 2 层环路

如果没有做处理物理环路就可能会产生 2 层环路,交换机不对这个问题进行解决就会产生类似广播风暴、帧的重复复制、交换机 MAC 地址表的不稳定等更加严重的网络问题。

13. 广播风暴

首先看看广播风暴是如何形成的。

广播风暴的形成如图 5.16 所示。广播风暴形成的主要原因就是因为存在物理环路,在 2 层网络中如果存在一个物理环路,主机 X 向交换机 A 发送一个广播数据帧,交换机 A 会对收到的数据帧进行洪泛处理,通过下面的端口连接到交换机 B 下面的接收端口。

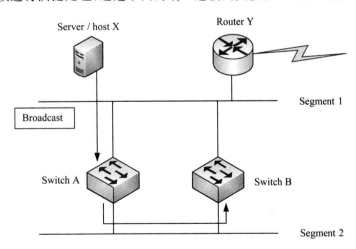

图 5.16 广播风暴(1)

交换机 B 下方的接收端口收到广播数据帧后,也会对此帧进行洪泛操作,然后再次转发到交换机 A 的接收端口上,如图 5.17 所示。

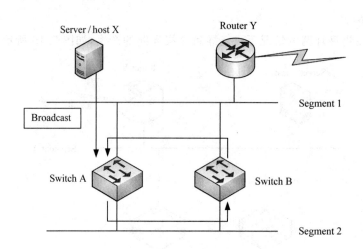

图 5.17　广播风暴(2)

　　由于透明桥功能的影响,交换机不会对帧进行处理,所以交换机也不会识别出此数据帧是否已经被转发过,交换机 A 依旧会对接收到的广播数据帧进行洪泛操作,如图 5.18 所示。

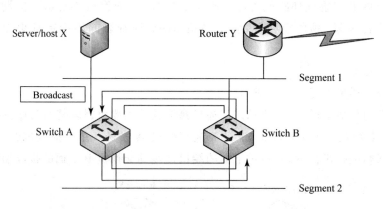

图 5.18　广播风暴(3)

　　当广播帧转发到交换机 B 后依旧会做同样的操作,并无限循环。这个过程只是一个广播帧传播的一个方向,在实际环境中,两个不同的方向都会产生这样的一个过程。

　　由于短时间内大量的广播帧被循环的转发消耗掉了所有的带宽,而在这个网段上连接的所有主机设备都会受到影响,不断到来的广播帧会使 CPU 产生中断来进行处理,这样就会极大的消耗系统的处理能力,甚至会导致死机。

　　产生广播风暴后,网络无法自行恢复,必须由网络管理员进行人工干预,也可以在一些端口上设置广播限制,当检测到一段时间内转发的广播帧超过了一个特定值,即可以关闭端口来减轻广播风暴对网络的影响,但是这种方法不能从根本上解决 2 层环路所产生的问题。

　　14.复制出多个重复的帧

　　除了广播风暴之外,也可能导致一个数据帧被多次复制的情况,如图 5.19 所示。在图中,主机 X 向路由器 Y 的本地接口发送一个单播数据帧,但是交换机 A 与交换机 B 的MAC 地址表中都不含有路由器 Y 的本地接口的 MAC 地址。数据帧可以同时到达路由器

Y 和交换机 A 的上方的端口。

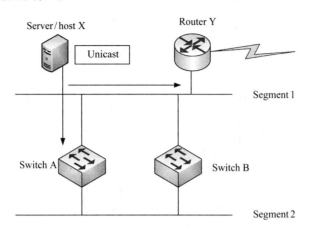

图 5.19　数据帧复制(1)

当交换机对于帧的目的 MAC 地址未知时交换机会进行洪泛的操作,如图 5.20 所示。当交换机在 MAC 地址表中检测不到目的 MAC 地址时就会进行洪泛操作,数据帧就会转发到交换机 B 的下方端口,交换机 B 也会对数据帧进行洪泛操作,在上方的端口转发数据帧,这样同一个数据帧再次到达路由器 Y 的本地接口。根据上层协议与应用的不同,同一个数据帧被传输多次可能导致应用程序的错误。

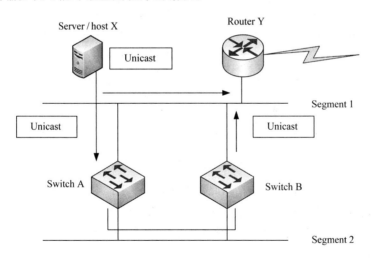

图 5.20　数据帧复制(2)

15. MAC 地址表的不稳定

最后看看 MAC 地址表不稳定的问题,如图 5.21 所示。

主机 X 向路由器 Y 的本地接口发送一个单播数据帧,但是交换机 A 与交换机 B 的 MAC 地址表中都不含有路由器 Y 的本地接口的 MAC 地址。

数据帧到达交换机 A 与交换机 B 上方端口后,交换机会将数据帧的源 MAC 地址与个端口的 port0 相关联并记录到 MAC 地址表中。

由于交换机对此数据帧的目的地址是未知的,所以两个交换机都会对数据帧进行洪泛处理,并将在各自的 port1 转发到对方的 port1,如图 5.22 所示。

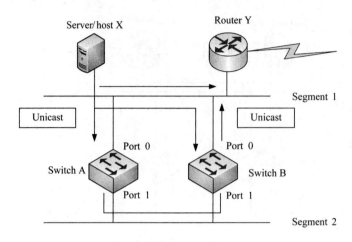

图 5.21　MAC 地址表不稳定(1)

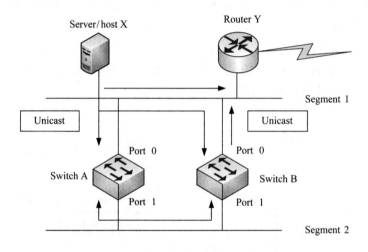

图 5.22　MAC 地址表不稳定(2)

　　当两个交换机再次从 port1 接收到此数据帧时,由于此数据帧的源 MAC 地址就是主机 X 的 MAC 地址,所以交换机会认为主机 X 的 MAC 地址与 port1 关联并记录到 MAC 地址表中。交换机学习到了错误的信息,所以就会导致 MAC 地址表的不稳定。这种现象也被称为 MAC 地址漂移。

　　这种现象也被称为 MAC 地址漂移。

　　16. 环路问题

　　在 2 层网络中只要形成物理环路就有可能形成 2 层环路,就会导致很严重的危害,而且网络不会自行回复,必须要网络管理员进行人工干预才能解决问题,如图 5.23 所示在网络中形成了错综复杂的网络环路。

　　由于在实际环境中经常会形成复杂的物理环路,所以网络设备必须要有一种方法来阻止 2 层环路的发生。

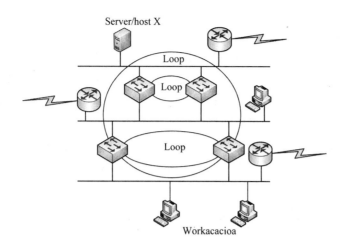

图 5.23　环路问题

5.3.2　生成树协议工作原理

1. 环路避免：生成树协议

生成树协议(Spanning-Tree Protocol,STP)可以在已经产生物理环路的网络中阻止 2 层环路的产生,生成树协议原理如图 5.24 所示,生成树协议可以从所有环路中选择一条最佳的链路作为转发链路,阻塞其他冗余链路,并且可以在网络的拓扑结构发生变化时重新计算最佳转发链路,这样就可以既保证网络所有网段是通的而且没有环路。

2. Spanning-Tree 的运作

一个实际的网络需要功能强大、性能可靠,提供冗余和故障快速恢复能力,能够有效的进行流量传输。

在 2 层网络中,在存在物理环路的情况下,生成树协议可以创建一个无环路的 2 层网络结构,提供了冗余链接,消除了环路的威胁。生成树协议网络如图 5.25 所示。

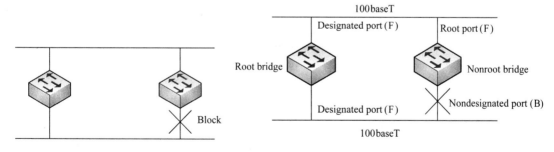

图 5.24　生成树协议原理图　　　　　　图 5.25　生成树运作

生成树协议就像生活中的树一样是没有环路,所以生成树协议就根据这个思想定义了根桥(Root Bridge)——生成树的参考点、根端口(Root Port)——非根桥到达根桥的最近端口、制定端口(Designated Port)——整个路径上端口开销之和等概念,这样就可以裁剪冗余环路并对链路进行备份和路径最优化选择。用于构造这棵树的算法称为生成树算法 SPA (Spanning-Tree Algorithm)。

3. 生成树根的选择

网桥之间进行信息交流的单元称之为配置消息桥协议单元 BPDU(Bridge Protocol Data Unit)。它是一种 2 层报文,目的 MAC 地址是多播地址 01-80-C2-00-00-00,并且每 2 s 发送一次。只要支持 STP 协议的网桥都会接收到 BPDU 报文并进行处理。生成树计算的所有有用信息都在收到的报文数据区里。

根桥的选择如图 5.26 所示,根桥就是选择桥 ID 最小的网桥,而桥 ID 就是网桥优先级和网桥 MAC 地址组合成的。网桥基本都是默认启动的,优先级默认都是一样的,都是 32 768,这种情况下,MAC 地址最小的网桥就是根桥,它的所有端口都成为指定端口,会进入转发状态。

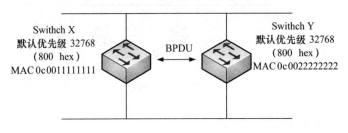

图 5.26　生成树根的选择

4. 生成树的端口状态

根桥上的所有端口都处于转发状态,用来为所有网段进行数据转发。而根端口就是距离根桥最近的端口,在非根桥上。非指定端口就是非根桥上因为检测到环路而被阻塞掉的端口,不为相互连接的网段转发数据。生成树协议上各个端口的状态如图 5.27 所示。

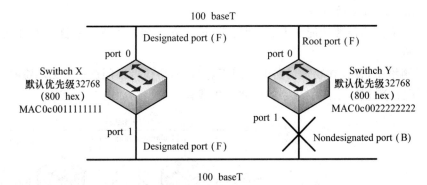

图 5.27　生成树端口状态

5. 桥接协议数据单元(BPDU)

桥接协议 BPDU 数据单元结构,如图 5.28 所示。

BPDU 有很多作用,除了用来选举根桥外,还可以检测环路发生的位置,通告网络状态的改变,监控生成树的状态等。

6. 根的选择过程

根的选择过程如图 5.29 所示。当启动 STP 时,根桥 ID 就会被交换机设置成与自己桥的 ID 相同,也就是认为自己是根桥。一旦接收到的其他交换机的 BPDU 并且根桥 ID 比自己的桥 ID 小时,那么这个交换机就会被替换成 STP 的根桥。

Bytes	Field
2	Protocol ID
1	Veriion
1	Message Type
1	Flags
8	Root ID
4	Cost of Path
8	Bridge ID
2	Port ID
2	Message Age
2	Maximum Time
2	Hello Time
2	Forward Delay

图 5.28　BPDU

Bytes	Field
2	Protocol ID
1	Veriion
1	Message Type
1	Flags
8	Root ID
4	Cost of Path
8	Bridge ID
2	Port ID
2	Message Age
2	Maximum Time
2	Hello Time
2	Forward Delay

开始启动时:
Bridge ID = Root ID

图 5.29　根的选择过程

整个网络的根桥就是在所有交换机都发出 BPDU 后,那个具有最小桥 ID 的交换机。当选定根桥后,正常情况下只有根桥才会每隔 2 s 从指定端口发出 BPDU。

7. 根路径的选择

根路径的选择如图 5.30 所示。

Bytes	Field
2	Protocol ID
1	Veriion
1	Message Type
1	Flags
8	Root ID
4	Cost of Path
8	Bridge ID
2	Port ID
2	Message Age
2	Maximum Time
2	Hello Time
2	Forward Delay

到根桥的距离

图 5.30　根路径的选择示意图(1)

通过 BPDU 中根路径开销、传输桥 ID、端口 ID 可以选择出根路径。

根路径的开销就是到达根桥之前经过的所有端口的开销的总和。而端口 ID 是由 1 个字节的优先级和 1 个字节的端口号组成。

当非根桥检测到了环路存在时,首先选择所有链路中开销最小的链路作为转发链路,如果存在多条最小链路开销相同的链路,就选择端口 ID 最小的链路作为转发链路,并阻塞掉其他链路。该过程如图 5.31 所示。

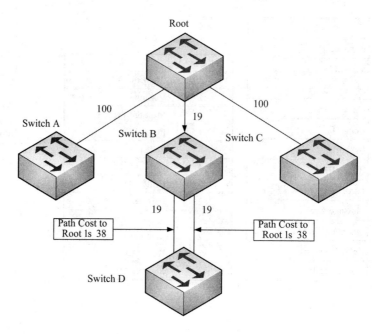

图 5.31　根路径的选择示意图(2)

8. STP 的端口状态

交换机的端口在 STP 环境中共有 5 种状态:阻塞、倾听、学习、转发和关闭(off),如图 5.32所示。

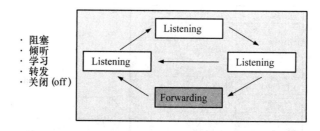

图 5.32　STP 端口状态

交换机上被阻塞的端口在最大老化时间内没有收到 BPDU,则会转换为倾听状态,再过上一个转发延迟时间(大概为 15 s)就会转换为学习状态,经过 MAC 地址学习后就会进入转发状态。

当转换为倾听状态后,检测到此端口在新的生成树中不用进行数据转发,则此端口直接回到阻塞状态。

9. STP Timer

最大的老化时间(Bridge Max Age):数值范围从 6～40 s,默认为 20 s,如图 5.33 所示。

如果原来转发的端口在超过最大老化时间后还没有收到根桥发出的 BPDU,这有可能就是链路或端口发生故障,交换机就会重新计算生成树,然后把一个阻塞掉的端口打开。

如果交换机的所有端口在超过最大老化时间后都没有收到 BPDU,有可能是因为交换机与根桥断开了连接,那么这个交换机就会向其他交换机发送 BPDU 数据包。如果这个交换机确实具有最小的桥 ID,那么它就会成为根桥。

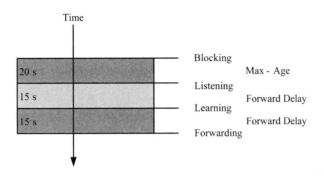

图 5.33　STP Timer

转发延迟就是拓扑方式改变时,新的配置要经过一些实验才会传到整个网络,这个时间默认值为 15 s。

临时环路的产生就是因为在拓扑结构发生变化时,有些端口没有意识到自己需要停止数据转发。生成树可以通过一种定时器策略来解决这个问题,即把一个只学习 MAC 地址但不转发的状态添加在阻塞状态与转发状态之间,两次转发的时间都是 Forward Delay,这样就解决了临时环路问题。但 STP 的切换时间就成了最大老化时间加上两次转发时延,大概为 50 s。

10. 关键问题:收敛时间

收敛状态对于运行 STP 的交换机就说明整个拓扑结构没有发生变化,所有的端口都处于 forwarding 或 blocking 状态,状态稳定。

当拓扑结构发生变化时,所有链路都不能转发数据,因为交换机要计算新的生成树,防止产生临时环路。而在拓扑结构改变到生成树生成这段时间就称作收敛时间,这个时间大约为 50 s。

为了减小标准 STP 收敛时间,提出了快速生成树,即 RSTP(IEEE 802.1w)协议,这可以很明显的减小收敛时间,防止很多应用在切换过程中受影响。

5.4　实验设备

3928	三台
直连网线	五条
串口线	一条

5.5　网络拓扑

实验拓扑图,如图 5.34 所示,具体说明:交换机 3928-1 使用端口 fei_1/1 和 fei_1/2 分别与交换机 3928-2 和交换机 3928-3 相连;交换机 3928-2 使用端口 fei_1/3 和 fei_1/4 分别与交换机 3928-1 和交换机 3928-3 相连;交换机 3928-3 使用端口 fei_1/5 和 fei_1/6 分别与交换机 3928-1 和交换机 3928-2 相连;交换机 3928-2 和交换机 3928-3 分别使用端口 fei_1/7

和 fei_1/8 连接 PC。

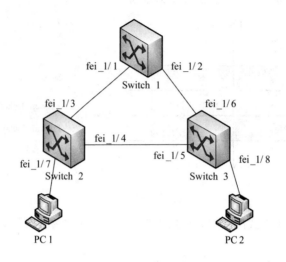

图 5.34　生成树协议拓扑

5.6　实验步骤

（1）设备间运行标准生成树协议，配置各设备的生成树参数，使 3928-1 成为根网桥。观察设备能否根据配置的参数修剪环路，完成生成树。

（2）断开 3928-1 和 3928-2 之间链路，观察设备是否可自动完成网络拓扑的重构。

（3）三台设备间运行快速生成树协议，使 3928-1 成为根网桥。

（4）断开 3928-1 和 3928-2 之间链路，观察设备是否可自动完成网络拓扑的重构。

（5）将三台设备间链路设置为 VLAN TRUNK，并配置 5 个 VLAN：VLAN1～5。运行 MSTP 生成树协议，VLAN1 和 VLAN2 建立生成树 1，VLAN3 和 VLAN4 建立生成树 2，VLAN5 建立生成树 3。修改各设备的生成树参数，使生成树 1 和生成树 2 的根网桥为 3928-1，生成树 3 的根网桥为 3928-2。

（6）断开 3928-1 和 3928-2 之间链路，观察生成树 1 和生成树 2 是否可自动完成网络拓扑的重构，而 VLAN5 的业务应不受影响。

① SSTP 配置

三台 3928 配置均相同，下面是配置及说明：

```
ZXR10(config)# spanning-tree enable                    //使能生成树协议
ZXR10(config)# spanning-tree mode sstp                 //配置生成树协议的当前模式为 sstp
```

假定目前 3928-1 不是根网桥，则在 3928-2 和 3928-3 上执行如下配置：

```
ZXR10(config)# spanning-tree mst instance 0 priority 61440   //修改实例 0 的网桥优先级，61440 = 15
                                                              * 4096，根据需要，优先级可设置为 i
                                                              * 4096，i = 0...15
```

② RSTP 配置

三台 3928 配置均相同，下面是配置及说明：

```
ZXR10(config)♯spanning－tree enable                    //使能生成树协议
ZXR10(config)♯spanning－tree mode rstp                 //配置生成树协议的当前模式为 rstp
```

假定目前 3928-1 不是根网桥,则在 3928-2 和 3928-3 上执行如下配置:

```
ZXR10(config)♯ spanning－tree mst instance 0 priority 61440    //修改实例 0 的网桥优先级,61440
                                                       = 15 * 4096,根据需要,优先级可
                                                       设置为 i * 4096,i = 0...15
```

③ MSTP 配置

三台 3928 配置均相同,下面是配置及说明:

```
ZXR10♯vlan database
ZXR10(vlan)♯vlan 1－5                               //配置 vlan1－5
ZXR10(config)♯spanning－tree enable                 //使能生成树协议
ZXR10(config)♯spanning－tree mode mstp              //配置生成树协议的当前模式为 mstp
ZXR10(config)♯spanning－tree mstp configuration     //进入 MSTP 配置模式
ZXR10(config－mstp)♯name zte                        //设置 mst_config_id 中的配置名称为 zte
ZXR10(config－mstp)♯revision 2                      //设置 mst_config_id 中的配置版本号为 2
ZXR10(config－mstp)♯instance 1 vlans 1,2            //将 vlan1,2 映射到 instance 1
ZXR10(config－mstp)♯instance 2 vlans 3,4            //将 vlan3,4 映射到 instance 2
ZXR10(config－mstp)♯instance 3 vlans 5              //将 vlan5 映射到 instance 3
```

假定目前生成树 1 和生成树 2 的根网桥不是 3928-1,使用 spanning-tree mst instance <instance> priority <priority>来修改相应生成树的优先级,使满足要求;同理可使得生成树 3 的根网桥为 3928-2。

5.7　实验结果及验证方法

可以使用 PC 互来验证 ping,会出现以下现象:

(1) PC-1 和 PC-2 互通。

(2) 断开链路后,有少量丢包后,PC-1 和 PC-2 互通。

(3) PC-1 和 PC-2 互通。

(4) 断开链路后,有少量丢包后,PC-1 和 PC-2 互通。

(5) PC-1 和 PC-2 互通。

(6) 断开链路后,PC-1 和 PC-2 仍然互通,无丢包。

第 6 章　路由器 RIP 的配置

路由信息协议(Routing Information Protocol,RIP)是一种使用最广泛的内部网关协议(IGP),是在内部网络上使用的路由协议(在少数情形下,也可以用于连接到因特网的网络)。它可以通过不断的交换信息让路由器动态的适应网络连接的变化,这些信息包括每个路由器可以到达哪些网络,这些网络有多远等。RIP 是应用层协议,并使用 UDP 作为传输协议。本章就着重介绍了 RIP 的原理,及其配置方法等。

6.1　实验目的

(1) 学习并掌握 RIP 的基本原理。
(2) 着手操作以实现路由器 RIP 的配置,并掌握配置方法。

6.2　实验原理

6.2.1　RIP 概述

路由信息协议是内部网关协议 IGP 中最先得到广泛应用的协议。这个网络协议最初由加利弗尼亚大学的 BerKeley 所提出,其目的在于通过物理层网络的广播信号实现路由信息的交换,从而提供本地网络的路由信息。RIP 是一种分布式的基于距离向量的路由选择协议,是因特网的标准协议,其最大的优点就是简单。

RIP 是应用较早、使用较普遍的内部网关协议(Interior Gateway Protocol,IGP),适用于小型同类网络的一个自治系统(AS)内的路由信息的传递,它是基于距离矢量算法(Distance Vector Algorithms,DVA)的。它使用"跳数",即 metric 来衡量到达目标地址的路由距离。它是一个用于路由器和主机间交换路由信息的距离向量协议,目前最新的版本为 v6,也就是 RIPv6。

由于历史的原因,当前的 Internet 被组成一系列的自治系统,各自治系统通过一个核心路由器连到主干网上。而一个自治系统往往对应一个组织实体(比如一个公司或大学)内部的网络与路由器集合。每个自治系统都有自己的路由技术,对不同的自治系统路由技术是不相同的。用于自治系统间接口上的路由协议称为"外部网关协议",简称 EGP (Exterior Gateway Protocol);而用于自治系统内部的路由协议称为"内部网关协议",简称 IGP。内部网关与外部网关协议不同,外部路由协议只有一个,而内部路由器协议则是一族。各内部路由器协议的区别在于距离制式(distance metric,即距离度量标准)不同,和路由刷新算法不同。RIP 协议是最广泛使用的 IGP 类协议之一,著名的路径刷新程序 Routed 便是根据

RIP 实现的。RIP 协议被设计用于使用同种技术的中型网络,因此适应于大多数的校园网和使用速率变化不是很大的连续线的地区性网络。对于更复杂的环境,一般不使用 RIP 协议。

RIP 协议是基于 Bellham-Ford(距离向量)算法,此算法 1969 年被用于计算机路由选择,正式协议首先是由 Xerox 于 1970 年开发的,当时是作为 Xerox 的"Networking Services (NXS)"协议族的一部分。由于 RIP 实现简单,迅速成为使用范围最广泛的路由协议。

6.2.2　RIP 工作原理

路由信息协议功能的实现是基于距离矢量的运算法则,这种运算法则在早期的网络运算中就被采用。简单来说,距离矢量的运算引入跳数值作为一个路由量度。每当路径中通过一个路由,路径中的跳数值就会加 1。这就意味着跳数值越大,路径中经过的路由器就越多,路径也就越长。而路由信息协议就是通过路由间的信息交换,找到两个目的路由之间跳数值最小的路径。

需要注意的是,RIP 不能在两个网络之间同时使用多条路由。RIP 选择一条最少路由器的路由(即最短路由),哪怕还存在另一条高速(低时延)但路由器较多的路由。同时,为了规范路由器的性能,在路由器资讯协议中还定义了路由更新计时器,路由超时计时器,以及路由刷新计时器。

路由器的关键作用是用于网络的互连,每个路由器与两个以上的实际网络相连,负责在这些网络之间转发数据报。在讨论 IP 进行选路和对报文进行转发时,我们总是假设路由器包含了正确的路由,而且路由器可以利用 ICMP 重定向机制来要求与之相连的主机更改路由。但在实际情况下,IP 进行选路之前必须先通过某种方法获取正确的路由表。在小型的、变化缓慢的互连网络中,管理者可以用手工方式来建立和更改路由表。而在大型的、迅速变化的环境下,人工更新的办法慢得不能接受。这就需要自动更新路由表的方法,即所谓的动态路由协议,RIP 协议是其中最简单的一种。

RIP 路由协议用"更新(UPDATES)"和"请求(REQUESTS)"这两种分组来传输信息的。每个具有 RIP 协议功能的路由器每隔 30 s 用 UDP520 端口给与之直接相连的机器广播更新信息。更新信息反映了该路由器所有的路由选择信息数据库。路由选择信息数据库的每个条目由"局域网上能达到的 IP 地址"和"与该网络的距离"两部分组成。请求信息用于寻找网络上能发出 RIP 报文的其他设备。

RIP 用"路程段数"(即"跳数")作为网络距离的尺度。每个路由器在给相邻路由器发出路由信息时,都会给每个路径加上内部距离,如图 6.1 所示。路由器 3 直接和网络 C 相连。当它向路由器 2 通告网络 142.10.0.0 的路径时,它把跳数增加 1。与之相似,路由器 2 把跳数增加到"2",且通告路径给路由器 1,则路由器 2 和路由器 1 与路由器 3 所在网络 142.10.0.0 的距离分别是 1 跳、2 跳。

然而在实际的网络路由选择上并不总是由跳数决定的,还要结合实际的路径连接性能综合考虑。在如图 6.2 所示网络中,从路由器 1 到网络 3,RIP 协议将更倾向于跳数为 2 的路由器 1→路由器 2→路由器 3 的 1.5 Mbit/s 链路,而不是选择跳数为 1 的 56 kbit/s,直接的路由器 1→路由器 3 路径,因为跳数为 1 的 56 kbit/s 串行链路比跳数为 2 的 1.5 Mbit/s 串行链路慢得多。

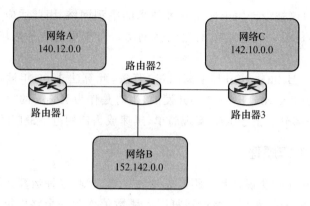

图 6.1　RIP 工作原理实例

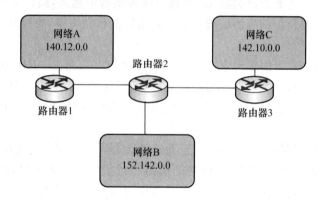

图 6.2　路由选择不仅限于"跳数"考虑的示例

　　具体来说,在起始阶段,每个路由器只含有相邻路由的信息,相邻的路由器之间会发送路由信息协议请求包以得到路由信息。以此方式,路由器得到了其所知的所有路由器的网络信息。之后,每个路由器都会检查,比较这些信息,并且把到达每一个不同路由器的路由量度——跳数值最小的路径信息储存在路由表中。最终,所有的路由器与其他路由器之间路径的量度值都会是最小的,即路径最短。为了避免在起始路由器和目的路由器之间的路径中出现回路,路由信息协议设定了每条路径中跳数的极限值。在路由信息协议中,每条路径中跳数的最大值设定为 15。当跳数的值达到 16 时,路径将被认定为无限远,同时目的路由器也将被认定为无法达到。跳数极限值的引入避免了路径中出现无限循环的回路,但同时,这也限制了路由信息协议所能支持的网络的大小。一般情况下,路由信息协议中的路由器以 30s 为一个周期,每经过一个周期或者当网络的拓扑结构发生改变时,路由器会发送路由更新信息。当其他路由器收到路由更新信息时,路由器会检测信息中的改变,并且更新自身的路由数据库。在路由器更新其路由数据库的过程中,路由器只会保存到达目的路由器的最佳路径,即路径中跳数值最小的路径,以此来完成路由信息的更新。当一个路由器完成了路由信息的更新后,他将会把更新后的路由信息以广播的形式发送给相邻路由器,以此类推以完成整个网络中所有路由器中路由信息的更新。

6.2.3　路由器的收敛机制

　　任何距离向量路由选择协议(如 RIP)都有一个问题,路由器不知道网络的全局情况,路由器必须依靠相邻路由器来获取网络的可达信息。由于路由选择更新信息在网络上传播慢,距离向量路由选择算法有一个慢收敛问题,这个问题将导致不一致性产生。RIP 协议使用以下机制减少因网络上的不一致带来的路由选择环路的可能性。

RIP 协议允许最大跳数为 15。大于 15 的目的地被认为是不可达。这个数字在限制了网络大小的同时也防止了一个称作"记数到无穷大"的问题,即称为记数到无穷大机制。此机制的工作原理,如图 6.3 所示。

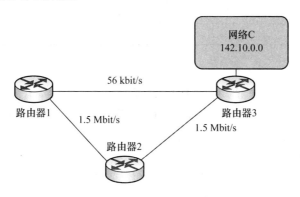

图 6.3　路由器收敛机制示例

(1) 现假设路由器 1 断开了与网络 A 相连,则路由器 1 丢失了与网络 A 相连的以太网接口后产生一个触发更新送往路由器 2 和路由器 3。这个更新信息同时告诉路由器 2 和路由器 3,路由器 1 不再有到达网络 A 的路径。假设这个更新信息传输到路由器 2 被推迟了(CPU 忙、链路拥塞等),但到达了路由器 3,所以路由器 3 会立即从路由表中去掉到网络 A 的路径。

(2) 路由器 2 由于未收到路由器 1 的触发更新信息,并发出它的常规路由选择更新信息,通告网络 A 以 2 跳的距离可达。路由器 3 收到这个更新信息,认为出现了一条通过路由器 2 的到达网络 A 的新路径。于是路由器 3 告诉路由器 1,它能以 3 跳的距离到达网络 A。

(3) 在收到路由器 3 的更新后,就把这个信息加上一跳后向路由器 2 和路由器 3 同时发出更新信息,告诉他们路由器 1 可以以 3 跳的距离到达网络 A。

(4) 路由器 2 在收到路由器 1 的消息后,比较发现与原来到达网络 A 的路径不符,更新成可以以 4 跳的距离到达网络 A。这个消息再次会发往路由器 3,以此循环,直到跳数达到超过 RIP 协议允许的最大值(在 RIP 中定义为 16)。一旦一个路由器达到这个值,它将声明这条路径不可用,并从路由表中删除此路径。

由于记数到无穷大问题,路由选择信息将从一个路由器传到另一个路由器,每次段数加 1。路由选择环路问题将无限制地进行下去,除非达到某个限制。这个限制就是 RIP 的最大跳数。当路径的跳数超过 15,这条路径才从路由表中删除。

6.2.4　RIP 报文格式

如表 6.1 所示为 RIP 信息格式。

表 6.1　RIP 协议信息格式

8	16	32bits
Command	Version	Unused
Address Family Identifier		Route Tag(only for RIP2:0 for RIP)
IP Address		
Subnet Mask (only for RIP2:0 for RIP)		
Next Hop(only for RIP2:0 for RIP)		
Metric		

各字段解释如下：

Command：命令字段，8 位，用来指定数据报用途。命令有五种：Request（请求）、Response（响应）、Traceon（启用跟踪标记，自 v2 版本后已经淘汰）、Traceoff（关闭跟踪标记，自 v2 版本后已经淘汰）和 Reserved（保留）。

Version：RIP 版本号字段，16 位。

Address Family Identifier：地址族标识符字段，24 位。它指出该入口的协议地址类型。由于 RIP2 版本可能使用几种不同协议传送路由选择信息，所以要使用到该字段。IP 协议地址的 Address Family Identifier 为 2。

Route Tag：路由标记字段，32 位，仅在 v2 版本以上需要，第一版本不用，为 0。用于路由器指定属性，必须通过路由器保存和重新广告。路由标志是分离内部和外部 RIP 路由线路的一种常用方法（路由选择域内的网络传送线路），该方法在 EGP 或 IGP 都有应用。

IP Address：目标 IP 地址字段，IPv4 地址为 32 位。

Subnet Mask：子网掩码字段，IPv4 子网掩码地址为 32 位。它应用于 IP 地址，生成非主机地址部分。如果为 0，说明该入口不包括子网掩码。也仅在 v2 版本以上需要，在 RIPv1 中不需要，为 0。

Next Hop：下一跳字段。指出下一跳 IP 地址，由路由入口指定的通向目的地的数据包需要转发到该地址。

Metric：跳数字段。表示从主机到目的地获得数据报过程中的整个成本。

6.2.5　RIP 特点及其局限性

（1）由 RIP 协议的工作原理可以得到，其有如下 3 个特点：

① 仅和相邻路由器交换信息。如果两个路由器之间的通信不需要经过另一个路由器，那么这两个路由器就是相邻的。RIP 协议规定，不相邻的路由器不交换信息。

② 路由器交换的信息是当前本路由器所知道的全部信息，即自己的路由表。也就是说，交换的信息是："我到本自治系统中所有网络的最短距离，以及到每个网络应经过的下一跳路由"。

③ 按固定的时间间隔交换路由信息，然后路由器根据收到的路由信息更新路由表。当网络拓扑发生变化时，路由器也及时向相邻路由器通告拓扑变化后的路由信息。

（2）路由信息协议的局限性：

虽然路由器资讯协议是具有简单、直接等特点。但是，由于本身的不足，路由器资讯协议在使用中也受到一些限制：

① 由于跳数极限值的限制,路由器资讯协议不适用于大型网络。如果网络过大,跳数值将超过其极限,路径即被认定无效,从而使得网络无法正常工作。

② 由于任意一个网络设备都可以发送路由更新信息,路由器资讯协议的可靠性和安全性无法得到保证。

③ 路由器资讯协议所使用的均算法则是距离矢量运算,这仅仅考虑了路径中跳数值的大小。然而在实际应用中,网络时延以及网络的可靠性将成为影响网络传输质量的重要指标。因此跳数值无法正确反映出网络的真实情况,从而使得路由器在路径选择上出现差错。

④ 路由信息的更新时间过长,同时由于在更新时路由器发送全部的路由表信息占用了更多的网络资源,因此路由器资讯协议对于网络带宽要求更高,增加网络开销。

6.3 实验步骤

6.3.1 RIP 配置

如表 6.2 所示的配置命令及模式。

表 6.2 RIP 配置

命令格式	命令模式	命令功能
Router rip	全局	启动 RIP 路由选择进程
Network<ip-address><net-mask>	路由	为 RIP 选择路由指定网络表
Version{1|2}	路由	指定路由器全局使用的 RIP 版本
Ip rip receive version{1|2}	接口	指定在接口上接收的 RIP 版本

在各项配置任务中,必须先启动 RIP、使用 RIP 网络后,才能配置其他的功能特性。而配置与接口相关的功能特性不受 RIP 是否使用的限制。需要注意的是,在关闭 RIP 后,原来的接口参数也同时失效。

在全局配置模式下用 router rip 命令启动 RIP 协议并进入 RIP 协议配置模式。

(1) RIP 任务启动后还必须指定其工作网段,RIP 只在指定网段上的接口工作;对于不在指定网段上的接口,RIP 既不在它上面接收和发送路由,也不将它的接口路由转发出去,就好像这个接口不存在一样。

Network ip-address 为使用或不使用的网络的地址,可为各个接口 IP 网络的地址。当对某一地址使用命令 Network 时,效果是使用该地址的网段的接口。例如：network 129.102.1.1,用 show running-config 和 show ip rip 命令看到的均是 network 129.102.0.0。

(2) RIP 是一个广播发送报文的协议,为与非广播网络交换路由信息,就必须采用定点传送的方式。通常的情况下,我们不建议用户使用该命令,因为对端并不需要一次收到两份相同的报文。

(3) 可指定接口所处理 RIP 报文的版本。

需要注意的是：RIP-1 采用广播形式发送报文；RIP-2 有两种传送方式,广播方式和多播方式,默认将采用多播发送报文。RIP-2 中多播地址为 224.0.0.9。多播发送报文的好处是在同一网络中那些未运行 RIP 的主机可以避免接收 RIP 的广播报文。另外,多播发送报文还可以使运行 RIP-1 的主机避免错误地接收和处理 RIP-2 中带有子网掩码的路由。

当接口运行 RIP-1 时,只接收与发送 RIP-1 与 RIP-2 广播报文,不接收 RIP-2 多播报文。当接口运行在 RIP-2 广播方式时,只接收与发送 RIP-1 与 RIP-2 广播报文,不接收 RIP-2 多播报文;当接口运行在 RIP-2 多播方式时,只接收和发送 RIP-2 多播报文;不接收 RIP-1 与 RIP-2 广播报文。

默认情况下,接口运行 RIP-1 报文,即只能接收与发送 RIP-1 报文。

(4) 可指定 RIP 在接口上的工作状态,如接口上是否运行 RIP,即是否在接口发送和接收 RIP 刷新报文;还可单独指定接口是否发送或者接收更新报文。

在默认情况下,一个接口既可接收 RIP 更新报文,也可发送 RIP 更新报文。

(5) 路由聚合是指:同一自然网段内的不同子网的路由在向外(其他网段)发送时聚合成一条自然掩码的路由发送。路由聚合减少了路由表中的路由信息量,也减少了路由交换的信息量。

RIP-1 只发送自然掩码的路由,即总是以路由聚合形式向外发送路由,关闭路由聚合对 RIP-1 将不起作用。RIP-2 支持无类别路由,当需要将子网的路由广播出去时,可关闭 RIP-2 的路由聚合功能。

默认情况下,允许 RIP-2 进行路由聚合。

(6) RIP-1 不支持报文认证,但当接口运行 RIP-2 时,可进行报文的认证。

RIP-2 支持两种认证方式:明文认证 Simple 和 MD5 密文认证。MD5 密文认证的报文格式有两种:一种遵循 RFC1723(RIP Version 2 Carrying Additional Information)规定;另一种遵循 RFC2083(RIP-2 MD5 Authentication)规定。Cisco-compatible 路由器只支持后一种格式,ZXR10 系列路由器对两种格式的 MD5 认证报文都提供支持。

明文认证不能提供安全保障,未经加密的认证字将随报文一同传送,所以明文认证不能用于安全性要求较高的情况。默认的情况下,接口采用 MD5 认证,若未指定 MD5 认证报文格式的类型,将采用后一种报文格式类型(usual)。

6.3.2　RIP 配置实例

示例一:关于如图 6.4 所示的拓扑结构的配置。

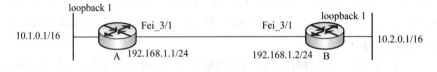

图 6.4　网络拓扑一

A 的配置信息:

```
router rip

network 192.168.1.0

0.0.0.255

network 10.1.0.0

0.0.255.255
```

B 的配置信息：

```
router rip

network 192.168.1.0

0.0.0.255

network 10.2.0.0

0.0.255.255
```

对于图 6.4A 的配置：

```
ZXR10_A(config)♯router rip
ZXR10_A(config-router)♯network 10.1.0.0 0.0.255.255
ZXR10_A(config-router)♯network 192.168.1.0 0.0.0.255
```

对于图 6.4B 的配置：

```
ZXR10_B(config)♯router rip
ZXR10_B(config-router)♯network 10.2.0.0 0.0.255.255
ZXR10_B(config-router)♯network 192.168.1.0 0.0.0.255
```

示例二：关于如图 6.5 所示的拓扑结构的配置。

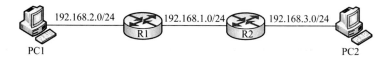

图 6.5　网络拓扑二

串口操作配置：

按照实验图连接好设备。

R1：

ZXR10_R1♯configure terminal	//进入全局配置模式
ZXR10_R1(config)♯interface fei_1/1	//进入端口配置模式
ZXR10_R1(config-if)♯ip adderss 192.168.1.1 255.255.255.0	//将和 R2 连接的端口配上 IP 地址
ZXR10_R1(config-if)♯exit	//退回全局配置模式
ZXR10_R1(config)♯interface fei_0/1	//进入端口配置模式
ZXR10_R1(config-if)♯ip adderss 192.168.2.1 255.255.255.0	//将和 PC1 连接的端口配上 IP 地址
ZXR10_R1(config-if)♯exit	//退回全局配置模式
ZXR10_R1(config)♯router rip	//进入 rip 路由配置模式
ZXR10_R1(config-router)♯network 192.168.1.0 0.0.0.255	

//将和 R2 连接的端口加入 rip 协议中

ZXR10_R1(config-router)♯network 192.168.2.0 0.0.0.255

//将和 PC1 连接的端口加入 rip 协议中

R2：

ZXR10_R2♯configure terminal	//进入全局配置模式
ZXR10_R2(config)♯interface fei_1/1	//进入端口配置模式

ZXR10_R2(config - if)♯ip adderss 192.168.1.2 255.255.255.0 //将和 R1 连接的端口配上 IP 地址

ZXR10_R2(config - if)♯exit　　　　　　　　　　　　　　//退回全局配置模式

ZXR10_R2(config)♯interface fei_0/1　　　　　　　　//进入端口配置模式

ZXR10_R2(config - if)♯ip adderss 192.168.3.1 255.255.255.0 //将和 PC2 连接的端口配上 IP 地址

ZXR10_R2(config - if)♯exit　　　　　　　　　　　　　　//退回全局配置模式

ZXR10_R2(config)♯router rip　　　　　　　　　　　//进入 rip 路由配置模式

ZXR10_R2(config - router)♯network 192.168.1.0 0.0.0.255

//将和 R1 连接的端口加入 rip 协议中

ZXR10_R2(config - router)♯network 192.168.3.0 0.0.0.255

//将和 PC2 连接的端口加入 rip 协议中

6.3.3　RIP 的维护与诊断

对于 RIP 的维护和诊断,我们也可以将其认为是 RIP 配置的一部分。如表 6.3 所示的 RIP 的维护和诊断的相关命令。

表 6.3　RIP 的维护和诊断

命令格式	命令模式	命令功能
show ip rip	用户、特权	显示 RIP 运行的基本信息
show ip rip interface <interface-name>	用户、特权	查看 RIP 接口的现行配置和状态
debug ip rip	特权	跟踪 RIP 的基本收发包过程
debug ip rip database	特权	跟踪 RIP 路由表的变化过程

下面 debug ip rip 命令的调试输出示例:

ZXR10♯debug ip rip

RIP protocol debugging is on

ZXR10♯

11:01:28 : RIP: building update entries

　　　　130.1.0.0/16 via 0.0.0.0,metric 1,tag 0

　　　　130.1.1.0/24 via 0.0.0.0,metric 1,tag 0

　　　　177.0.0.0/9 via 0.0.0.0,metric 1,tag 0

　　　　193.1.168.0/24 via 0.0.0.0,metric 1,tag 0

　　　　197.1.0.0/16 via 0.0.0.0,metric 1,tag 0

　　　　199.2.0.0/16 via 0.0.0.0,metric 1,tag 0

　　　　202.119.8.0/24 via 0.0.0.0,metric 1,tag 0

11:01:28: RIP: sending v2 periodic update to 224.0.0.9 via oc3_3/1 (193.1.1.111)

　　　　130.1.0.0/16 via 0.0.0.0,metric 1,tag 0

　　　　130.1.1.0/24 via 0.0.0.0,metric 1,tag 0

　　　　177.0.0.0/9 via 0.0.0.0,metric 1,tag 0

　　　　193.1.1.0/24 via 0.0.0.0,metric 1,tag 0

11:01:28: RIP: sending v2 periodic update to 193.1.168.95 via fei_1/1 (193.1.168.111)

11:01:28: RIP: sending v2 periodic update to 193.1.168.86 via fei_1/1 (193.1.168.111)

11:01:28: RIP: sending v2 periodic update to 193.1.168.77 via fei_1/1 (193.1.168.111)

11:01:28:RIP:sending v2 periodic update to 193.1.168.68 via fei_1/1 (193.1.168.111)

6.4　实验结果及验证方法

对于 6.3 所讲到的网络拓扑二中,我们有如下验证方法:

ZXR10 – R1♯show ip route

IPv4 Routing Table:

Dest	Mask	Gw	Interface	Owner	pri	metric
192.168.1.0	255.255.255.0	192.168.1.1	fei_1/1	direct	0	0
192.168.1.1	255.255.255.255	192.168.1.1	fei_1/1	address	0	0
192.168.2.0	255.255.255.0	192.168.2.1	fei_0/1	direct	0	0
192.168.2.1	255.255.255.255	192.168.2.1	fei_0/1	address	0	0
192.168.3.0	255.255.255.0	192.168.1.2	fei_1/1	rip	120	2

测试网络互通性,应该是全网互通的。如果不是,请检查您的配置是否与上面的一致。现在我们可以看看 RIP 是怎样发现路由的,在特权模式下打开 RIP 协议调试开关,有如下信息在路由器之间传递,它们完成了路由的交换,并形成新的路由。

ZXR10 – R1♯ debug ip rip all

00:19:36:RIP:building update entries

192.168.2.0/24 via 0.0.0.0,metric 1,tag 0

00:19:36:RIP:Update contains 1 routes

00:19:36:RIP:sending v2 periodic update to 224.0.0.9 via fei_1/1 (192.168.1.1)

192.168.1.0/24 via 0.0.0.0,metric 1,tag 0

192.168.3.0/24 via 0.0.0.0,metric 2,tag 0

从上面的信息可以看到 RIP 协议版本为 version 2,这是中兴 GAR 路由器的默认版本。水平分割默认是打开的。关闭水平分割后,可以查看和上面的 debug 信息有何不同?

ZXR10 – R1 (config – if)♯no ip split – horizon

ZXR10 – R1♯ debug ip rip all

00:35:07:RIP:building update entries

192.168.2.0/24 via 0.0.0.0,metric 1,tag 0

192.168.3.0/24 via 0.0.0.0,metric 2,tag 0

00:35:07:RIP:Update contains 2 routes

00:35:07:RIP:sending v2 periodic update to 224.0.0.9 via fei_1/1 (192.168.1.1)

192.168.1.0/24 via 0.0.0.0,metric 1,tag 0

192.168.3.0/24 via 0.0.0.0,metric 2,tag 0

00:35:07:RIP:Update contains 2 routes

00:35:07:RIP:sending v2 periodic update to 224.0.0.9 via fei_0/1 (192.168.2.1)

在将 R1 和 R2 与 PC 互连的地址改为 192.168.2.1/25 和 192.168.2.129/25 后,关掉自动聚合功能。观察在关掉自动汇聚前后路由表的变化。

ZXR10_R1(config)♯interface fei_0/1

ZXR10_R1(config – if)♯ip adderss 192.168.2.1 255.255.255.128

ZXR10_R1(config – if)♯

ZXR10_R1(config)♯router rip

ZXR10_R1(config‑router)♯ no auto‑summary   //关闭自动汇聚

ZXR10_R1♯ show ip route   //关闭前

IPv4 Routing Table:

Dest	Mask	Gw	Interface	Owner	pri	metric
3.3.3.3	255.255.255.255	3.3.3.3	loopback1	address	0	0
192.168.1.0	255.255.255.0	192.168.1.1	fei_1/1	direct	0	0
192.168.1.1	255.255.255.255	192.168.1.1	fei_1/1	address	0	0
192.168.2.0	255.255.255.128	192.168.2.1	fei_0/1	direct	0	0
192.168.2.1	255.255.255.255	192.168.2.1	fei_0/1	address	0	0

ZXR10_R1♯ show ip route   //关闭后

IPv4 Routing Table:

Dest	Mask	Gw	Interface	Owner	pri	metric
3.3.3.3	255.255.255.255	3.3.3.3	loopback1	address	0	0
192.168.1.0	255.255.255.0	192.168.1.1	fei_1/1	direct	0	0
192.168.1.1	255.255.255.255	192.168.1.1	fei_1/1	address	0	0
192.168.2.0	255.255.255.0	192.168.1.2	fei_1/1	rip	120	3
192.168.2.0	255.255.255.128	192.168.2.1	fei_0/1	direct	0	0
192.168.2.1	255.255.255.255	192.168.2.1	fei_0/1	address	0	0

然后改变协议版本 ZXR10‑R1(config‑router)♯ version 1 并使之生效,并在关闭和启动自动聚合功能下显示路由表信息会发现都没有动态路由产生,知道为什么吗? 因为 version 1 不支持可变长子网掩码,而 192.168.2.1 与 192.168.2.129 属于 C 类地址,自然掩码为 24 位,属于同一网段的地址。大家可以自己做实验试一试。

第7章　路由器的 OSPF 配置

开放最短路由优先协议(Open Shortest Path First,OSPF)。它是 IETF (Internet Engineering Task Force)组织开发的一个基于链路状态的自治系统内部路由协议(IGP),用于在单一自治系统(Autonomous System,AS)内决策路由。在 IP 网络上,它通过收集和传递自治系统的链路状态来动态地发现并传播路由。当前 OSPF 协议使用的是第 2 版,最新的 RFC 是 2328。另外,本章对单区域和多区域路由器的 OSPF 配置进行了阐述。

7.1　实验目的

(1) 了解 OSPF 的区域划分。
(2) 理解环回接口的作用。
(3) 掌握单区域和多区域 OSPF 路由配置方法。

7.2　实验原理

7.2.1　OSPF 协议概述

随着 Internet 技术在全球范围的飞速发展,OSPF 已成为目前 Internet 广域网和 Intranet 企业网采用最多、应用最广泛的路由协议之一。OSPF 路由协议是由 IETF IGP 工作小组提出的,是一种基于 SPF 算法的路由协议,目前使用的 OSPF 协议是其第 2 版,定义于 RFC1247 和 RFC1583。

OSPF 路由协议是一种典型的链路状态(Link-state)的路由协议,一般用于同一个路由域内。在这里,路由域是指一个自治系统(Autonomous System),即 AS,它是指一组通过统一的路由政策或路由协议互相交换路由信息的网络。在这个 AS 中,所有的 OSPF 路由器都维护一个相同的描述这个 AS 结构的数据库,该数据库中存放的是路由域中相应链路的状态信息,OSPF 路由器正是通过这个数据库计算出其 OSPF 路由表的。

作为一种链路状态的路由协议,OSPF 将链路状态广播数据包 LSA(Link State Advertisement)传送给在某一区域内的所有路由器,这一点与距离矢量路由协议不同。运行距离矢量路由协议的路由器是将部分或全部的路由表传递给与其相邻的路由器。

7.2.2　数据包格式

在 OSPF 路由协议的数据包中,其数据包头长为 24 个字节,包含如下 8 个字段:
(1) Version number:定义所采用的 OSPF 路由协议的版本。

（2）Type：定义 OSPF 数据包类型，OSPF 数据包共有五种。

（3）Packet length：定义整个数据包的长度。

（4）Router ID：用于描述数据包的源地址，以 IP 地址来表示。

（5）Area ID：用于区分 OSPF 数据包属于的区域号，所有的 OSPF 数据包都属于一个特定的 OSPF 区域。

（6）Checksum：校验位，用于标记数据包在传递时有无误码。

（7）Authentication type：定义 OSPF 验证类型。

（8）Authentication：包含 OSPF 验证信息，长为 8 个字节。

OSPF 的五种数据包及其概念：

类型 1，问候分组（Hello），用来发现和维持邻接站的可达性。

类型 2，数据库描述分组（Database Description），向临站给自己的链路状态数据库中的所有链路状态项目的摘要信息。

类型 3，链路状态请求分组（Link State Request），向对方请求发送某些链路状态项目的详细信息。

类型 4，链路状态更新分组（Link State Update），对全网更新链路状态。这种分组是最复杂的，也是 OSPF 协议最核心的部分。路由使用这种分组将其链路状态通知给临站。

类型 5，链路状态确认分组（Link State Acknowledge），对链路更新分组的确认。

OSPF 规定，每两个邻接路由每隔一段时间要交换一次问候分组，其他的四种分组都是用来进行链路状态数据库的同步。所谓同步就是指不同路由器的链路状态数据库的内容是一样的。两个同步的路由器称作完全邻接的路由器，不是完全邻接的路由器表明它们虽然在物理上是相邻的，但是其链路状态数据库并没有达到一致。

7.2.3 OSPF 算法

1. SPF 算法及最短路径树

SPF 算法是 OSPF 路由协议的基础。SPF 算法有时也被称为 Dijkstra 算法，这是因为最短路径优先算法 SPF 是 Dijkstra 发明的。SPF 算法将每一个路由器作为根（ROOT）来计算其到每一个目的地路由器的距离，每一个路由器根据一个统一的数据库会计算出路由域的拓扑结构图，该结构图类似于一棵树，在 SPF 算法中，被称为最短路径树。在 OSPF 路由协议中，最短路径树的树干长度，即 OSPF 路由器至每一个目的地路由器的距离，称为 OSPF 的 Cost，其算法为：Cost=100×106/链路带宽。

在这里，链路带宽以 bit/s 来表示。也就是说，OSPF 的 Cost 与链路的带宽成反比，带宽越高，Cost 越小，表示 OSPF 到目的地的距离越近。举例来说，FDDI 或快速以太网的 Cost 为 1，2M 串行链路的 Cost 为 48，10M 以太网的 Cost 为 10 等。

2. 链路状态算法

作为一种典型的链路状态的路由协议，OSPF 还得遵循链路状态路由协议的统一算法。链路状态的算法非常简单，在这里将链路状态算法概括为以下内容：

当路由器初始化或当网络结构发生变化（例如增减路由器，链路状态发生变化等）时，路由器会产生链路状态广播数据包 LSA（Link-State Advertisement），该数据包里包含路由器上所有相连链路，也即为所有端口的状态信息。

所有路由器会通过一种被称为刷新(Flooding)的方法来交换链路状态数据。Flooding 是指路由器将其 LSA 数据包传送给所有与其相邻的 OSPF 路由器,相邻路由器根据其接收到的链路状态信息更新自己的数据库,并将该链路状态信息转送给与其相邻的路由器,直至稳定的一个过程。当网络重新稳定下来,也可以说 OSPF 路由协议收敛下来时,所有的路由器会根据其各自的链路状态信息数据库计算出各自的路由表。该路由表中包含路由器到每一个可到达目的地的 Cost 以及到达该目的地所要转发的下一个路由器(next-hop)。

上述所讲的路由协议收敛实际上是指 OSPF 路由协议的一个特性。当网络状态比较稳定时,网络中传递的链路状态信息是比较少的,或者可以说,当网络稳定时,网络中是比较安静的。这也正是链路状态路由协议区别与距离矢量路由协议的一大特点。

7.2.4　OSPF 的基本特征

前文已经说明了 OSPF 路由协议是一种链路状态的路由协议,为了更好地说明 OSPF 路由协议的基本特征,我们将 OSPF 路由协议与距离矢量路由协议之一的 RIP(Routing Information Protocol)作一比较,归纳为如下几点:

(1) RIP 路由协议中用于表示目的网络远近的唯一参数为跳(HOP),也即到达目的网络所要经过的路由器个数。在 RIP 路由协议中,该参数被限制为最大 15,也就是说 RIP 路由信息最多能传递至第 16 个路由器;对于 OSPF 路由协议,路由表中表示目的网络的参数为 Cost,该参数为一虚拟值,与网络中链路的带宽等相关,也就是说 OSPF 路由信息不受物理跳数的限制。并且,OSPF 路由协议还支持 TOS(Type of Service)路由,因此,OSPF 比较适合应用于大型网络中。

(2) RIP 路由协议不支持变长子网屏蔽码(VLSM),这被认为是 RIP 路由协议不适用于大型网络的又一重要原因。采用变长子网屏蔽码可以在最大限度上节约 IP 地址。OSPF 路由协议对 VLSM 有良好的支持性。

(3) RIP 路由协议路由收敛较慢。RIP 路由协议周期性地将整个路由表作为路由信息广播至网络中,该广播周期为 30 s。在一个较为大型的网络中,RIP 协议会产生很大的广播信息,占用较多的网络带宽资源;并且由于 RIP 协议 30 s 的广播周期,影响了 RIP 路由协议的收敛,甚至出现不收敛的现象。而 OSPF 是一种链路状态的路由协议,当网络比较稳定时,网络中的路由信息是比较少的,并且其广播也不是周期性的,因此 OSPF 路由协议即使是在大型网络中也能够较快地收敛。

(4) 在 RIP 协议中,网络是一个平面的概念,并无区域及边界等的定义。随着无级路由 CIDR 概念的出现,RIP 协议就明显落伍了。在 OSPF 路由协议中,一个网络,或者说是一个路由域可以划分为很多个区域 area,每一个区域通过 OSPF 边界路由器相连,区域间可以通过路由总结(Summary)来减少路由信息,减小路由表,提高路由器的运算速度。

(5) OSPF 路由协议支持路由验证,只有互相通过路由验证的路由器之间才能交换路由信息。并且 OSPF 可以对不同的区域定义不同的验证方式,提高网络的安全性。

(6) OSPF 路由协议对负载分担的支持性能较好。OSPF 路由协议支持多条 Cost 相同的链路上的负载分担,目前一些厂家的路由器支持 6 条链路的负载分担。

7.2.5 区域及区域间路由

开放式最短路径协议是一种内向型自治系统的路由协议,但是,该协议同样能够完成在不同自治系统内收发信息的功能。为了便于管理,开放式最短路径优先协议将一个自治系统划分为多个区域。在自治系统所划分出的各个区域中,区域 0 作为开放式最短路径优先协议工作下的骨干网,该区域负责在不同的区域之间传输路由信息。

前文已经提到过,在 OSPF 路由协议的定义中,可以将一个路由器或者一个自治系统 AS 划分为几个区域。在 OSPF 中,由按照一定的 OSPF 路由法则组合在一起的一组网络或路由器的集合称为区域(AREA)。

在 OSPF 路由协议中,每一个区域中的路由器都按照该区域中定义的链路状态算法来计算网络拓扑结构,这意味着每一个区域都有着该区域独立的网络拓扑数据库及网络拓扑图。对于每一个区域,其网络拓扑结构在区域外是不可见的,同样,在每一个区域中的路由器对其域外的其余网络结构也不了解。这意味着 OSPF 路由域中的网络链路状态数据广播被区域的边界挡住了,这样做有利于减少网络中链路状态数据包在全网范围内的广播,也是 OSPF 将其路由域或一个 AS 划分成很多个区域的重要原因。

随着区域概念的引入,意味着不再是在同一个 AS 内的所有路由器都有一个相同的链路状态数据库,而是路由器具有与其相连的每一个区域的链路状态信息,即该区域的结构数据库,当一个路由器与多个区域相连时,我们称之为区域边界路由器。一个区域边界路由器有自身相连的所有区域的网络结构数据。在同一个区域中的两个路由器有着对该区域相同的结构数据库。而在不同区域交接出的路由器也被称作区域边界路由器(Area Boarder Routers),如果两个区域边界路由器彼此不相邻,虚拟链路可以假设这两个路由器共享同一个非主干区域,从而使这两个路由器看起来是相连的。

我们可以根据 IP 数据包的目的地地址及源地址将 OSPF 路由域中的路由分成两类,当目的地与源地址处于同一个区域中时,称为区域内路由,当目的地与源地址处于不同的区域甚至处于不同的 AS 时,我们称之为域间路由。

在 OSPF 路由协议中存在一个骨干区域(Backbone),该区域包括属于这个区域的网络及相应的路由器,骨干区域必须是连续的,同时也要求其余区域必须与骨干区域直接相连。骨干区域一般为区域 0,其主要工作是在其余区域间传递路由信息。所有的区域,包括骨干区域之间的网络结构情况是互不可见的,当一个区域的路由信息对外广播时,其路由信息是先传递至区域 0(骨干区域),再由区域 0 将该路由信息向其余区域作广播。

在实际网络中,可能会存在 backbone 不连续的或者某一个区域与骨干区域物理不相连的情况,在这两种情况下,系统管理员可以通过设置虚拟链路的方法来解决。

虚拟链路是设置在两个路由器之间,这两个路由器都有一个端口与同一个非骨干区域相连。虚拟链路被认为是属于骨干区域的,在 OSPF 路由协议看来,虚拟链路两端的两个路由器被一个点对点的链路连在一起。在 OSPF 路由协议中,通过虚拟链路的路由信息是作为域内路由来看待的。

下面我们分两种情况来说明虚拟链路在 OSPF 路由协议中的作用:

(1) 一个骨干区域 area 0 必须位于所有区域的中心,其余所有区域必须与骨干区域直接相连。但是,也存在一个区域无法与骨干区域建立物理链路的可能性,在这种情况下,我们可以采用虚拟链路。虚拟链路使该区域与骨干区域间建立一个逻辑联接点,该虚拟链路必须建立在两个区域边界路由器之间,并且其中一个区域边界路由器必须属于骨干区域。

(2) OSPF 路由协议要求骨干区域 area0 必须是连续的,但是,骨干区域也会出现不连续的情况,例如,当我们想把两个 OSPF 路由域混合到一起,并且想要使用一个骨干区域时,或者当某些路由器出现故障引起骨干区域不连续的情况,在这些情况下,我们可以采用虚拟链路将两个不连续的区域 0 连接到一起。这时,虚拟链路的两端必须是两个区域 0 的边界路由器,并且这两个路由器必须都有处于同一个区域的端口。

另外,当一个非骨干区域的区域分裂成两半时,不能采用虚拟链路的方法来解决。当出现这种情况时,分裂出的其中一个区域将被其余的区域作为域间路由来处理。

在 OSPF 路由协议的链路状态数据库中,可以包括 AS 外部链路状态信息,这些信息会通过 flooding 传递到 AS 内的所有 OSPF 路由器上。但是,在 OSPF 路由协议中存在这样一种区域,我们把它称为残域(stub area),AS 外部信息不允许广播进/出这个区域。对于残域来说,访问 AS 外部的数据只能根据默认路由(default-route)来寻址。这样做有利于减小残域内部路由器上的链路状态数据库的大小及存储器的使用,提高路由器计算路由表的速度。

当一个 OSPF 的区域只存在一个区域出口点时,我们可以将该区域配置成一个残域,在这时,该区域的边界路由器会对域内广播默认路由信息。需要注意的是,一个残域中的所有路由器都必须知道自身属于该残域,否则残域的设置没有作用。另外,针对残域还有两点需要注意:一是残域中不允许存在虚拟链路;二是残域中不允许存在 AS 边界路由器。

7.2.6　OSPF 协议路由器及链路状态数据包分类

当一个 AS 划分成几个 OSPF 区域时,根据一个路由器在相应的区域之内的作用,可以将 OSPF 路由器作如下分类:

(1) 内部路由器:当一个 OSPF 路由器上所有直联的链路都处于同一个区域时,我们称这种路由器为内部路由器。内部路由器上仅仅运行其所属区域的 OSPF 运算法则。

(2) 区域边界路由器:当一个路由器与多个区域相连时,我们称之为区域边界路由器。区域边界路由器运行与其相连的所有区域定义的 OSPF 运算法则,具有相连的每一个区域的网络结构数据,并且了解如何将该区域的链路状态信息广播至骨干区域,再由骨干区域转发至其余区域。

(3) AS 边界路由器:AS 边界路由器是与 AS 外部的路由器互相交换路由信息的 OSPF 路由器,该路由器在 AS 内部广播其所得到的 AS 外部路由信息;这样 AS 内部的所有路由器都知道至 AS 边界路由器的路由信息。AS 边界路由器的定义是与前面几种路由器的定义相独立的,一个 AS 边界路由器可以是一个区域内部路由器或是一个区域边界路由器。

(4) 指定路由器-DR:在一个广播性的、多接入的网络(例如,Ethernet、TokenRing 及 FDDI 环境)中,存在一个指定路由器(Designated Router),指定路由器主要在 OSPF 协议中完成如下工作:

① 指定路由器产生用于描述所处的网段的链路数据包—network link,该数据包里包含在该网段上所有的路由器,包括指定路由器本身的状态信息。

② 指定路由器和所有与其处于同一网段上的 OSPF 路由器建立相邻关系。由于 OSPF

路由器之间通过建立相邻关系及以后的 flooding 来进行链路状态数据库是同步的,因此,我们可以说指定路由器处于一个网段的中心地位。需要说明的是,指定路由器 DR 的定义与前面所定义的几种路由器是不同的。DR 的选择是通过 OSPF 的 Hello 数据包来完成的,在 OSPF 路由协议初始化的过程中,会通过 Hello 数据包在一个广播性网段上选出一个 ID 最大的路由器作为指定路由器 DR,并且选出 ID 次大的路由器作为备份指定路由器 BDR,BDR 在 DR 发生故障后能自动替代 DR 的所有工作。当一个网段上的 DR 和 BDR 选择产生后,该网段上的其余所有路由器都只与 DR 及 BDR 建立相邻关系。在这里,一个路由器的 ID 是指向该路由器的标识,一般是指该路由器的环回端口或是该路由器上的最小的 IP地址。

随着 OSPF 路由器种类概念的引入,OSPF 路由协议又对其链路状态广播数据包(LSA)作出了分类。OSPF 将链路状态广播数据包共分成 5 类。

类型 1:又被称为路由器链路信息数据包(Router Link),所有的 OSPF 路由器都会产生这种数据包,用于描述路由器上联接到某一个区域的链路或是某一端口的状态信息。路由器链路信息数据包只会在某一个特定的区域内广播,而不会广播至其他的区域。

在类型 1 的链路数据包中,OSPF 路由器通过对数据包中某些特定数据位的设定,告诉其余的路由器自身是一个区域边界路由器或是一个 AS 边界路由器。并且,类型 1 的链路状态数据包在描述其所联接的链路时,会根据各链路所联接的网络类型对各链路打上链路标识,Link ID。表 7.1 列出了常见的链路类型及链路标识。

表 7.1　链路类型及链路标识

链路类型	具体描述	链路标识
1	用于描述点对点的网络	相邻路由器的路由器标识
2	用于描述至一个广播性网络的链路	DR 的端口地址
3	用于描述至非穿透网络,即 stub 网络的链路	stub 网络的网络号码
4	用于描述虚拟链路	相邻路由器的路由器标识

类型 2:又被称为网络链路信息数据包(Network Link)。网络链路信息数据包是由指定路由器产生的,在一个广播性的、多点接入的网络,例如,以太网、令牌环网及 FDDI 网络环境中,这种链路状态数据包用来描述该网段上所联接的所有路由器的状态信息。

指定路由器 DR 只有在与至少一个路由器建立相邻关系后才会产生网络链路信息数据包,在该数据包中含有对所有已经与 DR 建立相邻关系的路由器的描述,包括 DR 路由器本身。类型 2 的链路信息只会在包含 DR 所处的广播性网络的区域中广播,不会广播至其余的 OSPF 路由区域。

类型 3 和类型 4:类型 3 和类型 4 的链路状态广播在 OSPF 路由协议中又称为总结链路信息数据包(Summary Link),该链路状态广播是由区域边界路由器或 AS 边界路由器产生的。Summary Link 描述的是到某一个区域外部的路由信息,这一个目的地地址必须是同一个 AS 中。Summary Link 也只会在某一个特定的区域内广播。类型 3 与类型 4 两种总结性链路信息的区别在于,类型 3 是由区域边界路由器产生的,用于描述到同一个 AS 中不同区域之间的链路状态;而类型 4 是由 AS 边界路由器产生的,用于描述不同 AS 的链路状态信息。

值得一提的是,只有类型 3 的 Summary Link 才能广播进一个残域,因为在一个残域中不允许存在 AS 边界路由器。残域的区域边界路由器产生一条默认的 Summary Link 对域内广播,从而在其余路由器上产生一条默认路由信息。采用 Summary Link 可以减小残域中路由器的链路状态数据库的大小,进而减少对路由器资源的利用,提高路由器的运算速度。

类型 5:类型 5 的链路状态广播称为 AS 外部链路状态信息数据包。类型 5 的链路数据包是由 AS 边界路由器产生的,用于描述到 AS 外的目的地的路由信息,该数据包会在 AS 中除残域以外的所有区域中广播。一般来说,这种链路状态信息描述的是到 AS 外部某一特定网络的路由信息,在这种情况下,类型 5 的链路状态数据包的链路标识采用的是目的地网络的 IP 地址;在某些情况下,AS 边界路由器可以对 AS 内部广播默认路由信息,在这时,类型 5 的链路广播数据包的链路标识采用的是默认网络号码 0.0.0.0。

7.2.7　OSPF 协议工作过程

OSPF 路由协议针对每一个区域分别运行一套独立的计算法则,对于 ABR 来说,由于一个区域边界路由器同时与几个区域相联,因此一个区域边界路由器上会同时运行几套 OSPF 计算方法,每一个方法针对一个 OSPF 区域。下面对 OSPF 协议运算的全过程作一概括性的描述。

当一个 OSPF 路由器初始化时,首先初始化路由器自身的协议数据库,然后等待低层次协议(数据链路层)提示端口是否处于工作状态。

如果低层协议得知一个端口处于工作状态时,OSPF 会通过其 Hello 协议数据包与其余的 OSPF 路由器建立交互关系。一个 OSPF 路由器向其相邻路由器发送 Hello 数据包,如果接收到某一路由器返回的 Hello 数据包,则在这两个 OSPF 路由器之间建立起 OSPF 交互关系,这个过程在 OSPF 中被称为 adjacency。在广播性网络或是在点对点的网络环境中,OSPF 协议通过 Hello 数据包自动地发现其相邻路由器,在这时,OSPF 路由器将 Hello 数据包发送至一特殊的多点广播地址,该多点广播地址为 ALLSPFRouters。在一些非广播性的网络环境中,我们需要经过某些设置来发现 OSPF 相邻路由器。在多接入的环境中,例如以太网的环境,Hello 协议数据包还可以用于选择该网络中的指定路由器 DR。

一个 OSPF 路由器会与其新发现的相邻路由器建立 OSPF 的 adjacency,并且在一对 OSPF 路由器之间作链路状态数据库的同步。在多接入的网络环境中,非 DR 的 OSPF 路由器只会与指定路由器 DR 建立 adjacency,并且作数据库的同步。OSPF 协议数据包的接收及发送正是在一对 OSPF 的 adjacency 间进行的。

OSPF 路由器周期性地产生与其相联的所有链路的状态信息,有时这些信息也被称为链路状态广播 LSA。当路由器相连接的链路状态发生改变时,路由器也会产生链路状态广播信息,所有这些广播数据是通过 Flood 的方式在某一个 OSPF 区域内进行的。Flooding 算法是一个非常可靠的计算过程,它保证在同一个 OSPF 区域内的所有路由器都具有一个相同的 OSPF 数据库。根据这个数据库,OSPF 路由器会将自身作为根,计算出一个最短路径树,然后,该路由器会根据最短路径树产生自己的 OSPF 路由表。

PF 路由协议通过建立交互关系来交换路由信息,但是并不是所有相邻的路由器会建立 OSPF 交互关系。下面将 OSPF 建立 adjacency 的过程简要介绍一下。

（1）OSPF 协议是通过 Hello 协议数据包来建立及维护相邻关系的，同时也用其来保证相邻路由器之间的双向通信。OSPF 路由器会周期性地发送 Hello 数据包，当这个路由器看到自身被列于其他路由器的 Hello 数据包里时，这两个路由器之间会建立起双向通信。在多接入的环境中，Hello 数据包还用于发现指定路由器 DR，通过 DR 来控制与哪些路由器建立交互关系。

（2）两个 OSPF 路由器建立双向通信之后的第二个步骤是进行数据库的同步，数据库同步是所有链路状态路由协议的最大的共性。在 OSPF 路由协议中，数据库同步关系仅仅在建立交互关系的路由器之间保持。

（3）OSPF 的数据库同步是通过 OSPF 数据库描述数据包（Database Description Packets）来进行的。OSPF 路由器周期性地产生数据库描述数据包，该数据包是有序的，即附带有序列号，并将这些数据包对相邻路由器广播。相邻路由器可以根据数据库描述数据包的序列号与自身数据库的数据作比较，若发现接收到的数据比数据库内的数据序列号大，则相邻路由器会针对序列号较大的数据发出请求，并用请求得到的数据来更新其链路状态数据库。

（4）我们可以将 OSPF 相邻路由器从发送 Hello 数据包，建立数据库同步至建立完全的 OSPF 交互关系的过程分成几个不同的状态。

① Down：这是 OSPF 建立交互关系的初始化状态，表示在一定时间之内没有接收到从某一相邻路由器发送来的信息。在非广播性的网络环境内，OSPF 路由器还可能对处于 Down 状态的路由器发送 Hello 数据包。

② Attempt：该状态仅在 NBMA 环境，例如帧中继、X.25 或 ATM 环境中有效，表示在一定时间内没有接收到某一相邻路由器的信息，但是 OSPF 路由器仍必须通过以一个较低的频率向该相邻路由器发送 Hello 数据包来保持联系。

③ Init：在该状态时，OSPF 路由器已经接收到相邻路由器发送来的 Hello 数据包，但自身的 IP 地址并没有出现在该 Hello 数据包内，也就是说，双方的双向通信还没有建立起来。

④ 2-Way：这个状态可以说是建立交互方式真正的开始步骤。在这个状态，路由器看到自身已经处于相邻路由器的 Hello 数据包内，双向通信已经建立。指定路由器及备份指定路由器的选择正是在这个状态完成的。在这个状态，OSPF 路由器还可以根据其中的一个路由器是否指定路由器或是根据链路是否点对点或虚拟链路来决定是否建立交互关系。

⑤ Exstart：这个状态是建立交互状态的第一个步骤。在这个状态，路由器要决定用于数据交换的初始的数据库描述数据包的序列号，以保证路由器得到的永远是最新的链路状态信息。同时，在这个状态路由器还必须决定路由器之间的主备关系，处于主控地位的路由器会向处于备份地位的路由器请求链路状态信息。

⑥ Exchange：在这个状态，路由器向相邻的 OSPF 路由器发送数据库描述数据包来交换链路状态信息，每一个数据包都有一个数据包序列号。在这个状态，路由器还有可能向相邻路由器发送链路状态请求数据包来请求其相应数据。从这个状态开始，我们说 OSPF 处于 Flood 状态。

⑦ Loading：在 loading 状态，OSPF 路由器会就其发现的相邻路由器的新的链路状态数据及自身的已经过期的数据向相邻路由器提出请求，并等待相邻路由器的回答。

⑧ Full：这是两个 OSPF 路由器建立交互关系的最后一个状态，在这时，建立起交互关系的路由器之间已经完成了数据库同步的工作，它们的链路状态数据库已经一致。

前面描述了 OSPF 路由协议的单个区域中的计算过程。在单个 OSPF 区域中,OSPF 路由协议不会产生更多的路由信息。为了与其余区域中的 OSPF 路由器通信,该区域的边界路由器会产生一些其他的信息对域内广播,这些附加信息描绘了在同一个 AS 中的其他区域的路由信息。具体路由信息交换过程如下:

在 OSPF 的定义中,所有的区域都必须与区域 0 相联,因此每一个区域都必须有一个区域边界路由器与区域 0 相联,这一个区域边界路由器会将其相联接的区域内部结构数据通过 Summary Link 广播至区域 0,也就是广播至所有其他区域的边界路由器。在这时,与区域 0 相联的边界路由器上有区域 0 及其他所有区域的链路状态信息,通过这些信息,这些边界路由器能够计算出至相应目的地的路由,并将这些路由信息广播至与其相联接的区域,以便让该区域内部的路由器找到与区域外部通信的最佳路由。

另外,AS 外部路由也是需要提及的:

一个自治域 AS 的边界路由器会将 AS 外部路由信息广播至整个 AS 中除了残域的所有区域。为了使这些 AS 外部路由信息生效,AS 内部的所有的路由器(除残域内的路由器)都必须知道 AS 边界路由器的位置,该路由信息是由非残域的区域边界路由器对域内广播的,其链路广播数据包的类型为类型 4。

7.3　实验步骤

7.3.1　单区域部分

如图 7.1 所示的单区域的网络拓扑。

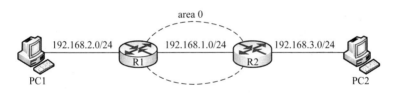

图 7.1　单区域网络拓扑

按照实验图连接好设备。

R1:

ZXR10_R1＃configure terminal	//进入全局配置模式
ZXR10_R1(config)＃interface loopback1	//进入端口配置模式
ZXR10_R1(config-if)＃ip adderss 10.1.1.1 255.255.255.255	//配置 loopback1 地址
ZXR10_R1(config-if)＃exit	//退回全局配置模式
ZXR10_R1(config)＃interface fei_1/1	//进入端口配置模式
ZXR10_R1(config-if)＃ip adderss 192.168.1.1 255.255.255.0	//将和 R2 连接的端口配上 IP 地址
ZXR10_R1(config-if)＃exit	//退回全局配置模式
ZXR10_R1(config)＃interface fei_0/1	//进入端口配置模式
ZXR10_R1(config-if)＃ip adderss 192.168.2.1 255.255.255.0	//将和 PC1 连接的端口配上 IP 地址
ZXR10_R1(config-if)＃exit	//退回全局配置模式
ZXR10_R1(config)＃router ospf 10	//进入 ospf 路由配置模式,进程号为 10
ZXR10_R1(config-router)＃router-id 10.1.1.1	//将 loopback1 配置为 ospf 的 router-id

```
ZXR10_R1(config-router)♯network 192.168.1.0 0.0.0.255 area 0    //将和 R2 连接的端口(可以是
                                                                  端口地址或网段)加入 ospf
                                                                  骨干域 area 0,骨干域为 ospf
                                                                  中必须的
ZXR10_R1(config-router)♯ redistribute connected    //重分布直联路由
```

R2：

和 R1 配置类似,R2 上 loopback1 地址设为 10.1.2.1/32。对照实验图,注意相应端口 IP 地址的变化。

7.3.2 多区域部分

如图 7.2 所示的多区域的网络拓扑。

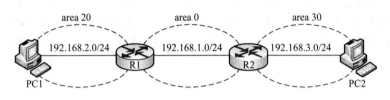

图 7.2　多区域网络拓扑

在上述单区域的基础上,将 R1/R2 和 PC 连接的端口分别加入 ospf area 20/30 中。

R1：

```
ZXR10_R1♯configure terminal                                //进入全局配置模式
ZXR10_R1(config)♯ interface loopback1                      //进入端口配置模式
ZXR10_R1(config-if)♯ip adderss 10.1.1.1 255.255.255.255    //配置 loopback1 地址
ZXR10_R1(config)♯ interface fei_1/1                        //进入端口配置模式
ZXR10_R1(config-if)♯ip adderss 192.168.1.1 255.255.255.0   //将和 R2 连接的端口配上 IP 地址
ZXR10_R1(config-if)♯exit                                   //退回全局配置模式
ZXR10_R1(config)♯ interface fei_0/1                        //进入端口配置模式
ZXR10_R1(config-if)♯ip adderss 192.168.2.1 255.255.255.0   //将和 PC1 连接的端口配上 IP 地址
ZXR10_R1(config-if)♯exit                                   //退回全局配置模式
ZXR10_R1(config)♯ router ospf 10                           //进入 ospf 路由配置模式,进程号为 10
ZXR10_R1(config-router)♯router-id 10.1.1.1                 //将 loopback1 配置为 ospf 的 router-id
ZXR10_R1(config-router)♯network 192.168.1.0 0.0.0.255 area 0    //将和 R2 连接的端口(可以是
                                                                  端口地址或网段)加入 ospf
                                                                  骨干域 area 0,骨干域为
                                                                  ospf 中必须的
ZXR10_R1(config-router)♯network 192.168.2.0 0.0.0.255 area 20   //将和 PC1 连接的端口加入 ospf area 20
```

R2：

和 R1 配置类似,R2 上 loopback1 地址设为 10.1.2.1/32。对照实验图,注意相应端口 IP 地址的变化。和 PC2 连接的端口加入到 ospf area 30 中。

7.4　实验结果及验证方法

在 OSPF 路由协议中,所有的路由信息交换都必须经过验证。在前文所描述的 OSPF

协议数据包结构中,包含有一个验证域及一个 64 位长度的验证数据域,用于特定的验证方式的计算。

OSPF 数据交换的验证是基于每一个区域来定义的,也就是说,当在某一个区域的一个路由器上定义了一种验证方式时,必须在该区域的所有路由器上定义相同的协议验证方式。另外一些与验证相关的参数也可以基于每一个端口来定义,例如当采用单一口令验证时,我们可以对某一区域内部的每一个网络设置不同的口令字。在 OSPF 路由协议的定义中,初始定义了两种协议验证方式,方式 0 及方式 1。

验证方式 0:采用验证方式 0 表示 OSPF 对所交换的路由信息不验证。在 OSPF 的数据包头内 64 位的验证数据位可以包含任何数据,OSPF 接收到路由数据后对数据包头内的验证数据位不作任何处理。

验证方式 1:验证方式 1 为简单口令字验证。这种验证方式是基于一个区域内的每一个网络来定义的,每一个发送至该网络的数据包的包头内都必须具有相同的 64 位长度的验证数据位,也就是说验证方式 1 的口令字长度为 64bits,或者为 8 个字符。

具体的验证方法:

1. 单区域部分

```
ZXR10_R1♯sho ip ospf neighbor          //查看 ospf 邻居关系的建立情况
OSPF Router with ID(10.1.1.1)(Process ID 100)
Neighbor 10.1.2.1
In the area 0.0.0.0
via interface fei_1/1 192.168.1.2
Neighbor is DR
State FULL,priority 1,Cost 1
Queue count:Retransmit 0,DD 0,LS Req 0
Dead time:00:00:37
In Full State for 00:00:35          //FULL 状态表示建立成功
```

注:如果一台路由器没有手工配置 router ID,则系统会从当前接口的 IP 地址中自动选一个。选择的原则如下:如果路由器配置了 loopback 接口,则优选 loopback 接口;如果没有 loopback 接口,则从已经 UP 的物理接口中选择接口 IP 地址最小的一个。对于该原则,大家可以自己在路由器上验证一下。由于自动选举的 Router ID 会随着 IP 地址的变化而改变,这样会干扰协议的正常运行。所以强烈建议:手工指定 Router ID。

```
ZXR10_R1♯ show ip route
IPv4 Routing Table:
```

Dest	Mask	Gw	Interface	Owner	pri	metric
192.168.1.0	255.255.255.0	192.168.1.1	fei_1/1	direct	0	0
192.168.1.1	255.255.255.255	192.168.1.1	fei_1/1	address	0	0
192.168.2.0	255.255.255.0	192.168.2.1	fei_0/1	direct	0	0
192.168.2.1	255.255.255.255	192.168.2.1	fei_0/1	address	0	0
192.168.3.0	255.255.255.0	192.168.1.2	fei_1/1	ospf	110	20

```
ZXR10_R1♯ debug ip ospf adj          //查看 hello 包的收发
OSPF adjacency events debugging is on
03:35:34:OSPF:Rcv hello from 192.168.1.2 area 0.0.0.0 on intf 192.168.1.1
03:35:34:OSPF:End of hello processing
```

03:35:41: OSPF: Send hello to area 0.0.0.0 for all nbrs of intf 192.168.1.1 fei_1/1

　2. 多区域部分

ZXR10_R1#show ip route

IPv4 Routing Table:

Dest	Mask	Gw	Interface	Owner	pri	metric
192.168.1.0	255.255.255.0	192.168.1.1	fei_1/1	direct	0	0
192.168.1.1	255.255.255.255	192.168.1.1	fei_1/1	address	0	0
192.168.2.0	255.255.255.0	192.168.2.1	fei_0/1	direct	0	0
192.168.2.1	255.255.255.255	192.168.2.1	fei_0/1	address	0	0
192.168.3.1	255.255.255.255	192.168.1.2	fei_1/1	ospf	110	2

可以看到和实验一中的路由 metric 值不一样,知道为什么吗? 其他可以参照实验一的验证来做,这里就不再赘述。

第8章　路由器的其他相关操作

了解 FIR、OSPF 的基础上,我们进一步讨论路由器的其他相关操作。还有一些常见常用的路由协议,如 PPP 协议、HDLC 协议、FR 协议、ACL、NAT 等,对于这些,我们需要了解和掌握其基本的原理及配置方法。

8.1　实验目的

(1) 进一步了解路由器配置的其他相关操作,理解巩固 PPP 协议、HDLC 协议、FR 协议、ACL、NAT 等基本原理,了解其在网络中的应用。

(2) 掌握 PPP 协议、HDLC 协议、FR 协议、ACL、NAT 等的数据配置方法。

8.2　实验原理

8.2.1　PPP

PPP(Point-to-Point Protocol)是一个被广泛使用的广域网协议,它实现了跨过同步和异步电路实现路由器到路由器(router-to-router)的点对点连接。点对点协议(PPP)为在点对点连接上传输多协议数据包提供了一个标准方法。PPP 最初设计是为两个对等节点之间的 IP 流量传输提供一种封装协议。在 TCP-IP 协议集中它是一种用来同步调制连接的数据链路层协议(OSI 模式中的第二层),替代了原来非标准的第二层协议,即 SLIP。除了 IP 以外 PPP 还可以携带其他协议,包括 DECnet 和 Novell 的 Internet 包交换(IPX)。

PPP(点到点协议)是为在同等单元之间传输数据包这样的简单链路设计的链路层协议。这种链路提供全双工操作,并按照顺序传递数据包。设计目的主要是用来通过拨号或专线方式建立点对点连接发送数据,使其成为各种主机、网桥和路由器之间简单连接的一种共通的解决方案。

PPP 协议的主要功能如下:

(1) PPP 具有动态分配 IP 地址的能力,允许在连接时刻协商 IP 地址;

(2) PPP 支持多种网络协议,比如 TCP/IP、NetBEUI、NWLINK 等;

(3) PPP 具有错误检测以及纠错能力,支持数据压缩;

(4) PPP 具有身份验证功能;

(5) PPP 可以用于多种类型的物理介质上,包括串口线、电话线、移动电话和光纤(例如 SDH),PPP 也用于 Internet 接入。

PPP 协议的部分组成：

（1）封装：一种封装多协议数据报的方法。PPP 封装提供了不同网络层协议同时在同一链路传输的多路复用技术。PPP 封装精心设计，能保持对大多数常用硬件的兼容性，克服了 SLIP 不足之处的一种多用途、点到点协议，它提供的 WAN 数据链接封装服务类似于 LAN 所提供的封闭服务。所以，PPP 不仅仅提供帧定界，而且提供协议标识和位级完整性检查服务。

（2）链路控制协议：一种扩展链路控制协议，用于建立、配置、测试和管理数据链路连接。

（3）网络控制协议：协商该链路上所传输的数据包格式与类型，建立、配置不同的网络层协议。

（4）配置：使用链路控制协议的简单和自制机制。该机制也应用于其他控制协议，例如：网络控制协议（NCP）。

为了建立点对点链路通信，PPP 链路的每一端，必须首先发送 LCP 包以便设定和测试数据链路。在链路建立，LCP 所需的可选功能被选定之后，PPP 必须发送 NCP 包以便选择和设定一个或更多的网络层协议。一旦每个被选择的网络层协议都被设定好了，来自每个网络层协议的数据报就能在链路上发送了。

链路将保持通信设定不变，直到有 LCP 和 NCP 数据包关闭链路，或者是发生一些外部事件的时候（如，休止状态的定时器期满或者网络管理员干涉）。

（5）应用：假设同样是在 Windows 98，并且已经创建好"拨号连接"。那么可以通过下面的方法来设置 PPP 协议：首先，打开"拨号连接"属性，同样选择"服务器类型"选项卡；然后，选择默认的"PPP：Internet，Windows NT Server，Windows 98"，在高级选项中可以设置该协议其他功能选项；最后，单击"确定"按钮即可。

8.2.2　HDLC

HDLC——面向比特的同步协议：High Level Data Link Control（高级数据链路控制规程）。HDLC 是面向比特的数据链路控制协议的典型代表，该协议不依赖于任何一种字符编码集；数据报文可透明传输，用于实现透明传输的"0 比特插入法"易于硬件实现；全双工通信，有较高的数据链路传输效率；所有帧采用 CRC 检验，对信息帧进行顺序编号，可防止漏收或重份，传输可靠性高；传输控制功能与处理功能分离，具有较大灵活性。

面向比特的协议中最有代表性的是 IBM 的同步数据链路控制规程 SDLC（Synchronous Data Link Control），国际标准化组织 ISO（International Standards Organization）的高级数据链路控制规程 HDLC（High Level Data Link Control），美国国家标准协会（American National Standards Institute）的先进数据通信规程 ADCCP（Advanced Data Communications Control Procedure）。这些协议的特点是所传输的一帧数据可以是任意位，而且它是靠约定的位组合模式，而不是靠特定字符来标志帧的开始和结束，故称"面向比特"的协议。

对于 HDLC，我们需要考虑与研究其帧信息的分段，所有字段都是从最低有效位开始传送，其具体的字段划分如下。

1. SDLC/HDLC 标志字符

SDLC/HDLC 协议规定,所有信息传输必须以一个标志字符开始,且以同一个字符结束。这个标志字符是 01111110,称标志字段(F)。从开始标志到结束标志之间构成一个完整的信息单位,称为一帧(Frame)。所有的信息是以帧的形式传输的,而标志字符提供了每一帧的边界。接收端可以通过搜索"01111110"来探知帧的开头和结束,以此建立帧同步。

2. 地址字段和控制字段

在标志字段之后,可以有一个地址字段 A(Address)和一个控制字段 C(Control)。地址字段用来规定与之通信的次站的地址。控制字段可规定若干个命令。SDLC 规定 A 字段和 C 字段的宽度为 8 位。HDLC 则允许 A 字段可为任意长度,C 字段为 8 位或 16 位。接收方必须检查每个地址字节的第一位,如果为"0",则后边跟着另一个地址字节;若为"1",则该字节就是最后一个地址字节。同理,如果控制字段第一个字节的第一位为"0",则还有第二个控制字段字节,否则就只有一个字节。

3. 信息场

跟在控制字段之后的是信息字段(Information)。信息字段包含有要传送的数据,亦称为数据字段。并不是每一帧都必须有信息字段。即信息字段可以为 0,当它为 0 时,则这一帧主要是控制命令。

4. 帧校验字段

紧跟在信息字段之后的是两字节的帧校验字段,帧校验字段称为 FC(Frame Check)字段,校验序列 FCS(Frame check Sequence)。SDLC/HDLC 均采用 16 位循环冗余校验码 CRC(Cyclic Redundancy Code),其生成多项式为 CCITT 多项式 $X^{16} + X^{12} + X^5 + 1$。除了标志字段和自动插入的"0"位外,所有的信息都参加 CRC 计算。CRC 的编码器在发送码组时为每一码组加入冗余的监督码位。接收时译码器可对在纠错范围内的错码进行纠正,对在校错范围内的错码进行校验,但不能纠正。超出校、纠错范围之外的多位错误将不可能被校验发现。

8.2.3　FR

帧中继(Frame-Relay)是在 X.25 技术基础之上发展起来的一种快速分组交换技术。相对于 X.25 协议,帧中继只完成链路层核心的功能,简单而高效。

帧中继网络提供了用户设备(如路由器和主机等)之间进行数据通信的能力,用户设备被称作数据终端设备(即 DTE);为用户设备提供接入的设备,属于网络设备,被称为数据电路终接设备(即 DCE)。帧中继网络既可以是公用网络或者是某一企业的私有网络,也可以是数据设备之间直接连接构成的网络。

帧中继也是一种统计复用协议,它在单一物理传输线路上能够提供多条虚电路。每条虚电路用数据链路连接标识 DLCI(Data Link Connection Identifier)来标识。通过帧中继帧中地址字段的 DLCI,可区分出该帧属于哪一条虚电路。DLCI 只在本地接口和与之直接相连的对端接口有效,不具有全局有效性,即在帧中继网络中,不同物理接口上相同的 DLCI 并不表示是同一个虚连接。帧中继网络用户接口上最多可支持 1 024 条虚电路,其中用户可用的 DLCI 范围是 16～1007。由于帧中继虚电路是面向连接的,本地不同的 DLCI 连接到不同的对端设备,所以可认为本地 DLCI 就是对端设备的"帧中继地址"。

帧中继地址映射是把对端设备的协议地址与对端设备的帧中继地址(本地的 DLCI)关联起来,以便高层协议能通过对端设备的协议地址寻址到对端设备。帧中继主要用来承载 IP 协议,在发送 IP 报文时,由于路由表只知道报文的下一跳地址,所以发送前必须由该地址确定它对应的 DLCI。这个过程可以通过查找帧中继地址映射表来完成,因为地址映射表中存放的是对端 IP 地址和下一跳的 DLCI 的映射关系。地址映射表可以由手工配置,也可以由 Inverse ARP 协议动态维护。

8.2.4　ACL

访问控制列表(Access Control List,ACL)是路由器和交换机接口的指令列表,用来控制端口进出的数据包。ACL 适用于所有的被路由协议,如 IP、IPX、AppleTalk 等。

信息点间通信和内外网络的通信都是企业网络中必不可少的业务需求,为了保证内网的安全性,需要通过安全策略来保障非授权用户只能访问特定的网络资源,从而达到对访问进行控制的目的。简而言之,ACL 可以过滤网络中的流量,是控制访问的一种网络技术手段。

配置 ACL 后,可以限制网络流量,允许特定设备访问,指定转发特定端口数据包等。如可以配置 ACL,禁止局域网内的设备访问外部公共网络,或者只能使用 FTP 服务。ACL 既可以在路由器上配置,也可以在具有 ACL 功能的业务软件上进行配置。

ACL 是物联网中保障系统安全性的重要技术,在设备硬件层安全基础上,通过对在软件层面对设备间通信进行访问控制,使用可编程方法指定访问规则,防止非法设备破坏系统安全,非法获取系统数据。

目前有三种主要的 ACL:标准 ACL、扩展 ACL 及命名 ACL。其他的还有标准 MAC ACL、时间控制 ACL、以太协议 ACL、IPv6 ACL 等。

标准的 ACL 使用 1~99 以及 1 300~1 999 之间的数字作为表号,扩展的 ACL 使用 100~199 以及 2 000~2 699 之间的数字作为表号。

标准 ACL 可以阻止来自某一网络的所有通信流量,或者允许来自某一特定网络的所有通信流量,或者拒绝某一协议族(比如 IP)的所有通信流量。

扩展 ACL 比标准 ACL 提供了更广泛的控制范围。例如,网络管理员如果希望做到"允许外来的 Web 通信流量通过,拒绝外来的 FTP 和 Telnet 等通信流量",那么,他可以使用扩展 ACL 来达到目的,标准 ACL 不能控制这么精确。

在标准与扩展访问控制列表中均要使用表号,而在命名访问控制列表中使用一个字母或数字组合的字符串来代替前面所使用的数字。使用命名访问控制列表可以用来删除某一条特定的控制条目,这样可以让我们在使用过程中方便地进行修改。在使用命名访问控制列表时,要求路由器的 IOS 在 11.2 以上的版本,并且不能以同一名字命名多个 ACL,不同类型的 ACL 也不能使用相同的名字。

随着网络的发展和用户要求的变化,从 IOS 12.0 开始,思科(Cisco)路由器新增加了一种基于时间的访问列表。通过它,可以根据一天中的不同时间,或者根据一星期中的不同日期,或二者相结合来控制网络数据包的转发。这种基于时间的访问列表,就是在原来的标准访问列表和扩展访问列表中,加入有效的时间范围来更合理有效地控制网络。首先定义一个时间范围,然后在原来的各种访问列表的基础上应用它。

基于时间访问列表的设计中,用 time-range 命令来指定时间范围的名称,然后用 absolute 命令,或者一个或多个 periodic 命令来具体定义时间范围。

ACL 的基本作用如下:

ACL 可以限制网络流量、提高网络性能。例如,ACL 可以根据数据包的协议,指定数据包的优先级。

ACL 提供对通信流量的控制手段。例如,ACL 可以限定或简化路由更新信息的长度,从而限制通过路由器某一网段的通信流量。

ACL 是提供网络安全访问的基本手段。ACL 允许主机 A 访问人力资源网络,而拒绝主机 B 访问。

ACL 可以在路由器端口处决定哪种类型的通信流量被转发或被阻塞。例如,用户可以允许 E-mail 通信流量被路由,拒绝所有的 Telnet 通信流量。

例如:某部门要求只能使用 WWW 这个功能,就可以通过 ACL 实现;又例如,为了某部门的保密性,不允许其访问外网,也不允许外网访问它,就可以通过 ACL 实现。

ACL 在使用过程中,应该遵守下列原则:

(1) 每种协议一个 ACL:要控制接口上的流量,必须为接口上启用的每种协议定义相应的 ACL。

(2) 每个方向一个 ACL:一个 ACL 只能控制接口上一个方向的流量。要控制入站流量和出站流量,必须分别定义两个 ACL。

(3) 每个接口一个 ACL:一个 ACL 只能控制一个接口(例如快速以太网 0/0)上的流量。

ACL 的编写可能相当复杂而且极具挑战性。每个接口上都可以针对多种协议和各个方向进行定义。示例中的路由器有两个接口配置了 IP、AppleTalk 和 IPX。该路由器可能需要 12 个不同的 ACL—协议数(3)乘以方向数(2),再乘以端口数(2)。

8.2.5　NAT

网络地址转换(Network Address Translation,NAT)是 1994 年提出的。当在专用网内部的一些主机本来已经分配到了本地 IP 地址(即仅在本专用网内使用的专用地址),但现在又想和 Internet 上的主机通信(并不需要加密)时,可使用 NAT 方法。

这种方法需要在专用网连接到 Internet 的路由器上安装 NAT 软件。装有 NAT 软件的路由器称作 NAT 路由器,它至少有一个有效的外部全球 IP 地址。这样,所有使用本地地址的主机在和外界通信时,都要在 NAT 路由器上将其本地地址转换成全球 IP 地址,才能和 Internet 连接。

另外,这种通过使用少量的公有 IP 地址代表较多的私有 IP 地址的方式,将有助于减缓可用的 IP 地址空间的枯竭。在 RFC1632 中有对 NAT 的说明。

NAT 不仅能解决了 IP 地址不足的问题,而且还能够有效地避免来自网络外部的攻击,隐藏并保护网络内部的计算机。

(1) 宽带分享:这是 NAT 主机的最大功能。

(2) 安全防护:NAT 之内的 PC 联机到 Internet 上面时,他所显示的 IP 是 NAT 主机的公共 IP,所以 Client 端的 PC 当然就具有一定程度的安全了,外界在进行 portscan(端口扫描)的时候,就侦测不到源 Client 端的 PC。

NAT 的实现方式有三种,即静态转换 Static Nat、动态转换 Dynamic Nat 和端口多路复用 OverLoad。

静态转换是指将内部网络的私有 IP 地址转换为公有 IP 地址,IP 地址对是一对一的,是一成不变的,某个私有 IP 地址只转换为某个公有 IP 地址。借助于静态转换,可以实现外部网络对内部网络中某些特定设备(如服务器)的访问。

动态转换是指将内部网络的私有 IP 地址转换为公用 IP 地址时,IP 地址是不确定的,是随机的,所有被授权访问上 Internet 的私有 IP 地址可随机转换为任何指定的合法 IP 地址。也就是说,只要指定哪些内部地址可以进行转换,以及用哪些合法地址作为外部地址时,就可以进行动态转换。动态转换可以使用多个合法外部地址集。当 ISP 提供的合法 IP 地址略少于网络内部的计算机数量时,可以采用动态转换的方式。

端口多路复用(Port Address Translation,PAT)是指改变外出数据包的源端口并进行端口转换,即端口地址转换。采用端口多路复用方式。内部网络的所有主机均可共享一个合法外部 IP 地址实现对 Internet 的访问,从而可以最大限度地节约 IP 地址资源。同时,又可隐藏网络内部的所有主机,有效避免来自 Internet 的攻击。因此,目前网络中应用最多的就是端口多路复用方式。

ALG(Application Level Gateway),即应用程序级网关技术:传统的 NAT 技术只对 IP 层和传输层头部进行转换处理,但是一些应用层协议,在协议数据报文中包含了地址信息。为了使得这些应用也能透明地完成 NAT 转换,NAT 使用一种称作 ALG 的技术,它能对这些应用程序在通信时所包含的地址信息也进行相应的 NAT 转换。例如:对于 FTP 协议的 PORT/PASV 命令、DNS 协议的"A"和"PTR"queries 命令和部分 ICMP 消息类型等都需要相应的 ALG 来支持。

如果协议数据报文中不包含地址信息,则很容易利用传统的 NAT 技术来完成透明的地址转换功能,通常我们使用的如下应用就可以直接利用传统的 NAT 技术:HTTP、TELNET、FINGER、NTP、NFS、ARCHIE、RLOGIN、RSH 和 RCP 等。

8.3 实验步骤

8.3.1 PPP 协议配置

路由器 R1 和 R2 的 E1 接口相连,封装 PPP 协议,采用 CHAP 认证方式。网络拓扑如图 8.1 所示。

图 8.1 PPP 配置网络拓扑

具体配置过程如下:

R1 和 R2 的配置相同,下面以 R1 为例。

```
R1>enable                          //在用户模式下输入 enable
Password:                          //输入密码 zte
R1#
R1#config t
```

```
Enter configuration commands,one per line.   End with CTRL/Z.
R1(config)#
R1(config)#controller ce1_2/3                        //进入 ce1 配置模式下
R1(config-control)#channel-group 1 timeslots 1-31    //配置时隙
R1(config-control)#framing frame                     //配置 E1 的帧格式
R1(config-control)#exit
R1(config)#interface ce1_2/3.1                        //进入子接口
R1(config-subif)#ip address 100.1.1.1 255.255.255.0  //配置接口地址
R1(config-subif)#encapsulation ?
frame-relay       Frame Relay networks
hdlc              Serial HDLC synchronous
ppp               Point-to-Point Protocol
x.25              X.25 networks
R1(config-subif)#encapsulation ppp                   //封装 ppp
R1(config-subif)#ppp authentication ?
chap      Challenge handshake authentication protocol
mode      PPP authentication mode
pap       Password authentication protocol
server    PPP radius server
R1(config-subif)#ppp authentication chap             //配置 ppp 认证模式为 chap
R1(config-subif)#ppp chap hostname zte               //配置认证的用户名 zte
R1(config-subif)#ppp chap password zte               //配置认证的密码 zte
R1(config-subif)#exit
```

8.3.2　HDLC 网络配置

R1 和 R2 通过 E1 接口对接,对 E1 接口进行 HDLC 封装。具体网络拓扑如图 8.2 所示。

图 8.2　HDLC 配置网络拓扑

具体配置过程如下:

按照实验拓扑连接好设备,R1 和 R2 配置类似,下面以 R1 为例。

R1:

```
ZXR10_R1#configure terminal                          //进入全局配置模式
ZXR10-R1(config)#controller ce1_2/3                  //进入 E1 controller 配置模式
ZXR10-R1(config-control)#framing frame               //配置 E1 接口为成帧方式
ZXR10-R1(config-control)#channel-group 1 timeslots 1-31   //配置 E1 接口的通道号和时隙
ZXR10-R1(config-control)#exit                         //退回全局配置模式
ZXR10-R1(config)#interface ce1_2/3.1                 //进入子接口配置模式
ZXR10-R1(config-subif)#ip address 10.1.1.1 255.255.255.0  //配置接口的 IP 地址
ZXR10-R1(config-subif)#keepalive 20                  //配置保活
ZXR10-R1(config-subif)#encapsulation hdlc            //配置接口二层协议封装
ZXR10-R1(config-subif)#exit                          //退回全局配置模式
```

注:当对端设备不支持保活机制时,只要在 GAR 上配置 no keepalive 即可。

8.3.3 FR 配置

R1 和 R2 通过 E1 接口对接,对 E1 接口进行 FR 封装。具体网络拓扑如图 8.3 所示。

图 8.3 FR 配置网络拓扑

具体配置过程如下:

1. 实验一(帧中继点到点模式)

按照实验图连接好设备,R1 和 R2 配置如下。

R1:

```
ZXR10-R1(config)#controller ce1_2/3                          //进入 E1 controller 配置模式
ZXR10-R1(config-control)#framing frame                      //配置 E1 接口为成帧方式
ZXR10-R1(config-control)#channel-group 1 timeslots 1-31     //配置 E1 接口的通道号和时隙
ZXR10-R1(config-control)#exit                               //退回到全局配置模式
ZXR10-R1(config)#interface ce1_2/3.1                        //进入接口配置模式
ZXR10-R1(config-if)#encapsulation frame-relay              //配置接口二层协议封装
ZXR10-R1(config-if)#frame-relay intf-type dce              //设置帧中继设备类型,默认为 DTE
ZXR10-R1(config-if)#ip address 20.1.1.1 255.255.255.0      //配置接口的 IP 地址
ZXR10-R1(config-if)#frame-relay interface-dlci 100         //定义接口 DLCI
ZXR10-R2(config-if)#exit
```

R2:

```
ZXR10-R2(config)#controller ce1_2/3
ZXR10-R2(config-control)#framing frame
ZXR10-R2(config-control)#channel-group 1 timeslots 1-31
ZXR10-R2(config-control)#exit
ZXR10-R2(config)#interface ce1_2/3.1
ZXR10-R2(config-if)#encapsulation frame-relay
ZXR10-R2(config-if)#frame-relay interface-dlci 100
ZXR10-R2(config-if)#ip address 20.1.1.2 255.255.255.0
ZXR10-R2(config-if)#exit
```

2. 实验二(帧中继点到多点模式)

R1:

```
ZXR10-R1(config)#controller ce1_2/3                          //进入 E1 controller 配置模式
ZXR10-R1(config-control)#framing frame                      //配置 E1 接口为成帧方式
ZXR10-R1(config-control)#exit
ZXR10-R1(config)#interface ce1_2/3.1                        //进入接口配置模式
ZXR10-R1(config-if)#encapsulation frame-relay              //配置接口帧中继封装
ZXR10-R1(config-if)#frame-relay intf-type dce              //设置帧中继设备类型,默认为 DTE
ZXR10-R1(config-if)#frame-relay interface-mode point-multipoint   //定义帧中继的接口模式为点到多点
ZXR10-R1(config-if)#ip address 20.1.1.1 255.255.255.0      //配置接口的 IP 地址
ZXR10-R1(config-if)#frame-relay map ip 20.1.1.2 100        //配置对端 IP 与本地 DLCI 映射
ZXR10-R2(config-if)#exit
```

R2：

ZXR10-R2(config)♯controller ce1_2/3

ZXR10-R2(config-control)♯framing frame

ZXR10-R2(config-control)♯channel-group 1 timeslots 1-31

ZXR10-R2(config-control)♯exit

ZXR10-R2(config)♯interface ce1_2/3.1

ZXR10-R2(config-if)♯encapsulation frame-relay

ZXR10-R2(config-if)♯frame-relay interface-mode point-multipoint

ZXR10-R2(config-if)♯frame-relay intf-type dte

ZXR10-R2(config-if)♯ip address 20.1.1.2 255.255.255.0

ZXR10-R2(config-if)♯frame-relay map ip 20.1.1.1 100

ZXR10-R2(config-if)♯exit

8.3.4　ACL 分类配置

路由器通过百兆口和 2 台 PC 对接,配置互联地址,具体网络拓扑如图 8.4 所示。

图 8.4　ACL 配置网络拓扑

具体配置过程如下:

关于 ACL 有 3 个独立的实验,再进行下一个实验时,应删除上一个实验的配置。

1. 实验一　标准 ACL 实验

按照实验图连接好设备,GAR 配置如下:

步骤 1:配置互联地址

ZXR10(config)♯interface fei_1/1

ZXR10(config-if)♯ip address 10.1.1.1 255.255.255.0

ZXR10(config-if)♯exit

ZXR10(config)♯interface fei_0/1

ZXR10(config-if)♯ip address 10.1.2.1 255.255.255.0

ZXR10(config-if)♯exit

步骤 2:配置标准 ACL,禁止 PC1 的网段发起访问

ZXR10(config)♯ip access-list standard 10

ZXR10(config-std-nacl)♯deny 10.1.1.0 0.0.0.255　　　　//拒绝原地址是 10.1.1.0 的网段

ZXR10(config-std-nacl)♯exit

步骤 3:应用到接口

ZXR10(config)♯interface fei_1/1

ZXR10(config-if)♯ip access-group 10 in　　　　//应用到接口后 ACL 才生效

ZXR10(config-if)♯exit

ZXR10(config)♯

2. 实验二　扩展 ACL 实验

步骤 1：配置互联地址

ZXR10(config)# interface fei_1/1

ZXR10(config-if)# ip address 10.1.1.1 255.255.255.0

ZXR10(config-if)# exit

ZXR10(config)# interface fei_0/1

ZXR10(config-if)# ip address 10.1.2.1 255.255.255.0

ZXR10(config-if)# exit

步骤 2：配置扩展 ACL，只允许 PC1 访问 PC2 的 FTP 服务

ZXR10(config)# ip access-list extended 100

ZXR10(config-ext-nacl)# permit tcp 10.1.1.0 0.0.0.255 10.1.2.0 0.0.0.255 eq ftp

//扩展 ACL，拒绝源地址段是 10.1.1.0，目的地址段是 10.1.2.0，目的端口号为 ftp(21)

ZXR10(config-ext-nacl)# deny ip any any 　　//由于有隐式拒绝规则存在，这条可以省略

ZXR10(config-ext-nacl)# exit

步骤 3：应用到接口

ZXR10(config)# interface fei_1/1

ZXR10(config-if)# ip access-group 100 in 　　//应用到接口后，ACL 才能生效

ZXR10(config-if)# exit

ZXR10(config)#

3. 实验三　ACL 应用到服务

ACL 作为过滤数据包，只是它的作用之一，本实验演示了 ACL 的一个其他应用。另外，在 NAT 实验中，还将使用到 ACL。

按照实验图连接好设备，GAR 配置如下：

步骤 1：配置互联地址

ZXR10(config)# interface fei_1/1

ZXR10(config-if)# ip address 10.1.1.1 255.255.255.0

ZXR10(config-if)# exit

ZXR10(config)# interface fei_0/1

ZXR10(config-if)# ip address 10.1.2.1 255.255.255.0

ZXR10(config-if)# exit

ZXR10(config)# username zte password zte 　　　　//配置 telnet 的用户账户

步骤 2：配置 ACL

ZXR10(config)# ip access-list standard 20

ZXR10(config-std-nacl)# permit 10.1.2.0 0.0.0.255 　　//允许源地址是 10.1.2.0 网段，隐式
　　　　　　　　　　　　　　　　　　　　　　　　　　　　　　拒绝其他所有的

步骤 3：应用到 Telnet 服务

ZXR10(config-std-nacl)# exit

ZXR10(config)# line telnet access-class 20 　　　　//应用到 telnet 服务

ZXR10(config)#

8.3.5　NAT 配置

路由器通过百兆口和 2 台 PC 对接，配置互联地址，具体网络拓扑如图 8.5 所示。

图 8.5　NAT 配置网络拓扑

具体配置过程如下：

步骤一：按图搭建实验环境，配置互联地址。fei_1/1 为 inside，fei_0/1 为 outside

ZXR10(config)♯ip nat start　　　　　　　　//配置 NAT 前，先打开 NAT 功能

ZXR10(config)♯interface fei_1/1

ZXR10(config-if)♯ip address 10.1.1.1 255.255.255.0

ZXR10(config-if)♯ip nat inside　　　　　　//配置为内网接口

ZXR10(config-if)♯exit

ZXR10(config)♯interface fei_0/1

ZXR10(config-if)♯ip address 10.1.2.1 255.255.255.0

ZXR10(config-if)♯ip nat outside　　　　　　//配置为外网接口

ZXR10(config-if)♯exit

步骤二：分别配置以下类型的 NAT，注意进行新的实验时删除上一个实验的 NAT 配置，删除的步骤和配置的步骤相反（见下页说明）。

① 配置静态一对一的 NAT：10.1.1.2 → 20.1.1.2

ZXR10(config)♯ip nat inside source static 10.1.1.2 20.1.1.2　　　//定义 NAT 规则

② 配置动态一对一的 NAT：10.1.1.0/24 → 20.1.1.2-254/24

ZXR10(config)♯ip nat pool p1 20.1.1.2 20.1.1.254 prefix-length 24　　//定义地址池

ZXR10(config)♯ip access-list standard 10　　　　　　//定义允许做访问列表的用户网段

ZXR10(config-std-nacl)♯permit 10.1.1.0 0.0.0.255

ZXR10(config-std-nacl)♯exit

ZXR10(config)♯ip nat inside source list 10 pool p1　　　　　　　　//定义 NAT 规则

③ 配置动态多对多的 NAT(overload)：10.1.1.0/25 → 20.1.1.2-10/25

ZXR10(config)♯ip nat pool p1 20.1.1.2 20.1.1.10 prefix-length 24

ZXR10(config)♯ip access-list standard 10

ZXR10(config-std-nacl)♯permit 10.1.1.0 0.0.0.255

ZXR10(config-std-nacl)♯exit

ZXR10(config)♯ip nat inside source list 10 pool p1 overload　//overload 是指公网地址可被复用

④ 配置动态多对一的 NAT(PAT)：10.1.1.0/25 → 20.1.1.20-20/25

ZXR10(config)♯ip nat pool p1 20.1.1.20 20.1.1.20 prefix-length 24

ZXR10(config)♯ip access-list standard 10

ZXR10(config-std-nacl)♯permit 10.1.1.0 0.0.0.255

ZXR10(config-std-nacl)♯exit

ZXR10(config)♯ip nat inside source list 10 pool p1 overload

说明

因为要进行多次 NAT 实验，不可避免要删除部分 NAT 配置，完整的删除 NAT 配置时需按照以下步骤（本次实验一般用到前 2 个步骤即可）。

（1）首先删除 NAT 规则，即 ip nat inside source 命令

ZXR10(config)♯no ip nat inside source static 10.1.1.2 20.1.1.2   //删除静态 NAT 规则

ZXR10(config)♯no ip nat inside source list 10 pool p1   //删除动态 NAT 规则

（2）其次删除 ip pool

ZXR10(config)♯no ip nat pool p1

（3）然后删除 ACL

ZXR10(config)♯no ip access-list standard 10

（4）删除 inside，outside

ZXR10(config)♯interface fei_1/1

ZXR10(config-if)♯no ip nat inside

ZXR10(config-if)♯exit

ZXR10(config)♯interface fei_0/1

ZXR10(config-if)♯no ip nat outside

ZXR10(config-if)♯exit

（5）最后关闭 NAT 功能

ZXR10(config)♯ip nat stop

8.4　实验结果及验证方法

1. 关于 PPP 的结果及验证方法

R2 做相关配置后，在 R1 上观察接口状态

R1♯show ip int brief   //检查接口的状态

Interface	IP-Address	Mask	AdminStatus	PhyStatus	Protocol
serial_1/1	unassigned	unassigned	up	down	down
serial_1/2	unassigned	unassigned	up	down	down
serial_1/3	unassigned	unassigned	up	down	down
serial_1/4	unassigned	unassigned	up	down	down
fei_0/1	unassigned	unassigned	up	down	down
ce1_2/3.1	100.1.1.1	255.255.255.0	up	up	up

可以观察到 ce1_2/3.1 的物理状态和协议状态都是 UP，说明两个路由器 PPP 协商成功。

另外还可以在 R1 上 ping 通 R2 接口地址，说明链路层 PPP 协议工作正常。

R1♯ping 100.1.1.2

sending 5,100-byte ICMP echos to 100.1.1.2,timeout is 2 seconds

!!!!!

Success rate is 100 percent(5/5),round-trip min/avg/max = 0/8/20 ms

2. 关于 HDLC 的结果及验证方法

R2 做相关配置后，在 R1 上观察接口状态

R1♯show ip int brief   //检查接口的状态

Interface	IP-Address	Mask	AdminStatus	PhyStatus	Protocol
serial_1/1	unassigned	unassigned	up	down	down

serial_1/2	unassigned	unassigned	up	down	down
serial_1/3	unassigned	unassigned	up	down	down
serial_1/4	unassigned	unassigned	up	down	down
fei_0/1	unassigned	unassigned	up	down	down
ce1_2/3.1	10.1.1.1	255.255.255.0	up	up	up

可以观察到 ce1_2/3.1 的物理状态和协议状态都是 UP,说明两个路由器 HDLC 协商成功。

另外还可以在 R1 上 ping 通 R2 接口地址,说明链路层 HDLC 协议工作正常。

R1♯ping10.1.1.2

sending 5,100-byte ICMP echos to10.0.1.1.2,timeout is 2 seconds

!!!!!

Success rate is 100 percent(5/5),round-trip min/avg/max = 0/8/20 ms

3. 关于 FR 的结果及验证方法

R2 做相关配置后,在 R1 上观察接口状态

R1♯ show ip int brief   //检查接口的状态

Interface	IP-Address	Mask	AdminStatus	PhyStatus	Protocol
serial_1/1	unassigned	unassigned	up	down	down
serial_1/2	unassigned	unassigned	up	down	down
serial_1/3	unassigned	unassigned	up	down	down
serial_1/4	unassigned	unassigned	up	down	down
fei_0/1	unassigned	unassigned	up	down	down
ce1_2/3.1	20.1.1.1	255.255.255.0	up	up	up

可以观察到 ce1_2/3.1 的物理状态和协议状态都是 UP,说明两个路由器 FR 协商成功。

另外还可以在 R1 上 ping 通 R2 接口地址,说明链路层 FR 协议工作正常。

R1♯ping20.1.1.2

sending 5,100-byte ICMP echos to20.1.1.2,timeout is 2 seconds

!!!!!

Success rate is 100 percent(5/5),round-trip min/avg/max = 0/8/20 ms

4. 关于 ACL 的结果及验证方法

(1)实验一   标准 ACL 实验

步骤 1,2 完成后,PC1 和 PC2 配置相应网段的地址,可以互相 ping 通,可以互相访问任何服务,如文件共享、FTP 等;

步骤 3 完成后,PC1 和 PC2 不能互相 ping 通,不能互相访问任何服务。

(2)实验二   扩展 ACL 实验

步骤 1,2 完成后,PC1 和 PC2 配置相应网段的地址,可以互相 ping 通,PC1 可以访问 PC2 的 FTP 服务;

步骤 3 完成后,PC1 和 PC2 不能互相 ping 通,但 PC1 仍然可以访问 PC2 的 FTP 服务。

(3)实验三   ACL 应用到服务

步骤 1,2 完成后,PC1 和 PC2 都可以 telnet 到路由器上;

步骤 3 完成后,只有 PC2 能 telnet 到路由器上,而 PC1 不能。

5. 关于 NAT 的结果及验证方法

(1) 配置静态一对一的 NAT:10.1.1.2 → 20.1.1.2

PC1 可以 ping 通 PC2 的地址 10.1.2.2,PC2 可以 ping 通 PC1 的公网地址 20.1.1.2

show ip nat translations 可以看到以下转换条目

```
ZXR10＃show ip nat translations
Pro        Inside global        Inside local      TYPE
---          20.1.1.2             10.1.1.2        S/-
```

(2) 配置动态一对一的 NAT:10.1.1.0/24 → 20.1.1.2-254/24

① PC1 可以 ping 通 PC2 的地址 10.1.2.2,PC2 可以 ping 通 PC1 的公网地址 20.1.1.2;

② show ip nat translations 可以看到转换条目;

③ 改变 PC1 的 IP 地址,可以看到产生新的转换条目。

(3) 配置动态多对多的 NAT(overload):10.1.1.0/25 → 20.1.1.2-10/25

① PC1 可以 ping 通 PC2 的地址 10.1.2.2;

② show ip nat translations 可以看到转换条目;

③ 改变 PC1 的 IP 地址,可以看到产生新的转换条目。

(4) 配置动态多对一的 NAT(PAT):10.1.1.0/25 → 20.1.1.20-20/25

① 修改 PC1 的 IP,观察 NAT 表变化;

② PC1 可以 ping 通 PC2 的地址 10.1.2.2;

③ show ip nat translations 可以看到转换条目;

④ 改变 PC1 的 IP 地址,可以看到产生新的转换条目。

第9章 多线程和简单聊天室制作

本章将介绍多线程程序的编写,并利用多线程技术创建一个图形界面的网络聊天室程序。

9.1 实验目的

(1) 掌握多线程编程的基本概念,并会运用这些概念进行实际操作,并且要区分进程、线程、程序这三个概念。

(2) 动手编写制作一个简单的聊天室程序。

(3) 了解 C++编程相较于其他编程的优点,更加熟练运用 VC++编程语言。

9.2 实验原理

9.2.1 进程及其组成

程序是计算机指令的集合,它以文件的形式存储在磁盘上。而进程通常被定义为一个正在运行的程序的实例,是一个程序在其自身的地址空间中的一次执行活动。我们编写的程序在编译后生成的后缀为.exe 的可执行程序,是以文件的形式存储在磁盘上的,当运行这个可执行程序时,就启动了该程序的一个实例,我们把它称之为进程。一个程序可以对应多个进程,例如可以同时打开多个记事本程序的进程,同时,在一个进程中也可以同时访问多个程序。

进程是资源申请、调度和独立运行的单位,因此,它使用系统中的运行资源;而程序不能申请系统资源,不能被系统调度,也不能作为独立运行的单位,因此,它不占用系统的运行资源。

另外,进程由两部分组成:

(1) 操作系统用来管理进程的内核对象。内核对象也是系统用来存放关于进程的统计信息的地方。内核对象是操作系统内部分配的一个内存块,该内存块是一种数据结构,其成员负责维护该对象的各种信息。由于内核对象的数据结构只能被内核访问使用,因此应用程序在内存中无法找到该数据结构,并直接改变其内容,只能通过 Windows 提供的一些函数来对内核对象进行操作。

(2) 地址空间。它包含所有可执行模块或 DLL 模块的代码和数据。另外,它也包含动态内存分配的空间,例如线程的栈(stacks)和堆(heap)分配空间。

进程从来不执行任何东西,它只是线程的容器。若要使进程完成某项操作,必须拥有一个在它的环境中运行的线程,此线程负责执行包含在进程的地址空间中的代码。也就是说,真正完成代码执行的是线程,而进程只是线程的容器,或者说是线程的执行环境。

单个进程可能包含若干个线程。这些线程都"同时"执行进程地址空间中的代码。每个进程至少拥有一个线程,来执行进程的地址空间的代码。当创建一个进程时,操作系统会自动创建这个进程的第一个线程,称为主线程,也就是执行 main 函数或 WinMain 函数的线程,可以把 main 函数或 WinMain 函数看作是主线程的进入点函数。此后,主线程可以创建其他线程。

系统赋予每个进程独立的虚拟地址空间。对于 32 位进程来说,这个地址空间是 4GB。每个进程都有它自己的私有地址空间,进程 A 可能有一个存放在它的地址空间中的数据结构,地址是 0x12345678,而进程 B 则有一个完全不同的数据结构存放在它的地址空间中,地址也是 0x12345678。当进程 A 中运行的线程访问地址为 0x12345678 的内存时,这些线程访问的是进程 A 的数据结构。当进程 B 中运行的线程访问地址为 0x12345678 的内存时,这些线程访问的是进程 B 的数据结构。进程 A 中运行的线程不能访问进程 B 的地址空间中的数据结构,反之亦然。

4GB 是虚拟的地址空间,只是内存地址的一个范围。在你能成功地访问数据而不会出现非法访问之前,必须赋予物理存储器或者将物理存储器映射到各个部分的地址空间。这里所说的物理存储器包括内存和页文件的大小,读者可以同时按下键盘上的 Ctrl＋Alt＋Del 键。然后在弹出的对话框上单击"任务管理器"按钮,在随后显示的"Windows 任务管理器"对话框的右下方就可以看到当前内存的使用情况,如图 9.1 所示。

图 9.1　系统当前内存的使用情况

实际上,4GB 虚拟地址空间中,2GB 是内核方式分区,供内核代码、设备驱动程序、设备 I/O 高速缓冲、非页面内存池的分配和进程页面表等使用,而用户方式分区使用的地址空间约为 2GB。这个分区是进程的私有地址空间所在的地方。其中还有一部分地址空间是作为 NULL 指针分区。一个进程不能读取、写入或者以任何方式访问驻留在该分区中的另一个进程的数据。对于所有应用程序来说,该分区是维护进程的大部分数据的地方。

9.2.2　线程组成及其创建函数

（1）线程由两部分组成

① 线程的内核对象。操作系统用它来对线程实施管理。内核对象也是系统用来存放线程统计信息的地方。

② 线程栈（stack）。它用于维护线程在执行代码时需要的所有函数参数和局部变量。当创建线程时，系统创建一个线程内核对象。该线程内核对象不是线程本身，而是操作系统用来管理线程的较小的数据结构。可以将线程内核对象视为由关于线程的统计信息组成的一个小型数据结构。

线程总是在某个进程环境中创建的。系统从进程的地址空间中分配内存，供线程的栈使用。新线程运行的进程环境与创建线程的环境相同。因此，新线程可以访问进程的内核对象的所有句柄、进程中的所有内存和在这个相同的进程中的所有其他线程的堆栈。这使得单个进程中的多个线程确实能够非常容易地互相通信。

线程只有一个内核对象和一个栈，保留的记录很少，因此所需要的内存也很少。由于线程需要的开销比进程少，因此在编程中经常采用多线程来解决编程问题，而尽量避免创建新的进程。

操作系统为每一个运行线程安排一定的 CPU 时间——时间片。系统通过一种循环的方式为线程在自己的时间内运行，因此时间片相当短。因此给用户的感觉就好像多个线程是同时运行的一样。在生活中，如果我们把一根点燃的香快速地从眼前划过，看到的将是条线。实际上这条线是由许多点组成的，由于人眼具有视觉残留效应，因而我们的感觉好像就是一条线。如果将这根香很慢地从眼前划过，我们就能够看到一个个的点。同样地，因为线程执行的时间片非常短，所以在多个线程之间会频繁地发生切换，给我们的感觉好像就是这些线程在同时运行一样。如果计算机拥有多个 CPU，线程就能真正意义上同时运行了。

（2）关于线程的创建函数由 CreateThread 来完成，该函数的原型声明如下所述

```
HANDLE CreateThread(
    LPSECURITY_ATTRIBUTES  lpThreadAttributes,
    DWORD dwStackSize,
    LPTHREAD_START_ROUTINE lpStartAddress,
    LPVOID lpParameter,
    DWORD dwCreatFlags,
    LPDWORD lpThreadId
);
```

下面具体介绍 CreateThread 函数的每个参数：

① lpThreadAttributes

指向 LPSECURITY_ATTRIBUTES 结构体的指针，关于这个结构体在前面已经讲过了，这里可以为其传递 NULL，让该线程使用默认的安全性。但是，如果希望所有的子进程能够继承该线程对象的句柄，就必须设定个 LPSECURITY_ ATTRIBUTES 结构体，将它的 bInheritHandle 成员初始化为 TRUE。

② dwStackSize

设置线程初始栈的大小，即线程可以将多少地址空间用于它自己的栈，以字节为单位。系统会把这个参数值四舍五入为最接近的页面大小。页面是系统管理内存时使用的内存单位，不同 CPU 其页面大小不同，x86 使用的页面大小是 4KB。当保留地址空间的一块区域时，系统要确保该区域的大小是系统页面大小的倍数。例如，希望保留 10KB 的地址空间区域，系统会自动对这个请求进行四舍五入，使保留的区域大小是页面大小的倍数，在 x86 平台下，系统将保留一块 12KB 的区域，即 4KB 的整数倍。如果这个值为 0，或者小于默认的提交大小，那么默认将使用与调用该函数的线程相同的栈空间大小。

③ lpStartAddress

指向应用程序定义的 LPTHREAD_START_ROUTINE 类型的函数的指针，这个函数将由新线程执行，表明新线程的起始地址。我们知道 main 函数是主线程的入口函数，同样地，新创建的线程也需要有一个入口函数，这个函数由此参数指定。函数的类型必须遵照下述声明形式：

```
DWORD WINAPI ThreadProc(LPVOID lpParameter);
```

即新线程入口函数有一个 LPVOID 类型的参数，并且返回值是 DWORD 类型。许多初学者不知道这个函数名称 ThreadProc 能够改变。实际上，在调用 CreateThread 创建新线程时，我们只需要传递线程函数的入口地址，而线程函数的名称是无所谓的。

④ lpParameter

对于 main 函数来说，可以接受命令行参数。同样，我们可以通过这个参数给创建的新线程传递参数。该参数提供了一种将初始化值传递给线程函数的手段。这个参数的值既可以是一个数值，也可以是个指向其他信息的指针。

⑤ dwCreatFlags

设置用于控制线程创建的附加标记。它可以是两个值中的一个：CREATE_SUSPENDED 或 0。如果该值是 CREATE_SUSPENDED，那么线程创建后处于暂停状态，直到程序调用了 ResumeThread 函数为止；如果该值是 0，那么线程在创建之后就立即运行。

⑥ lpThreadId

这个参数是个返回值，它指向一个变量，用来接收线程 ID。当创建一个线程时，系统会为该线程分配一个 ID。

9.2.3　互斥对象

互斥对象属于内核对象，它能够确保线程拥有对单个资源的互斥访问权。互斥对象包含一个使用数量，一个线程 ID 和一个计数器。其中 ID 用于标识系统中的哪个线程当前拥有互斥对象，计数器用于指明该线程拥有互斥对象的次数。

为了创建互斥对象，需要调用函数：CreateMutex，该函数可以创建或打开一个命名的或匿名的互斥对象，然后程序就可以利用该互斥对象完成线程间的同步。CreateMutex 函数的原型声明如下所述：

```
HANDLE Create Mutex(
    LPSECURITY_ATTRIBUTES    lpMutexAttributes,
    BOOL bInitialOwner,
    LPCTSTR lpName
);
```

该函数具有三个参数,其含义分别如下所示:

① lpMutexAttributes

一个指向 LPSECURITY_ATTRIBUTES 结构的指针,可以给该参数传递 NULL 值, 让互斥对象使用默认的安全性。

② bInitialOwner

BOOL 类型,指定互斥对象初始的拥有者。如果该值为真,则创建这个互斥对象的线程获得该对象的所有权;否则,该线程将不获得所创建的互斥对象的所有权。

③ lpName

指定互斥对象的名称。如果此参数为 NULL,则创建一个匿名的互斥对象。

如果调用成功,该函数将返回所创建的互斥对象的句柄。如果创建的是命名的互斥对象,并且在 CreateMutex 函数调用之前,该命名的互斥对象存在,那么该函数将返回已经存在的这个互斥对象的句柄,而这时调用 GetLastError 函数将返回 ERROR_ALREADY_ EXISTS。

另外,当线程对共享资源访问结束后,应释放该对象的所有权,也就是让该对象处于已通知状态。这时需要调用 ReleaseMutex 函数,该函数将释放指定对象的所有权。该函数的原型声明如下所示:

```
BOOL ReleaseMutex(  HANDLE hMutex  );
```

ReleaseMutex 函数只有一个 HANDLE 类型的参数,即需要释放的互斥对象的句柄。该函数的返回值是 BOOL 类型,如果函数调用成功,返回值非 0 值;否则返回 0 值。

另外,线程必须主动请求共享对象的使用权才有可能获得该所有权,这可以通过调用 WaitForSingleObject 函数来实现,该函数的原型声明如下所示:

```
DWORD WaitForSingleObject(HANDLE hHandle,DWORD dwMillseconds);
```

该函数有两个参数,其含义分别如下所示:

① hHandle

所请求的对象的句柄。本例将传递已创建的互斥对象的句柄:hMutex。一旦互斥对象处于有信号状态,则该函数就返回。如果该互斥对象始终处于无信号状态,即未通知的状态,则该函数就会一直等待,这样就会暂停线程的执行。

② dwMillseconds

指定等待的时间间隔,以毫秒为单位。如果指定的时间间隔已过,即使所请求的对象仍处于无信号状态,WaitForSingleObject 函数也会返回。如果将此参数设置为 0,那么 WaitForSingleObject 函数将测试该对象的状态并立即返回;如果将此参数设置为 INFINITE,则该函数会永远等待,直到等待的对象处于有信号状态才会返回。

调用 WaitForSingleObject 函数后,该函数会一直等待,只有在以下两种情况下才会返回:一是指定的对象变成有信号状态;二是指定的等待时间间隔已过。

如果函数调用成功,那么 WaitForSingleObject 函数的返回值将表明引起该函数返回的事件,表 9.1 列出了该函数可能的返回值。

表 9.1 WaitForSingleObject 函数的返回值

返回值	说　　明
WAIT_OBJECT_0	所请求的对象是有信号状态
WAIT_TIMEOUT	指定的时间间隔已过,并且所请求的对象是无信号状态
WAIT_ABANDONED	所请求的对象是一个互斥对象,并且先前拥有该对象的线程在终止前没有释放该对象。这时,该对象的所有权将授予当前调用线程,并且将该互斥对象设置为无信号状态

9.3 实验步骤

9.3.1 多线程通信

(1)下面编写一个多线程程序。新建一个空的 Win32 Console Application 类型的工程,工程取名为:MultiThread。并为该工程添加一个 C++源文件:MultiThread.cpp。然后在其中添加如例 9-1 所示代码。

例 9-1

```
# include <windows.h>
# include <iostream.h>

DWORD WINAPI Fun1Proc(
LPVOID lpParameter    // thread data
);
void main()
{
    HANDLE hThread1;
    hThread1 = CreateThread(NULL,0,Fun1Proc,NULL,0,NULL);
    CloseHandle(hThread1);
    cout<<"main thread is running"<<endl;
    DWORD WINAPI Fun1Proc(
    LPVOID lpParameter    // thread data
    )
    {
    cout<<"thread1 is running"<<endl;
    return 0;
}
```

上述如例 9-1 所示代码创建了一个简单的多线程程序,主要由以下几个部分组成:

① 包含必要的头文件

因为程序中需要访问 WindowsAPI 函数,因此需要包含 Windows.h,另外还用到了 C++ 的标准的输出函数,所以需要包含 C++的标准输入/输出文件:iostream.h。

② 线程函数

对于线程入口函数的写法并不需要将其死记硬背,但是一定要知道如何查到这个数的写法,等到使用的次数多了,自然就知道如何编写这个函数了。这里的线程函数 Fun1Proc 的功能非常简单,就是在标准输出设备上输出一句话:"thread1 is running",然后就退出。

③ main 函数

当程序启动运行后,就会产生主线程,main 函数就是主线程的入口函数。在这个主线程中可以创建新的线程。在上述 main 函数中首先调用 CreateThread 函数创建一个新线程(下面将这个新线程称为线程 1)。该函数的第一个参数设置为 NULL,让新线程使用默认的安全性;第二个参数设置为 0,让新线程采用与调用线程一样的栈大小;第三个参数指定线程 1 入口函数的地址;第四个参数是传递给线程 1 的参数,这里不需要使用这个参数,所以将其设置为 NULL;第五个参数,即线程创建标记,设置为 0,让线程一旦创建就立即运行;第六个参数,即新线程的 ID。因为这里不需要使用该 ID,所以将其设置为 NULL。在创建线程完成之后,调用 CloseHandle 函数关闭新线程的句柄。

接下来,main 函数在标准输出设备上输出一句话:"main thread is running"。

Build 并运行 MultiThread 程序。可以看到如图 9.2 所示的窗口,在该窗口中输出了一句话:"main thread is running",表明主线程运行了,但是并没有看到"thread1 is running"这句话。

图 9.2 创建的新线程并未运行

对于主线程来说,操作系统为它分配了时间片,因此它能运行。在上述主线程的入口函数 main 中,当调用"hThread1=CreateThread(NULL,0,Fun1Proc,NULL,0,NULL);"创建线程后,就会接着调用 CloseHandle 函数关闭线程句柄,之后就是在标准输出设备上输出一句话,然后该函数就退出了,也就是说主线程执行完了。当主线程执行完毕后,进程也就退出了,因此在窗口中就没有看到"thread1 is running"这句话。

(2) 在程序中,如果想让某个线程暂停运行,可以调用 Sleep 函数,该函数可使调用线程直到指定的时间间隔过去为止。该函数的原型声明如下所示:

```
void Sleep(DWORD dwMillseconds);
```

Sleep 函数有个 DWORD 类型的参数。指定线程睡眠的时间值,以毫秒为单位,也就是说,如果将此参数指定为 1000,实际上是让线程睡眠 1 s。

因此,在上述例 9-1 所示 main 函数的最后添加下面这条语句,让主线程暂停运行 10ms,使其放弃执行的权利操作系统就会选择线程 1 让其运行。当该线程运行完成之后,或者 10ms 间隔时间已过,主线程就会恢复运行,main 函数退出,进程结束。

```
Sleep(10);
```

再次运行上述程序,就会看到如图 9.3 所示的窗口。可以看到输出了"main thread is running"和"thread1 is running"这句话,说明新创建的线程执行了。

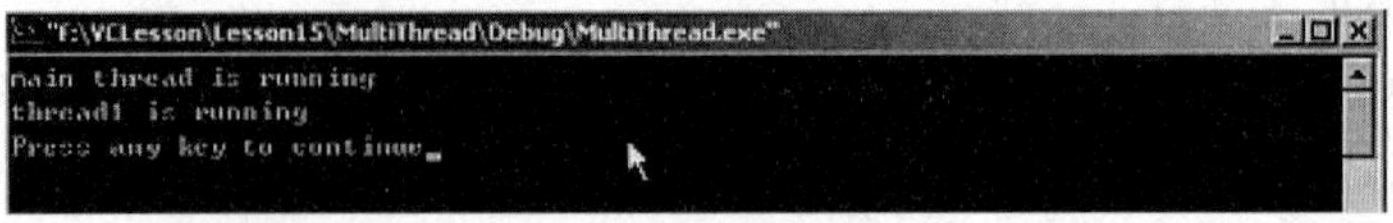

图 9.3 简单多线程示例程序成功执行

（3）接着，在主线程和线程 1 中都进行一个循环，让它们分别不断地输出"main thread is running"和"thread1 is running"这句话，看一下这两个线程之间交替执行的情况。为了控制循环的次数，可以定义一个变量，当其值递增到某个给定值时就停止循环。于是，在上述如例 9-1 所示 main 函数之前添加如下语句，定义一个全局的 int 类型的变量：index，以控制循环的次数，并将其初始化为 0：

```
int index = 0;
```

然后在上述例子中 main 函数的第 4 行代码之前添加下面的语句，即当 index 大于 1000 时，退出 while 循环。这时，就可以不需要 Sleep 函数了，将其注释起来。

```
While(index + + <1000)
```

同样，在线程 1 的入口函数 Fun1Proc 中，在其第一行代码前添加上面这条语句。然后再次运行 MultiThread 程序，将会看到如图 9.4 所示的窗口，在该窗口上，可以看到主线程和线程 1 交替地输出了自己的信息。也就是说，主线程运行一段时间之后，当它的时间片到期后，操作系统会选择线程 1 开始运行，为线程 1 分配一个时间片。当线程 1 运行一段时间后，它的时间片到期了，操作系统又会选择主线程开始运行。于是就看到主线程和线程 1 在交替运行。这就说明，主线程和其他线程在单 CPU 平台上是交替运行的。当然，如果在多 CPU 平台上，主线程和其创建的线程就可以真正地并发运行了。

9.3.2 多线程编程应用实例

（1）下面，我们来编写个模拟火车站售票系统的程序。我们知道，在实际生活中，多个人可以同时购买火车票。也就是说，火车站的售票系统肯定是采用多线程技术来实现的。这里我们在上面已编写的 MultiThread 程序中再创建一个线程：线程 2，然后由主线程创建的两个线程（线程 1 和线程 2）负责销售火车票。为了创建线程 2，可以参照 MultiThread.cpp 文件中线程 1 的创建代码。这时的程序代码如例 9-2 所示。

例 9-2

```
# include <windows.h>
# include <iostream.h>

DWORD WINAPI Fun1Proc(
  LPVOID lpParameter    // thread data
);

DWORD WINAPI Fun2Proc(
  LPVOID lpParameter    // thread data
);

int index = 0;
```

```
int tickets = 100;
HANDLE hMutex;
void main()
{
    HANDLE hThread1;
    HANDLE hThread2;
    hThread1 = CreateThread(NULL,0,Fun1Proc,NULL,0,NULL);
    hThread2 = CreateThread(NULL,0,Fun2Proc,NULL,0,NULL);
    CloseHandle(hThread1);
    CloseHandle(hThread2);
    /* while(index + + <1000)
        cout<<"main thread is running"<<endl;
    Sleep(10); */
    Sleep(4000);
}
//线程 1 的入口函数
DWORD WINAPI Fun1Proc(
  LPVOID lpParameter    // thread data
)
{
    /* while(index + + <1000)
        cout<<"thread1 is running"<<endl; */

    while(TRUE)
    {
        if(tickets>0)
            cout<<"thread1 sell ticket : "<<tickets--<<endl;
        else
            break;
    return 0;
}
//线程 2 的入口函数
DWORD WINAPI Fun2Proc(
  LPVOID lpParameter    // thread data
)
{
    while(TRUE)
    {
        if(tickets>0)
            cout<<"thread2 sell ticket : "<<tickets--<<endl;
        else
            break;
    }
    return 0;
}
```

在上述例 9-2 所示代码中,首先添加了线程 2 入口函数的声名,然后在 main 函数中调用 CreateThread 函数创建该线程。并且当该线程创建之后,调用 CloseHandle 函数将此线程的句柄关闭。此外在例 9-2 所示代码又定义了一个全局的变量：tickets，用来表示销售的剩余票数。本例为该变量赋予初值：100，也就是说新创建的两个线程将负责销售 100 张票。

对于第一个线程函数(Fun1Proc)来说，先将其中已有的代码注释起来。为了让该线程能够不断地销售火车票，需要进行一个 while 循环。在此循环中，判断 tickets 变量的值，如果大于 0，就销售一张票，即输出"thread 1 sell ticket ："，接着将当前所卖出的票号打印出来，然后 tickets 变量的值减 1，如果 tickets 等于或小于 0，则表明票已经卖完了，调用 break 语句终止 while 循环。

对于第二个线程函数(Fun2Proc)来说，其实现过程与第一个线程函数是一样的，只是输出语句是："thread2 sell ticket ："。

对主线程来说，这时需要保证在创建的两个线程卖完这 100 张票之前，该线程不能退出；否则，如果主线程退出了，进程就结束了，线程 1 和线程 2 也就退出了。因此，在两个线程卖完 100 张票之前，不能让主线程退出。这时，有些读者可能就会想到可以这样做：为了让主线程持续运行，让它进行一个空的 while 循环，例如在 main 函数的最后添加如下代码：

```
While(TRUE){}
```

要注意的是，采用这种方式，对于主线程来说，它是能够运行的，并且将占用 CPU 的时间，这样就会影响 MultiThread 程序执行的效率。因此，为了让主线程不退出，并且不影响程序运行的效率，我们可以调用 Sleep 函数，并让其睡眠一段时间，例如 4s。这样，当程序执行到 Sleep 函数时，主线程就放弃其执行的权利，进入等待状态，这时的主线程是不占用 CPU 时间的。

Build 并运行 MultiThread 程序，将出现如图 9.4 所示的窗口。可以看到线程 1 从第 100 张票开始销售，当该线程执行一段时间后，线程 2 开始运行，该线程执行一段时间后，线程 1 又继续执行。线程 1 和线程 2 就是按这种方式交替执行，直到销售完 100 张票，即最后打印出最后一张票号：1。可以看到，线程 1 和线程 2 在卖票时，销售的火车票号都是连续的，说明火车票销售的过程是正常的。

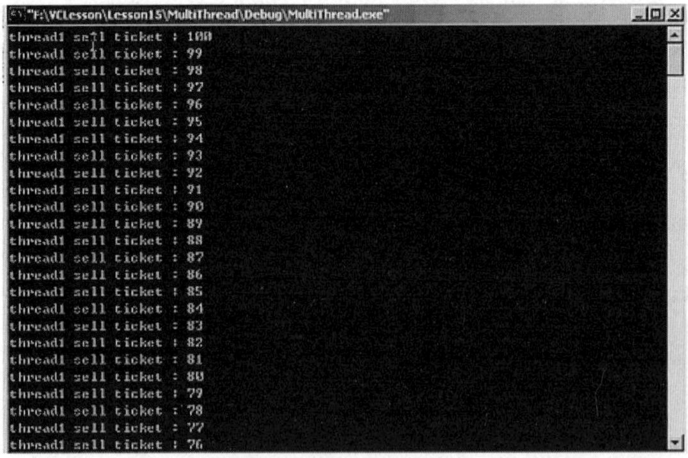

图 9.4　火车票销售系统模拟程序运行结果

(2) 然后对例 9-2 进行修改，利用互斥对象来实现线程同步，最终的实现代码如例 9-3 所示。

例 9-3

```
# include <windows. h>
# include <iostream. h>

DWORD WINAPI Fun1Proc(
    LPVOID lpParameter    // thread data
);

DWORD WINAPI Fun2Proc(
    LPVOID lpParameter    // thread data
);
int index = 0;
int tickets = 100;
HANDLE hMutex;
void main()
{
        HANDLE hThread1;
        HANDLE hThread2;
        hThread1 = CreateThread(NULL,0,Fun1Proc,NULL,0,NULL);
        hThread2 = CreateThread(NULL,0,Fun2Proc,NULL,0,NULL);
        CloseHandle(hThread1);
        CloseHandle(hThread2);
        hMutex = CreateMutex(NULL,FALSE,NULL);
        Sleep(4000);
}

DWORD WINAPI Fun1Proc(
    LPVOID lpParameter    // thread data
)
{
        while(TRUE)
        {
WaitForSingleObject(hMutex,INFINITE);
                if(tickets>0)
                {
                        Sleep(1);
                        cout<<"thread1 sell ticket : "<<tickets--<<endl;
                }
                else
                        break;
                ReleaseMutex(hMutex);
        }
```

```
        return 0;
    }


DWORD WINAPI Fun2Proc(
  LPVOID lpParameter    // thread data
)
{

        while(TRUE)
        {
                WaitForSingleObject(hMutex,INFINITE);
                if(tickets>0)
                {
                        Sleep(1);
                        cout<<"thread2 sell ticket : "<<tickets--<<endl;
                }
                else
                        break;
                ReleaseMutex(hMutex);
        }
        return 0;
    }
```

首先定义一个 HANDLE 类型的全局变量：hMutex，用来保存即将创建的互斥对象句柄。接下来，在 main 函数中，调用 CreateMutex 函数创建一个匿名的互斥对象。

然后在线程 1 和线程 2 中，在需要保护的代码前添加 WaitForSingleObject 函数的调用，让其请求互斥对象的所有权，这样线程 1 和线程 2 就会一直等待，除非所请求的对象处于有信号状态，该函数才会返回，线程才能继续往下执行，即才能执行受保护的代码。

因此，在如例 9-3 所示代码中，在线程 1 和线程 2 访问它们共享的全局变量 tickets 之前，添加了下述语句，实现线程同步：

```
Wait ForSingleObject(hMutex,INFINITE);
```

这样，当执行到这条语句时，线程 1 和线程 2 就会等待，除非所等待的互斥对象 hMutex 处于信号状态，线程才能继续向下执行，即才能访问 tickets 变量，完成火车票的销售工作。

当对所要保护的代码操作完成之后，应该调用 ReleaseMutex 函数释放当前线程对互斥对象的所有权，这时，操作系统就会将该互斥对象的线程 ID 设置为 0，然后将该互斥对象设置为有信号状态，使得其他线程有机会获得该对象的所有权，从而获得对共享资源的访问。

Build 并运行 MultiThread 程序，将会发现所销售的票号正常，没有看到销售了号码为 0 的票，这就是通过互斥对象来保存多线程间的共享资源。

（3）应注意到 Wait ForSingleObject 函数的调用位置，如果我们把例 9-3 所示代码中的两个线程函数中调用 Wait ForSingleObject 函数的代码放到 while 循环之前，并把

ReleaseMutex 函数的调用放在 while 循环结束之后，这时会出现什么情况呢？ 如例 9-4
所示。

例 9-4

```
DWORD WINAPI Fun1Proc(
  LPVOID lpParameter   // thread data
)
{
    WaitForSingleObject(hMutex,INFINITE);
    while(TRUE)
    {
        if(tickets>0)
        {
            Sleep(1);
            cout<<"thread1 sell ticket : "<<tickets--<<endl;
        }
        else
            break;
    }
    ReleaseMutex(hMutex);
    return 0;
}
```

结果会发现火车票的销售工作是没有问题的，但是发现这时只是线程 1 在销售票，对于
线程 2 来说，没有看到它销售任何一张票。

（4）对互斥对象来说，谁拥有谁释放。因此，在主线程中，当调用 CreateMutex 创建了
互斥对象之后，调用 ReleaseMutex 函数释放主线程对该互斥对象的所有权。这时，主线程
代码如例 9-5 所示。

例 9-5

```
void main()
{
    HANDLE hThread1;
    HANDLE hThread2;
    //创建线程
    hThread1 = CreateThread(NULL,0,Fun1Proc,NULL,0,NULL);
    hThread2 = CreateThread(NULL,0,Fun2Proc,NULL,0,NULL);
    CloseHandle(hThread1);
    CloseHandle(hThread2);
    //创建互斥对象
    hMutex = CreateMutex(NULL,TRUE ,NULL);
    ReleaseMutex(hMutex);
    Sleep(4000);
}
```

执行本程序将会看到,线程1和线程2交替销售火车票了,说明两个线程得到了互斥对象的所有权,从而执行了 if 语句下的代码。

在主线程中,当调用 CreateMutex 函数创建互斥对象之后,调用 WaitForSingleObject 函数请求互斥对象,然后再调用 ReleaseMutex 函数释放主线程对该互斥对象的所有权,这时的结果会怎么样呢?

```
WaitForSingleObject(hMutex,INFINITE);
```

运行程序,发现线程1和线程2没有执行 if 语句下的代码。分析调用情况时发现:当调用 WaitForSingleObject 函数请求互斥对象时,操作系统需要判断当前请求互斥对象的线程的 ID 是否与互斥对象当前拥有者的线程 ID 相等,若相等,即使该互斥对象处于未通知状态,调用线程仍然能够获得其所有权,然后 WaitForSingleObject 函数返回。对于同一个线程多次拥有的互斥对象来说,该互斥对象的内部计数器记录了该线程拥有的次数。

(5) 为了解决上述问题,只有在主线程中再次调用 ReleaseMutex 函数,这时该互斥对象内部维护的计数器就变成 0 了,操作系统就会将该互斥对象的线程 ID 设置为 0,同时,将该对象设置为有信号状态。之后,线程1和线程2就可以请求到该互斥对象的所有权了。

正因为互斥对象具有与线程相关的这一特点,所以在使用互斥对象时需要小心仔细,如果多次在同一个线程中请求同一个互斥对象,那么就需要相应的多次调用 ReleaseMutex 函数释放该互斥对象,如例 9-6 所示。

例 9-6

```
//线程 1 的入口函数
DWORD WINAPI Fun1Proc(
  LPVOID lpParameter   // thread data
)
{
    WaitForSingleObject(hMutex,INFINITE);
    cout<<"thread1 is running<<endl;
    return 0;
}
//线程 2 的入口函数
DWORD WINAPI Fun2Proc(
  LPVOID lpParameter   // thread data
)
{
    WaitForSingleObject(hMutex,INFINITE);
    cout<<"thread2 is running<<endl;
    return 0;
}
```

在例 9-6 中,线程1请求互斥对象之后输出一句话:thread1 is running,接下来它并没有释放该互斥对象就退出了。线程2的函数实现代码是一样的。那么现在线程2能获得互斥对象的所有权吗? 运行上述程序,可以看到线程1和线程2都完整的运行了,如图 9.5 所示。

图 9.5 利用互斥对象实现多线程同步示例程序结果

在程序运行时,操作系统维护了线程的信息以及与该线程相关的互斥对象的信息,因为它知道哪个程序终止了。如果某个线程得到其所需互斥对象的所有权,完成其线程代码的运行,但没有释放该互斥对象的所有权就退出之后,操作系统一旦发现该线程已经终止,它就会自动将该线程所有的互斥对象的线程 ID 设为 0,并将其计数器归为 0。因此,在本例中,一旦操作系统判断出线程 1 终止了,那么它就会将互斥对象的引用计数置为 0,线程 ID 也置为 0,这时线程 2 就可以得到互斥对象的所有权。

9.3.3 网络聊天室程序

(1)新建一个基于对话框的工程,工程取名为:Chat,并将该对话框资源上已有控件全部删除,然后添加一些控件,并设置它们相关的属性,结果如图 9.6 所示。

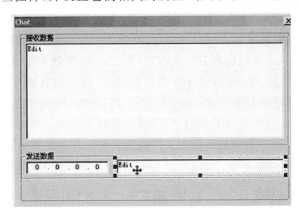

图 9.6 Chat 程序使用的对话框资源

该对话框上各控件的 ID 及说明如表 9.2 所示(按控件在对话框上从上到下、从左到右的顺序)。

表 9.2 对话框上添加的控件

控件名称	ID	说 明
接收组框	IDC_STATIC	标示作用
接收编辑框	IDC_EDIT_RECV	显示所接受到的数据
发送组框	IDC_STATIC	标示作用
IP 地址控件	IDC_IPADDRESSI	允许用户按照点分十进制格式输入 IP 地址
发送编辑框	IDC_EDIT_SEND	允许用户输入将要发送的内容
发送按钮	IDC_BTN_SEND	单击此按钮,就将发送编辑框中的内容发送给聊天的对方

(2)加载套接字库。使用 MFC 中,提供了一个完成这种功能的函数:AfxSocketInit,该函数的声明原型如下:

```
BOOL AfxSocketInit(WSADATA * lpwsaData = NULL);
```

AfxSocketInit 函数有一个参数，是指 WSADATA 结构体的指针。该函数内部将调用 WSAStartup 函数来加载套接字库。使用这个函数还有一个好处，它可以确保应用程序在终止之前，调用 WSACleanup 函数以终止对套接字库的使用。并且利用 AfxSocketInit 函数加载套接字库时，不需要为工程链接 ws2_32.lib 库文件。

如果函数调用成功，AfxSocketInit 将返回非 0 值；否则返回 0。

但应注意，应该在应用程序类重载的 InitInstance 函数中调用 AfxSocketInit 函数。本例就在 CChatApp 类的 InitInstance 函数调用 AfxSocketInit 函数，在 InitInstance 函数的开始位置添加下述如例 9-8 所示代码。

例 9-8

```
If(! AfxSocketInit())
{
        AfxMessageBox("加载套接字库失败！");
        return FALSE;
}
```

上述例 9-8 所示代码调用了 AfxSocketInit 函数，并对其返回值进行判断，如果返回的是 0 值，即加载套接字库和版本协商操作失败，则弹出一个消息框，告诉用户"加载套接字库失败！"，然后 InitInstance 函数返回 FALSE，这样，Chat 程序就不能继续运行了。

因为在程序中调用了 AfxSocketInit 这个函数，所以需要包含相应的头文件 Afxsock.h。这里，我们在 Chat 工程的 stdafx.h 中添加下述代码，将该头文件包含到工程中。stdafx.h 是一个预编译头文件，在该文件中包含了 MFC 应用程序运行所需的一些必要的头文件，对于所有的 MFC 程序来说，它们第一个要包含的头文件就是 stdafx.h 这个预编译的头文件。

```
# include<Afxsock.h>
```

（3）创建并初始化套接字。为 CChatDlg 类增加一个 SOCKET 类型的成员变量：m_socket，即套接字描述符，并将其访问权限设置为 private 类型。然后为 CChatDlg 类增加一个 BOOL 类型的成员函数：InitSocket，用来初始化该类的套接字成员变量，该函数的实现代码如例 9-9 所示。

例 9-9

```
BOOL CChatDlg::InitSocket()
{
//创建套接字
m_socket = socket(AF_INET,SOCK_DGRAM,0);
if(INVALID_SOCKET = = m_socket)
{
        MessageBox("套接字创建失败！");
        return FALSE;
}
SOCKADDR_IN addrSock;
addrSock.sin_family = AF_INET;
addrSock.sin_port = htons(6000);
addrSock.sin_addr.S_un.S_addr = htonl(INADDR_ANY);
```

```
    int retval;
    //绑定套接字
    retval = bind(m_socket,(SOCKADDR * )&addrSock,sizeof(SOCKADDR));
    if(SOCKET_ERROR = = retval)
    {
        closesocket(m_socket);
        MessageBox("绑定失败!");
        return FALSE;
    }
    return TRUE;
}
```

在上述例 9-9 所示的初始化套接字的函数中,首先调用 socket 函数创建一个套接字,因为对于聊天这种网络程序来说,通常都是采用基于 UDP 协议来实现的,所以本例中将 socket 函数的第二个参数设置为 SOCK_ DGRAM,以创建数据报类型的套接字。如果没有错误发生,socket 函数返回创建的套接字描述符;否则返回 INVALID_SOCKET,这时可以提示用户:"套接字创建失败!",然后 InitSocket 函数返回 FALSE。

本例实现的 Chat 程序既包含了接收端的功能,又包含了发送端的功能。对接收端程序来说,它需要绑定到某个 IP 地址和端口上,所以 InitSocket 函数中,接着定义了一个地址结构体 SOCKADDR_IN 类型的变量:addrSock,并对其成员分别进行赋值。第一个成员指定地址族;第二个指定端口,本例使用 6000;第三个成员指定 IP 地址,本例让 Chat 程序能够接收发送到本地的任意 IP 地址的数据。接下来就调用 bind 函数将套接字与指定的 IP 和端口绑定了。如果没有错误发生,bind 函数返回 0;否则返回 SOCKET_ERROR,这时调用 closesocket 关闭套接字,并提示用户:"绑定失败!",然后,InitSocket 函数返回 FALSE。

最后,如果上述操作都成功实现,InitSocket 函数返回 TRUE。这就是在 InitSocket 函数中对套接字进行初始化的处理过程。然后可以在 CChatDlg 类的 OnInitDialog 函数中调用这个函数,以便使程序完成套接字的初始化工作,添加代码如例 9-10 所示代码中加灰显示的那行语句。

例 9-10

```
BOOL CChatDlg::OnInitDialog()
(
    CDialog::OnInitDialog();
…
    //TODO: Add extre initialization here
    InitSocket();
    Return TRUE;//return TRUE unless you set the focus to a control
)
```

（4）实现接收端功能。因为当在接收端接收数据时,如果没有数据到来,recvfrom 函数会阻塞,从而导致程序暂停运行。所以,我们可以将接收数据的操作放置在一个单独的线程中完成,并给这个线程传递两个参数,一个是已创建的套接字,一个是对话框控件的句柄,这样,在该线程中,当接收到数据后,可以将该数据传回给对话框,经过处理后显示在接收编辑框控件上。我们可以回头看看 CreateThread 函数的声明,发现该函数只为我们提供了一个参数,即该函数的第四个参数,用来向创建的线程传递参数。而现在需要传递两个参数,这应如何实现呢? CreateThread 函数的第四个参数是指针类型,既然是一个指针,那么它既可以是一个指向变量的指针,也可以是个指向对象的指针,这样,我们可以定义一个结构体,在该结构体中包含想要传递给线程的两个参数,然后将该结构体类型的指针变量传递给 CreateThread 函数的第四个变量。

在 CChatDialog 类的头文件中,在该类的声明的外部定义一个 RECVPARAM 结构体,其代码如例 9-11 所示。

例 9-11

```
Struct RECVPARAM
{
    SOCKET sock;        //已创建的套接字
    HWND hwnd;          //对话框句柄
};
```

在该结构体中,定义了两个成员,一个是 SOCKET 类型的成员:sock,另一个是 HWND 类型的成员:hwnd。

然后在 CChatDialog 类的 OnInitDialog 函数中,在上面刚刚添加的 InitSocket 函数调用后面添加下述代码,以完成数据接收线程的创建,并传递所需的参数,如例 9-12 所示。

例 9-12

```
RECVPARAM  * pRecvParam = new RECVPARAM;
pRecvParam ->sock = m_socket;
pRecvParam ->hwnd = m_hWnd;
HANDLE hThread = CreateThread(NULL,0,RecvProc,(LPVOID)pRecvParam,0,NULL);
CloseHandle(hThread);
```

上例程序定义一个结构指针:pRecvParam,并利用 new 操作符为改变量分配空间。然后,对该结构体变量中的两个成员进行初始化,将 sock 成员设置为已创建的套接字,将 hwnd 成员设置为对话框的句柄。

接下来,就调用 CreateThread 函数创建数据接收线程,其中第四个参数就是主线程要向数据接收线程传递的参数,因为该参数的类型是 LPVOID,而我们将要传递的却是 RECVPARAM 指针类型,所以需要进行强制转换。

(5) 数据接收线程入口函数的编写。按照前面介绍的线程入口函数的写法为 CChatDialog 类增加一个成员函数:RecvProc,并在此函数中添加一条简单的 return 语句,结果如例 9-13 所示。

例 9-13

```
DWORD WINAPI CChatDlg::RecvProc(LPVOID lpParameter)
{
    return 0;
}
```

运行 chat 程序,编译器报错。CreateThread 函数不能将第三个参数从 unsigned_long (void *)类型转换为 ansignedlong (_stdcall *)(void *)类型。因为当创建线程时,系统即代码会调用线程函数来启动线程。因为这里的线程函数是 CChatDialog 类的成员函数,为了调用这个函数,必须先产生一个 CChatDialog 类的对象,然后才能调用该对象内部的成员函数。然而对于运行时代码来说,它如何知道要产生哪个对象呢? 也就是说,运行时根本不知道如何去产生一个 CChatDialog 类的对象。对于运行时代码来说,如果要调用线程函数来启动某个线程的话,应该不需要产生某个对象就可以调用这个线程函数。然而这里我们错误地将这个线程函数定义为类的成员函数,所以就出错了。可以这样来解决这个问题:将线程函数声明为类的静态函数,即在 CChatDialog 类的头文件中,在 RecvProc 函数的声明的最前面添加关键词:static,这时该函数的声明代码如下所示:

```
staticDWORD WINAPI RecvProc(LPVOID lpParameter);
```

因为对类的静态函数而言,它不属于该类的任一个对象,它只属于类本身。所以在 CChatDialog 类的 OnInitDialog 函数中创建线程时,运行时代码就可以直接调用 CChatDialog 类的静态函数,从而启动线程。这时再次编译 Chat 程序,将会看到程序成功通过。

(6) 为 RecvProc 这个线程入口函数添加实现代码以完成接收数据的功能,结果如例 9-14 所示。

例 9-14

```
DWORD WINAPI CChatDlg::RecvProc(LPVOID lpParameter)
{
    SOCKET sock = ((RECVPARAM * )lpParameter) - >sock;
    HWND hwnd = ((RECVPARAM * )lpParameter) - >hwnd;
    delete lpParameter;
    SOCKADDR_IN addrFrom;
    int len = sizeof(SOCKADDR);

    char recvBuf[200];
    char tempBuf[300];
    int retval;
    while(TRUE)
    {
        retval = recvfrom(sock,recvBuf,200,0,(SOCKADDR * )&addrFrom,&len);
        if(SOCKET_ERROR = = retval)
            break;
        sprintf(tempBuf,"% s 说: % s",inet_ntoa(addrFrom.sin_addr),recvBuf);
        ::PostMessage(hwnd,WM_RECVDATA,0,(LPARAM)tempBuf);
    }
    return 0;
}
```

在 RecvProc 这个线程函数中首先取出主线程传递来的参数,这时应将参数 lpParameter 转换为 RECVPARAM * 类型,然后再访问该结构体中的成员。

接下来就可以调用 recvfrom 函数接收数据了。为了让接收线程能够不断地运行,线程函数 RecvProc 进行了一个 while 循环。在此循环中不断地调用 recvfrom 函数接收数据,如果该函数调用失败,将返回 SOCKET_ ERROR 值,那么这时就调用 break 语句,终止 while 循环,否则返回接收到的字节数,这时,可以对接收到的数据进行格式化,并将格式化后的数据传递给对话框,因为我们已经将对话框句柄作为参数传递给线程了,所以可以采用发送消息的方式将数据传递给对话框。本例调用 PostMessage 函数向对话框发送一条自定义的消息:WM_ RECVDATA,将参数 wParam 设置为 0,而将需要显示的数据作为 lParam 参数传递,并将该数据转换为参数 lParam 需要的类型:LPARAM。然后在 CChatDlg 类的头文件

中,定义 WM_ RECVDATA 这个消息的值,即在该头文件中添加下面这条语句:

```
#define WM_RECVDATA WM_USER + 1
```

并在 CChatDlg 类的头文件中编写该消息响应函数原型的声明,即添加下述代码:

```
afx_msg void OnRecvData(WPARAM wParam,LPARAM lParam);
```

(7) 在 CChatDlg 类的源文件中添加 WM_RECVDATA 消息映射,如例 9-15 所示加灰显示部分,该代码后不加任何标点。

例 9-15

```
BEGIN_MESSAGE_MAP(CChatDlg,CDialog)
    //{{AFX_MSG_MAP(CChatDlg)
    ON_WM_SYSCOMMAND()
    ON_WM_PAINT()
    ON_WM_QUERYDRAGICON()
    ON_BN_CLICKED(IDC_BTN_SEND,OnBtnSend)
    //}}AFX_MSG_MAP

    ON_MESSAGE(WM_RECVDATA,OnRecvData)

END_MESSAGE_MAP()
```

接下来就是消息响应函数的实现,如例 9-16 所示。

例 9-16

```
//接收数据消息响应函数
void CChatDlg::OnRecvData(WPARAM wParam,LPARAM lParam)
{
    //取出接收到的数据
    CString str = (char * )lParam;
    CString strTemp;
    //获得已有数据
    GetDlgItemText(IDC_EDIT_RECV,strTemp);
    str + = "\r\n";
    str + = strTemp;
    //显示所有接收到的数据
    SetDlgItemText(IDC_EDIT_RECV,str);
}
```

每当接收到新的数据时,应在对话框中接收编辑框的第一行显示该数据,而以前的数据应以此向下移动。如例 9-16 所示 OnRecvData 函数中,首先定义了一个 CString 类型的变量:str,用来保存从消息响应函数的 lParam 参数中取出的数据,即当前接收到的新数据。接着又定义了一个 CString 类型的变量:strTemp,用来保存从编辑框控件中获得的已有文本。该文本的获得可以通过调用 GetDlgItemText 函数来实现。

(8) 实现发送端功能。本例的设计是当用户单击对话框的"发送"按钮后,程序应将用户输入的数据发送给聊天的对方。因此,需要捕获"发送"按钮的单击消息,并在其中实现发送功能。我们双击对话框上的"发送"按钮,VC++开发环境将为该按钮自动生成一个按钮单击命令响应函数:OnBtnSend,然后在此函数中添加代码实现数据发送的功能,结果如例 9-17 所示。

例 9-17

```
//数据发送处理
void CChatDlg::OnBtnSend()
{
    // TODO：Add your control notification handler code here
    //获取对方 IP
    DWORD dwIP;
    ((CIPAddressCtrl * )GetDlgItem(IDC_IPADDRESS))-＞GetAddress(dwIP);

    SOCKADDR_IN addrTo;
    addrTo.sin_family = AF_INET;
    addrTo.sin_port = htons(6000);
    addrTo.sin_addr.S_un.S_addr = htonl(dwIP);

    CString strSend;
    //获得带发送数据
    GetDlgItemText(IDC_EDIT_SEND,strSend);
    //发送数据
    sendto(m_socket,strSend,strSend.GetLength()+1,0,
        (SOCKADDR * )&addrTo,sizeof(SOCKADDR));
    //清空发送编辑框中的内容
    SetDlgItemText(IDC_EDIT_SEND,"");
}
```

在上述如例 9-17 所示 OnBtnSend 函数中，首先需要从 IP 地址控件（其 ID 为 IDC_IPADDRESS）上得到对方 IP 地址。在 MFC 中，如果需要对控件进行操作，都是利用控件所对应的类来完成的，IP 控件对应的 MFC 类是：CIPAddressCtrl。这个类有一个GetAddress 成员函数，该函数将返回 IP 地址控件中非空字段的数值。GetAddress 函数有两种声明形式，其中一种如下所示：

```
int GetAddress(DWORD&dwAddress);
```

GetAddress 函数的这种声明形式需要一个 DWORD 引用类型的参数，也就是说，我们只需要定义一个 DWORD 变量，并将其传递给 CetAddress 函数，就可得到以 DWORD 值表示的 IP 地址。所以上述例 9-17 所示 OnBtnSend 函数中，首先调用 GetDlgItem 得到 IP 地址控件，因为该控件是 CIPAddressCtrl 类型，所以需要将 GetDlgItem 函数的返回值强制转换为 CIPAddressCtrl * 类型。然后调用该类的 GetAddress 函数得到 IP 地址。

接着定义了一个地址结构（SOCKADDR_IN）变量：addrTo,并设置其成员的值。其他成员的设置前面内容已经介绍过了，这里主要关注第三个成员 sin_addr.S_un.S_addr 的设置，该成员是聊天对方的 IP 地址，并且要求是 DWORD 类型，虽然刚刚获得的 IP 地址dwIP 也是 DWORD 类型。但它是主机字节顺序，因此这里需要调用 htonl 函数将其转换为网络字节顺序。

接下来调用 GetDlgItemText 函数得到要发送的数据，然后调用 sendto 函数发送该数据，并且多发送一个字节。当数据发送完成之后，调用 SetDlgItemText 函数清空发送编辑框中的内容。

Build 并运行 Chat 程序,在 IP 地址控件中输入与之聊天的对方 IP 地址,例如,输入本地回路 IP 地址:127.0.0.1,在发送编辑框中输入一些字符,然后单击"发送"按钮,在接收编辑框中就可以看到发送的数据。但是当再次发送数据,看到在接收编辑框中两次接收到的数据并没有换行,所有的数据都是在同一行显示的,如图 9.7 所示。

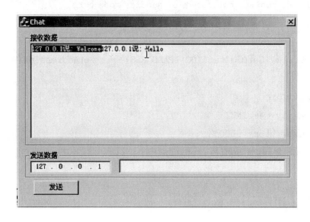

图 9.7 多次接收到的数据并未换行

程序中添加了换行符"\r\n",那么为什么显示出的文字没有换行呢? 这里注意:为了让编辑框控件接受换行符,必须设置该控件支持多行数据这一属性。打开接收编辑框控件的属性对话框,并打开"Styles"选项卡,在该选项卡中选择"Multiline"选项,如图 9.8 所示。

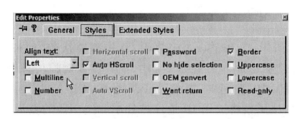

图 9.8 为编辑框控件设置支持多行数据属性

然后在此运行 Chat 程序,任发几条数据,这时就可以看到数据以多行的方式显示了,如图 9.9 所示。

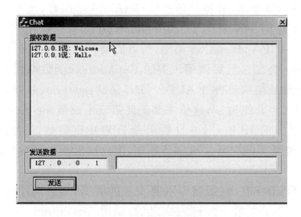

图 9.9 多次接收到的数据分行显示

9.4　实验结果及验证方法

（1）调用 CloseHandle 函数并没有中止新创建的线程，只是表示在主线程中对新创建的线程的引用不感兴趣，因此将它关闭。另一方面，当关闭该句柄时，系统会递减该线程内核对象的使用计数。当创建的这个新线程执行完毕之后，系统也会递减该线程内核对象的使用计数。当使用计数为 0 时，系统就会释放该线程内核对象。如果没有关闭线程句柄，系统就会一直保持着对线程内核对象的引用，这样，即便该线程执行完毕，它的引用计数仍不会为 0，这样该线程内核对象也就不会被释放，只有等到进程终止时，系统才会清理这些残留的对象。因此，在程序中，当不再需要线程句柄时，应将其关闭。让这个线程内核对象的引用计数减 1。

（2）实际上，MultiTread 程序存在一个隐患，它是一个潜在的问题。问题的出现主要是因为两个线程访问了同一个全局变量：tickets。为了避免这种问题的发生，就要求在多个线程之间进行一个同步处理，保证一个线程访问共享资源时，其他线程不能访问该资源。对例 9-2 来说，就是当一个线程在销售火车票的过程中，其他线程在该时间段内不能访问同一种资源，例 9-2 就是指全局变量：tickets，必须等到前者完成火车站的销售过程之后，其他线程才能访问该资源。

为了看到上面所说的那种情况，在例 9-2 所示线程函数中，当进入 if 语句中之后，立即调用 Sleep 函数，让线程睡眠片刻。即在例 9-2 所示代码中两个线程入口函数的 if 语句块添加下面这行语句，并使其成为该语块的第一行代码：

```
Sleep(1);
```

再次运行 MultiThread 程序，可以看到销售出 0 号的票。

（3）如果在创建互斥对象时，将第二个参数设置为 TRUE。然后再次运行 MultiThread 程序，结果将会看到线程 1 和线程 2 都没有销售票。我们来分析这时的程序执行过程。当调用 CreateMutex 函数创建互斥对象时，如果将第二个参数设置为 TRUE，表明创建互斥对象的线程，例 9-3 为主线程，拥有该互斥对象，而我们在主线程中并没有释放该对象，因此对于线程 1 和线程 2 来说，它们是无法获得该互斥对象的所有权的。它们只能等待，直到主线程结束，才会释放该互斥对象的所有权，但这时两个线程也已退出了。

对于互斥对象来说，它是唯一与线程相关的内核对象。当主线程拥有互斥对象时，操作系统会将互斥对象的线程 ID 设置为主线程的 ID。当在线程 1 中调用 ReleaseMutex 函数释放互斥对象的所有权时，操作系统会判断线程 1 的线程 ID 与互斥对象内部所维护的线程 ID 是否相等，只有相等才能完成释放操作。

第 10 章　线程同步与异步套接字编程

第 9 章介绍了通过线程同步实现通信的机制,以及利用互斥对象实现线程同步的方法。此外,还有两种方法实现线程同步,包括事件对象和关键代码段。另外,还将介绍利用异步套接字编写网络应用程序的实现。

10.1　实验目的

(1) 掌握并应用实现线程同步的另外两种方法,事件对象及关键代码段。

(2) 进一步理解与掌握基于 C++编程的方法及理论。

10.2　实验原理

10.2.1　事件对象

事件对象也属于内核对象,它包含以下三个成员:

(1) 使用计数;

(2) 用于指明该事件是一个自动重置的事件还是一个人工重置的事件的布尔值;

(3) 用于指明该事件处于已通知状态还是未通知状态的布尔值。

事件对象有两种不同的类型:人工重置的事件对象和自动重置的事件对象,人工重置的事件对象得到通知时,等待该事件对象的所有线程均变为可调度线程。当一个自动重置的事件对象得到通知时,等待该事件对象的线程只有一个线程变为可调度线程。

如何创建事件对象呢? 在程序中可以通过 CreateEvent 函数创建或打开一个命名的或匿名的事件对象,该函数的原型声明如下所示:

```
HANDLE CreateEvent(
    LPSECURITY_ATTRIBUTES lpEventAttributes,
    BOOL bManualReset,
    BOOL bInitialState,
    LPCTSTR lpName
);
```

该函数有四个参数,各参数含义如下所述:

(1) lpEventAttributes

指向 LPSECURITY_ATTRIBUTES 结构体的指针。如果其值为 NULL,则使用默认的安全性。

（2）bManualReset

BOOL 类型，指定创建的是人工重置事件对象，还是自动重置事件对象。如果此参数为 TRUE，表示该函数将创建一个人工重置事件对象；如果此参数为 FALSE，表示该函数将创建一个自动重置事件对象。如果是人工重置事件对象，当线程等待到该对象的所有权之后，需要调用 ResetEvent 函数手动地将该事件对象设置为无信号状态；如果是自动重置事件对象，当线程等到该对象的所有权之后，系统会自动将该对像设置为无信号状态。

（3）bInitialState

BOOL 类型，指定事件对象的初始状态。如果此参数值为真，那么该事件对象初始是有信号状态；否则无信号状态。

（4）lpName

指定事件对象的名称。如果此参数值为 NULL，那么将创建一个匿名的事件对象。

对于事件对象状态的设置问题引入 SetEvent 函数，该函数将把指定的事件对象设置为有信号状态，该函数的原型如下所示：

```
BOOL SetEvent(HANDLE hEvent);
```

SetEvent 函数有一个 HANDLE 类型的参数，该参数指定将要设置其状态的事件对象的句柄。另外，SetEvent 函数有一个 HANDLE 类型的参数，该参数指定将要设置其状态的事件对象的句柄。ResetEvent 函数将把指定的事件对象设置为无信号状态，该函数的原型声明如下所示：

BOOL ResetEvent(HANDLE hEvent);

ResetEvent 函数有一个 HANDLE 类型的参数，该参数指定将要重置其状态的事件对象的句柄。如果调用成功，该函数返回非 0 值；否则返回 0 值。

10.2.2　关键代码段

关键代码段，也称为临界区，工作在用户方式下。它是指一个代码段，在代码能够执行前，它必须独自对某些资源的访问权。通常把多线程中访问同一种资源的那部分代码当作关键代码段。在进入关键代码段之前，首先需要初始化一个这样的关键代码段，这可以调用 InitializeCriticalSection 函数实现，该函数的原型声名如下所示：

```
void InitializeCriticalSection(LPCRITICAL_SECTION lpCriticalSection);
```

该函数有一个参数，是一个指向 LPCRITICAL_SECTION 结构体的指针，该参数是 out 类型，即作为返回值使用的。因此在使用时，需要构造一个 LPCRITICAL_SECTION 结构体类型的对象，然后将该对象的地址传递给 InitializeCriticalSection 函数，系统自动维护该对象，并不需要了解或访问该结构体对象内部的成员。

如果想进入关键代码段，首先需要调用 EnterCriticalSection 函数，以获得指定的临界区对象的所有权。该函数等待指定的临界区对象的所有权，如果该所有权赋予了调用线程，则该函数就返回；否则该函数会一直等待，从而导致线程等待。

当调用线程获得了指定的临界区对象的所有权后，该线程就进入关键代码段，对所保护的资源进行访问。线程使用完所保护的资源之后,需要调用 LeaveCriticalSection 函数,释放指定的临界区对象的所有权。之后,其他想要获得该临界区对象所有权的线程就可以获得该所有权,从而进入关键代码段,访问保护的资源。

对临界区对象来说,当不再需要时,需要调用 DeleteCriticalSection 函数释放该对象,该函数将释放一个没有被任何线程所拥有的临界区对象的所有资源。

Windows 套接字在两种模式下执行 I/O 操作:阻塞模式和非阻塞模式。在阻塞模式下,I/O 操作完成前,执行操作的 Winsock 函数会一直等待下去,不会立即返回(也就是不会将控制权交还给程序),例如,程序中调用了 recvfrom 函数后,如果这时网络上没有数据传送过来,该函数就会阻塞程序的执行,从而导致调用线程暂停运行。上一章编写的网络聊天程序就工作在阻塞模式下,为了接收数据而单独创建了一个线程,在该线程中调用 recvfrom 函数接收数据,如果网络上没有数据传送过来,该函数就会阻塞。从而异致所创建的那个线程暂停运行,但是并不会影响主线程的运行。而在非阻塞模式下,Winsock 函数无论如何都会立即返回,在该函数执行的操作完成之后,系统会采用某种方式将操作结果通知给调用线程,后者根据通知信息可以判断该操作是正常完成了,还是出现错误了。

Windows Sockets 为了支持 Windows 消息驱动机制,使应用程序开发者能够方便地处理网络通信,它对网络事件采用了基于消息的异步存取策略。Windows Sockets 的异步选择函数 WSAAsyncSelect 提供了消息机制的网络事件选择,当使用它登记的网络事件发生时,Windows 应用程序响应的窗口函数将收到一个消息,消息中指示了发生的网络事件,以及与该事件相关的一些信息。

因此,可以针对不同的网络事件进行登记。例如,如果登记一个网络读取事件,一旦有数据到来,就会触发这个事件,操作系统就会通过一个消息来通知调用线程,后者就可以在响应的消息响应函数中接收这个数据。因为是在该数据到来之后,操作系统发出的通知,所以这是肯定能够接收到数据,采用异步套接字能够有效地提高应用程序的性能。

10.2.3 相关函数说明

1. WSAAsyncSelect 函数

```
int WSAAsyncSelect(SOCKET s,HWND hWnd,unsigned int wMsg,long lEvent)
```

(1)s

表示请求网络事件通知的套接字描述符。

(2)hWnd

标识一个网络事件发生时接收消息的窗口的句柄。

(3)wMsg

指定网络事件发生时窗口将接收到的消息。

(4)lEvent

指定应用程序感兴趣的网络事件,该参数可以是如表 10.1 所示中列出的值之一,并且可以采用位或操作来构造多个事件。

表 10.1　lEvent 参数的取值

取值	说　　明
FD_READ	应用程序想要接收有关是否可读的通知,以便读取数据
FD_WRITE	应用程序想要接收有关是否可读的通知,以便发送数据
FD_OOB	应用程序想要接收是否带外(OOB)数据抵达的通知
FD_ACCEPT	应用程序想要接收与进入连接有关的通知
FD_CONNECT	应用程序想要接收连接操作已完成的通知
FD_CLOSE	应用程序想要接收与套接字关闭有关的通知
FD_QOS	应用程序想要接收套接字"服务质量"发生更改的通知
FD_GROUP_QOS	应用程序想要接收套接字组"服务质量"发生更改的通知
FD_ROUTING_INTERFACE_CHANGE	应用程序想要接收在指定的方向上,与路由接口发生变化有关的通知
FD_ADDRESS_LIST_CHANGE	应用程序想要接收针对套接字的协议家族,本地地址列表发生变化的通知

2. WSAEnumProtocols 函数

```
 int WSAEnumProtocols ( LPINT lpiProtocols, LPWSAPROTOCOL _ INFO lpProtocolBuffer, ILPDWORD
lpdwBufferLength)
```

Win32 平台支持多种不同的网络协议,采用 Winsock32 就可以编写可直接使用任何一种协议的网络应用程序了。通过 WSAEnumProtocols 函数可以获得系统中安装的网络协议的相关信息。该函数各个参数的含义如下所述:

(1) lpiProtocols

一个以 NULL 结尾的协议标识号数组。这个参数是可选的,如果 lpiProtocols 为 NULL,则 WSAEnumProtocols 函数将返回所有可用协议的信息;否则,只返回数组中列出的协议信息。

(2) lpProtocolBuffer

out 类型的参数。作为返回值使用,一个用 LPWSAPROTOCOL_INFO 结构体填充的缓冲区。LPWSAPROTOCOL_INFO 结构体用来存放或得到一个指定协议的完整信息。

(3) lpdwBufferLength

in/out 类型的参数。在输入时,指定传递给 WSAEnumProtocols 函数的 lpProtocolBuffer 缓冲区的长度;在输出时,存在获取所有请求信息需传递给 WSAEnumProtocols 函数的最小缓冲区长度。

WSAEnumProtocols 函数不能重复调用。传入的缓冲区必须足够大以便能存放所有的元素。这个规定降低了该函数的复杂度,并且由于一个机器上装载的协议数目往往很少,因此并不会产生问题。

3. WSAStartup 函数

WSAStartup 函数将初始化进程使用的 WS2_32.DLL,该函数原型声明如下所示:

```
int WSAStartup(WORD wVersionRequested,LPWSADATA lpWSAData);
```

(1) wVersionRequested

调用进程可以使用的 WindowsSock 支持的最高版本。该参数的高位字节指定 WinSock

库的副版本,而低位字节则是主版本。

(2) lpWSAData

out 类型的参数,作为返回值使用,是一个指向 LPWSADATA 数据结构类型变量的指针,用来接收 WindowsSockets 实现的细节。

4. WSACleanup 函数

WSACleanup 函数将终止程序对套接字库的使用。该函数的原型声名如下:

```
int WSACleanup (void);
```

5. WSASocket 函数

WinSock 库中的扩展函数 WSASocket 将创建的套接字,其原型声明如下所示:

```
SOCKET WSASocket(int af,int type,int protocol,LPWSAPROTOCOL_INFO lpProtocolInfo,GROUP g,DWORD
dwFlags );
```

(1) lpProtocolInfo

一个指向 LPWSAPROTOCOL_INFO 结构体的指针,该结构定义了所创建的套接字的特性。如果 lpProtocolInfo 为 NULL,则 WinSock2 DLL 使用前三个参数来决定使用哪一个服务提供者,它选择能够支持规定的地址族、套接字类型和协议值的第一个传输提供者。如果 lpProtocolInfo 不为 NULL,则套接字帮顶到与指定的结构 LPWSAPROTOCOL_INFO 相关的提供者。

(2) g

保留。

(3) dwFlags

指定套接字属性的描述。如果该参数的取值为 WSA_FLAG_OVERLAPPED,那么将创建一个重叠套接字,这种类型的套接字后续的重叠操作与前面讲述的文件的重叠操作是类似的。随后在套接字上调用 WSASend,WSARecv,WSASendTo,WSARecvFrom,WSAIoctl 这此函数都会立即返回。在这些操作完成之后,操作系统会通过某种方式来通知调用线程,后者就可以根据通知信息判断操作是否完成。

6. WSASendTo 函数

```
int WSASendTo( SOCKET s,LPWSABUF lpBuffers,DWORD dwBufferCount,LPDWORD lpNumberOfBytesSent,
DWORD  dwFlags, const  struct  sockaddr  FAR  *  lpTo,  int  iToLen,  LPWSAOVERLAPPED  lpOverlapped,
LPWSAOVERLAPPED_COMPLETION_ROUTINE lpCompletionRoutine );
```

(1) s

标识一个套接字(可能已连接)的描述符。

(2) lpBuffers

一个指向 LPWSABUF 结构体的指针。每一个 LPWSABUF 结构体包含一个缓冲区的指针和缓冲区的长度。

(3) dwBufferCount

lpBuffers 数组中 LPWSABUF 结构体的数目。

(4) lpNumberOfBytesSent

[out],如果发送操作立即完成,则为一个指向本次调用所发送的字节数的指针。

（5）dwFlags

指示影响操作行为的标志位。

（6）lpTo

可选指针，指向目标套接字的地址。

（7）iToLen

lpTo 中地址的长度。

（8）lpOverlapped

一个指向 LPWSAOVERLAPPED 结构的指针（对于非重叠套接字则忽略）。

（9）lpCompletionRoutine

一个指向接收操作完成时调用的完成例程的指针（对于非重叠套接字则忽略）。

7．WSARecvFrom 函数

```
int WSARecvFrom ( SOCKET s, LPWSABUF lpBuffers, DWORD dwBufferCount, LPDWORD lpNumberOfBytesRecvd,
LPDWORD lpFlags, struct sockaddr FAR * lpFrom, LPINT lpFromlen, LPWSAOVERLAPPED lpOverlapped,
LPWSAOVERLAPPED_COMPLETION_ROUTINE lpCompletionRoutine );
```

（1）s

标识套接字的描述符。

（2）lpBuffers

[in,out]，一个指向 LPWSABUF 结构体的指针。每一个 LPWSABUF 结构体包含一个缓冲区的指针和缓冲区的长度。

（3）dwBufferCount

lpBuffers 数组中 LPWSABUF 结构体的数目。

（4）lpNumberOfBytesRecvd

[out]，如果接收操作立即完成，则为一个指向本次调用所接收的字节数的指针。

（5）lpFlags

[in,out]，一个指向标志位的指针。

（6）lpFrom

[out]，可选指针，指向重叠操作完成后存放源地址的缓冲区。

（7）lpFromlen

[in,out]，指向 from 缓冲区大小的指针，仅当指定了 lpFrom 才需要。

（8）lpOverlapped

一个指向 LPWSAOVERLAPPED 结构体的指针（对于非重叠套接字则忽略）。

（9）lpCompletionRoutine

一个指向接收操作完成时调用的完成例程的指针（对于非重叠套接字则忽略）。

10.3　实验步骤

10.3.1　基于事件对象的编程通信

利用事件对象实现上一章节所讲到的火车票销售的案例。事件对象与互斥对象都属于内核对象。

（1）新建一个空的 Win32 Console Application 类的工程，工程名命名为：Event。为该工程添加一个 C++源文件：Event. cpp，然后就在此文件中添加具体的实现代码，如例 10-1 所示。

例 10-1

```
#include <windows. h>
#include <iostream. h>

DWORD WINAPI Fun1Proc(
  LPVOID lpParameter    // thread data
);

DWORD WINAPI Fun2Proc(
  LPVOID lpParameter    // thread data
);

int tickets = 100;
HANDLE g_hEvent;

void main()
{
    HANDLE hThread1;
    HANDLE hThread2;
    //创建人工重置事件内核对象
    g_hEvent = CreateEvent(NULL,TRUE,FALSE,NULL);
    //创建线程
    hThread1 = CreateThread(NULL,0,Fun1Proc,NULL,0,NULL);
    hThread2 = CreateThread(NULL,0,Fun2Proc,NULL,0,NULL);
    CloseHandle(hThread1);
    CloseHandle(hThread2);
    //让主线程睡眠 4 秒
    Sleep(4000);
    //关闭事件对象句柄
    CloseHandle(g_hEvent);
}
//线程 1 的入口函数
DWORD WINAPI Fun1Proc(
  LPVOID lpParameter    // thread data
)
{
  while(TRUE)
  {
      //请求事件对象
```

```
        WaitForSingleObject(g_hEvent,INFINITE);
        if(tickets>0)
        {
            Sleep(1);
            cout<<"thread1 sell ticket : "<<tickets--<<endl;
        }
        else
            break;
        SetEvent(g_hEvent);
    }


    return 0;
}
//线程 2 的入口函数
DWORD WINAPI Fun2Proc(
  LPVOID lpParameter    // thread data
)
{

    //请求事件对象
    while(TRUE)
{
        WaitForSingleObject(g_hEvent,INFINITE);
//      if(tickets>0)
        {
            Sleep(1);
            Ccout<<"thread2 sell ticket : "<<tickets--<<endl;
        }
        else
            break;
        SetEvent(g_hEvent);
    }


    return 0;
}
```

　　程序由以下几个部分组成：一是包含必要的头文件，因为程序中需要访问 Windows API 函数，因此需要包含 windows.h 文件，另外还用到了 C++的标准输出函数，所以需要包含 C++的标准输入/输出头文件 iostream.h；二是线程函数，在每个线程中都调用 WaitForSingleObject 函数请求事件对象，一旦得到事件对象之后，就可以进入所保护的代码中，完成销售火车票的工作；三是全局变量的定义，定义了两个全局变量，其中一个是整型变量 tickets，表示当前销售的票号，初始值为 100，另一个是 HANDLE 类型的变量 g_hEvent，用来保存即将创建的事件对象句柄；四是 main 函数，当程序启动后，就会产生主线程，main 函数就是主线程的入口函数，在这个主线程中可以创建新的线程。

在 main 函数中,首先调用 CreateEvent 函数创建了一个事件内核对象,该函数的第一个参数设置为 NULL,让该事件对象使用默认的安全性,第二个参数设置为 TRUE,即创建一个人工重置的事件对象,第三个参数设置为 FALSE,即该事件对象初始处于无信号状态;最后一个参数设置为 NULL,即创建一个匿名的事件对象。接下来,调用 CreateThread 函数创建了两个新的线程。接着,让主线程睡眠 4 s。在 main 函数结束之前,调用 CloseHandle 函数关闭所创建的事件对象句柄。

(2) Build 并运行 Event 程序,将会发现线程 1 和线程 2 并没有如我们所期望的那样完成销售火车票的工作。在上述代码 main 函数中创建事件对象时,将其初始状态设置为无信号状态,这样,当线程 1 和线程 2 请求 g_hEvent 这个事件对象时,因为该事件对象始终都处于无信号状态,WaitForSingleObject 函数将导致线程暂停,这两个线程都没有得到该事件对象,因此也就没有运行线程函数中 if 语句块内的代码。如果想让线程 1 或线程 2 得到 g_hEvent 这个事件对象的所有权,就必须将该事件对象设置为有信号状态。有两种方法可以实现这一目的,一种方法是在创建事件对象时,将 CreateEvent 函数的第三个参数设置为 TRUE,这样所创建的事件对象初始就是处于有信号状态。另一种方法是在创建事件对象之后,通过调用 SetEvent 函数把指定的事件对象设置为有信号状态。这里我们采用后一种方法,在如例 10-1 所示代码的 main 函数中,在创建事件对象之后,添加下面这条语句:

```
SetEvent(g_hEvent);
```

再次运行 Event 程序,结果如图 10.1 所示。

图 10.1　利用事件对象实现线程同步示例程序运行结果失败

可以看到,这时线程 1 和线程 2 确实销售了火车票,但是发现最后打印出号码为 0 的票号了,说明程序存在问题。前面的内容曾提到,当人工重置的事件对象得到通知时,等待该事件对象的所有线程均变为可调度线程。本例现在创建的就是一个人工重置的事件对象,当这个事件对象变成有信号状态时,所有等待该对象的线程都变为可调度线程,也就是说,线程 1 和线程 2 可以同时运行,正因为这两个线程可以同时运行,所以对其所保护的代码来说,这两个线程可以同时去执行该代码,从而导致了程序打印出票号 0。既然两个线程可以同时运行,这就说明程序实现的线程间的同步失败了。究其原因,主要是因为本例创建的是人工重置的事件对象。当一个线程等待到一个人工重置的事件对象之后,这个事件对象仍然处于有信号状态,所以其他线程可以得到该事件对象,从而进入所保护的代码并执行。

(3) 那么如何解决这一问题呢?既然人工重置事件对象在被一个线程得到之后仍是有信号状态,那么线程在得到该事件对象之后,立即调用 ResetEvent 函数,将该事件对象设置为无信号状态,然后在对所保护的代码访问结束之后再调用 SetEvent 函数将该事件对象设置为有信号状态,这时才允许其他线程获得该事件对象的所有权。也就是说,这时线程函数的代码如例 10-2 所示。

例 10-2

```
DWORD WINAPI Fun1Proc(
  LPVOID lpParameter   // thread data
)
{
    while(TRUE)
    {
        //请求事件对象
        WaitForSingleObject(g_hEvent,INFINITE);
        ResetEvent(g_hEvent);
        if(tickets>0)
        {
            Sleep(1);
            cout<<"thread1 sell ticket : "<<tickets--<<endl;
            ResetEvent(g_hEvent);
        }
        else
        {
            SetEvent(g_hEvent);
            break;
        }
    }
    return 0;
}
//线程 2 的入口函数
DWORD WINAPI Fun2Proc(
  LPVOID lpParameter   // thread data
)
{
    //请求事件对象
    while(TRUE)
    {
        WaitForSingleObject(g_hEvent,INFINITE);
        SetEvent(g_hEvent);
        if(tickets>0)
        {
            Sleep(1);
            cout<<"thread2 sell ticket : "<<tickets--<<endl;
            SetEvent(g_hEvent);
        }
        else
        {
```

```
        SetEvent(g_hEvent);
        break;
    }
}
return 0;
}
```

上述程序线程 1 获得事件对象后,调用 ResetEvent 函数将事件对象 g_hEvent 设置为无信号状态。当进入其 if 语句块之后,因为 Sleep 函数的调用,该线程睡眠了,于是线程 3 开始执行。因为此时 g_hEvent 事件对象已经变成无信号状态,所以线程 2 无法得到该对象,只能一直等待。当线程 1 睡眠之后,销售一张火车票,再调用 SetEvent 函数将 g_hEvent 事件对象设置为有信号状态,如果这时又轮到线程 2 执行,那么它就可以得到该事件对象。同样地,在线程 2 对保护的代码执行完成之后,也调用 SetEvent 函数将该事件设置为有信号状态。线程 1 又可以获得该对象,然后重复上述执行过程。

(4) 因为在线程请求到事件对象后,操作系统就会将该事件对象设置为无信号状态,所以为了让本程序能够正常运行,在线程对保护的代码访问完成之后应该立即调用 SetEvent 函数,将该事件对象设置为有信号状态,允许其他等待该对象的线程变成可调度状态。也就是说,这时线程 1 函数的代码如例 10-3 所示,加灰显示的代码就是新添加的代码(按照同样的方法为线程 2 函数添加 SetEvent 函数调用)。

例 10-3
```
DWORD WINAPI Fun1Proc(
LPVOID lpParameter    // thread data
)
{
    while(TRUE)
    {
        //请求事件对象
        WaitForSingleObject(g_hEvent,INFINITE);
        //ResetEvent(g_hEvent);
        if(tickets>0)
        {
            Sleep(1);
            cout<<"thread1 sell ticket : "<<tickets--<<endl;
        SetEvent(g_hEvent);
        }
        else
        {
        SetEvent(g_hEvent);
            break;
        }
    }
    return 0;
}
```

再次运行 Event 程序,这时将会看到程序执行的结果正常了。在使用时间对象实现线程间同步时,一定要注意区分人工重置事件对象和自动重置事件对象。当人工重置的事件对象得到通知时,等待该事件对象的所有线程均变为可调度线程;当一个自动重置的事件对象得到通知时,等待该事件对象的线程中只有一个线程变为可调度线程,同时操作系统会将该事件对象设为无信号状态,这样,当对所保护的代码执行完成后,需要调用 SetEvent 函数将该事件对象设置为有信号状态。而人工重置的事件对象,在一个线程得到该事件对象之后,操作系统并不会将该事件对象设置为无信号状态,除非显式地调用 ResetEvent 函数将其设置为无信号状态;否则该对象会一直是有信号状态。

10.3.2　关键代码段编程

新建一个空的 Win32 Console Application 类型的工程,工程取名为:Critical。并为该工程添加一个 C++源文件:Critical. cpp,然后就在此文件中添加具体的实现代码,可以复制上面编写的 Event. cpp 文件中的内容,并删除其中与事件对象相关的代码,然后添加使用临界区对象实现线程同步的代码,结果如例 10-4 所示。

例 10-4

```cpp
#include <windows.h>
#include <iostream.h>

DWORD WINAPI Fun1Proc(
  LPVOID lpParameter    // thread data
);

DWORD WINAPI Fun2Proc(
  LPVOID lpParameter    // thread data
);

int tickets = 100;

CRITICAL_SECTION g_cs;

void main()
{
    HANDLE hThread1;
    HANDLE hThread2;
    hThread1 = CreateThread(NULL,0,Fun1Proc,NULL,0,NULL);
    hThread2 = CreateThread(NULL,0,Fun2Proc,NULL,0,NULL);
    CloseHandle(hThread1);
    CloseHandle(hThread2);

    InitializeCriticalSection(&g_cs);
    Sleep(4000);

    DeleteCriticalSection(&g_cs);
}

DWORD WINAPI Fun1Proc(
  LPVOID lpParameter    // thread data
```

```
)
{
    while(TRUE)
    {
        EnterCriticalSection(&g_csA);
        BSleep(1);
        if(tickets>0)
        {
            Sleep(1);
            cout<<"thread1 sell ticket : "<<tickets--<<endl;
            LeaveCriticalSection(&g_cs);
        }
        else
        {
            LeaveCriticalSection(&g_cs);
            break;
        }
    }

    return 0;
}


DWORD WINAPI Fun2Proc(
    LPVOID lpParameter    // thread data
)
{

    while(TRUE)
    {
        EnterCriticalSection(&g_cs);
        Sleep(1);
        if(tickets>0)
        {
            Sleep(1);
            cout<<"thread2 sell ticket : "<<tickets--<<endl;
            LeaveCriticalSection(&g_cs);
        }
        else
        {
            LeaveCriticalSection(&g_cs);
            break;
        }
    }

    return 0;
}
```

因为多个线程都需要访问临界区对象,所以将它定义为全局对象,即上述代码中定义的

CRITICAL_SECTION 类型的对象:g_cs。

　　然后按照上面讲述的关键代码段使用的过程,在 main 函数中首先需要调用 InitializeCriticalSection 函数创建临界区对象,并在程序退出前,需要调用 DeleteCriticalSection 函数释放没有被任何线程使用的临界区对象的所有资源。

　　在主线程创建的两个线程中,在进入关键代码段访问受保护的代码之前,需要调用 EnterCriticalSection 函数,以判断能否得到指定的临界区对象的所有权,如果无法得到该所有权,那么 EnterCriticalSection 函数会一直等待,从而导致线程暂停运行;如果能够得到该所有权,那么该线程就进入到关键代码段中,访问受保护的资源当该访问完成之后需要调用 LeaveriticalSection 函数,释放指定的临界区对象的所有权。

　　Build 并运行 Critical 程序,将会看到程序结果正常。

　　在使用临界区对象编程时,有一点注意,有时在得到临界区对象的所有权之后,可能忘记释放该所有权,这将造成什么样的后果呢? 可以把例 10-4 所示代码中线程 1 函数 Fun1Proc 中的 LeaveCriticalSection 函数调用注释起来,然后再次运行 Critical 程序,将会看到始终是线程 1 在销售火车票,在线程 2 没有得到销售的机会,程序结果如图 10.2 所示。

　　为了验证线程 2 确实没有得到执行关键代码段的机会,在如例 10-4 所示代码中线程 2 函数 Fun2Proc 中,在 while 循环结束后,输出一句话,记在该函数的 return 语句之前添加下面这条语句:

```
cout<<"thread2 sell ticket : "<<endl;
```

　　如果线程 2 得到了执行关键代码段的机会,它就会打印出这句话:"thread2 is running!"。

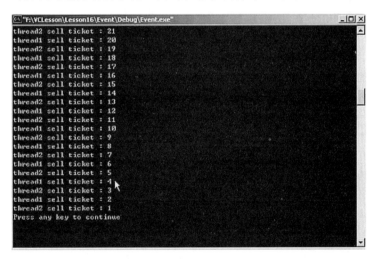

图 10.2　线程 1 没有释放临界区对象所有权时的程序结果

　　再次运行 Critical 程序,将会发现始终没有看到"thread2 is running!"这句话,这说明线程 2 始终没有得到执行关键代码段的机会。这主要是因为线程 1 获得了临界区对象的所有权,导致线程 2 始终无法得到该所有权,只能一直等待,无法执行下面的关键代码段,直到进程退出时,该线程也就退出了。这时虽然线程 1 的运行已经终止并退出了,但线程 2 仍然无法得到运行的机会。

10.3.3　线程死锁问题

对多线程来说,如果线程1拥有了临界区对象 A,等待临界区对象 B 的拥有权,线程2拥有了临界区对象 B,等待临界区对象 A 的拥有权,这就造成了死锁。对已有的 Critical 程序上进行修改,如例 10-5 所示。

例 10-5

```
# include <windows.h>
# include <iostream.h>

DWORD WINAPI Fun1Proc(
  LPVOID lpParameter    // thread data
);

DWORD WINAPI Fun2Proc(
  LPVOID lpParameter    // thread data
);

int tickets = 100;

CRITICAL_SECTION g_csA;
CRITICAL_SECTION g_csB;

void main()
{
   HANDLE hThread1;
   HANDLE hThread2;
   hThread1 = CreateThread(NULL,0,Fun1Proc,NULL,0,NULL);
   hThread2 = CreateThread(NULL,0,Fun2Proc,NULL,0,NULL);
   CloseHandle(hThread1);
   CloseHandle(hThread2);

   InitializeCriticalSection(&g_csA);
   InitializeCriticalSection(&g_csB);
   Sleep(4000);

   DeleteCriticalSection(&g_csA);
   DeleteCriticalSection(&g_csB);
}

DWORD WINAPI Fun1Proc(
   LPVOID lpParameter    // thread data
)
```

```
{
    while(TRUE)
    {
        EnterCriticalSection(&g_csA);
        Sleep(1);
        EnterCriticalSection(&g_csB);
        if(tickets>0)
        {
            Sleep(1);
            cout<<"thread1 sell ticket : "<<tickets--<<endl;
            LeaveCriticalSection(&g_csB);
            LeaveCriticalSection(&g_csA);

        }
        else
            {;
            LeaveCriticalSection(&g_csB);
            LeaveCriticalSection(&g_csA);
            break;
            }
    }

    return 0;
}


DWORD WINAPI Fun2Proc(
    LPVOID lpParameter    // thread data
)
{

    while(TRUE)
    {
        EnterCriticalSection(&g_csB);
        Sleep(1);
        EnterCriticalSection(&g_csA);
        if(tickets>0)
        {
            Sleep(1);
            cout<<"thread2 sell ticket : "<<tickets--<<endl;
            LeaveCriticalSection(&g_csA);
```

```
        LeaveCriticalSection(&g_csB);
    }
    else
    {
    LeaveCriticalSection(&g_csA);
    LeaveCriticalSection(&g_csB);
    break;
    }
}
cout<<"thread2 is running!"<<endl;
return 0;
}
```

　　上述程序中创建了两个临界区:g_csA 和 g_csB。在程序中,如果需要对某一种资源进行保护的话,就可以构建一个临界区对象。接着,上述例 10-5 所示代码在 main 函数中,调用 InitializeCriticalSection 函数对新创建的两个临界区对象 g_csA 和 g_csB 都进行了初始化,并在程序退出前调用 DeleteCriticalSection 函数释放这两个临界区对象的所有资源。然后,在线程 1 中调用 EnterCriticalSection 函数先请求临界区对象 g_csA 的所有权,当得到该所有权后,再去请求临界区对象 g_csB 的所有权。当线程 1 访问完保护的资源后,调用 LeaveCriticalSection 函数释放两个临界区对象的所有权。

　　对线程 2 来说,它先请求临界区对象 g_csB 所以权,然后再去等待临界区对象 g_csA 的所有权。在访问完保护的资源之后,释放所有临界区对象的所有权。

　　当线程 1 得到临界区对象 g_csA 的所有权之后,调用 Sleep 函数,该线程将睡眠 1ms,放弃执行机会。于是,操作系统或选择线程 2 执行,该线程首先等待的是临界区对象 g_csB 的所有权。当它得到该所有权之后,调用 Sleep 函数,让线程 2 也睡眠 1ms。于是,轮到线程 1 执行,这时它需要等待临界区对象 g_csB 的所有权。然而这时临界区对象 g_csB 已经被线程 2 所拥有,因此线程 1 就会等待。当线程 1 等待时,线程 2 开始执行,这时它需要等待临界区对象 g_csA 的所有权。然而临界区对象 g_csA 的所有权已经被线程 1 所拥有,因此线程 2 也进入等待状态。这样就导致线程 1 和线程 2 都在等待对方交出临界区对象的所有权,于是就造成了死锁。

　　这时运行 Critical 程序,得到结果如图 10.3 所示。可以看到,线程 1 和线程 2 都没有执行关键代码段中的代码,说明它们都没有得到所需的临界区对象的所有权。因此应避免发生线程死锁问题。

图 10.3　线程死锁结果

10.3.4　网络聊天室程序的实现

（1）在应用程序 CChatApp 类的 InitInstance 函数中加载套接字，因此，在该函数的开始位置添加下述例 10-6 所示的代码。

例 10-6

```
WORD wVersionRequested;
    WSADATA wsaData;
    int err;

    wVersionRequested = MAKEWORD(2,2);

    err = WSAStartup( wVersionRequested,&wsaData );
    if ( err ! = 0 ){

       return FALSE;
    }

    if ( LOBYTE( wsaData.wVersion ) ! = 2 ||
       HIBYTE( wsaData.wVersion ) ! = 2 ){

       WSACleanup( );
       return FALSE;
    }
```

上述程序中对 WSAStartup 函数的返回值进行检测，如果不是 0 值，说明 WSAStartup 函数调用失败，InitInstance 函数立即返回 FALSE 值。调用了 Winsock2.0 版本中的函数，所以还需要包含相应的头文件 winsock2.h，将该文件的包含语句放在 stdafx.h 文件中，即在该文件中添加下面这条语句：

```
#include"winsock2.h"
```

当然，还需要为 Chat 工程链接 ws2_32.lib

（2）创建并初始化套接字。为 CChatDlg 类增加一个 SOCKET 类型的成员变量 m_socket，即套接字描述符，并将访问权限设置为私有的。然后为 CChatDlg 类添加一个 BOOL 类型的成员函数 InitSocket，用来初始化该类的套接字成员变量，该函数的实现代码如例 10-7 所示。

例 10-7

```
BOOL CChatDlg::InitSocket()
{
   m_socket = WSASocket(AF_INET,SOCK_DGRAM,0,NULL,0,0);//创建套接字
   if(INVALID_SOCKET == m_socket)
   {
      MessageBox("创建套接字失败!");
      return FALSE;
```

```
        }
        SOCKADDR_IN addrSock;
        addrSock.sin_addr.S_un.S_addr = htonl(INADDR_ANY);
        addrSock.sin_family = AF_INET;
        addrSock.sin_port = htons(6000);
        if(SOCKET_ERROR == bind(m_socket,(SOCKADDR * )&addrSock,sizeof(SOCKADDR)))
        {
            MessageBox("绑定失败!");
            return FALSE;
        }
        if(SOCKET_ERROR == WSAAsyncSelect(m_socket,m_hWnd,UM_SOCK,FD_READ))
        {
            MessageBox("注册网络读取事件失败!");
            return FALSE;
        }

        return TRUE;
    }
```

如果套接字创建成功,接下来,就要将该套接字绑定到某个 IP 地址和端口上。WinSock2.0 版本的库中没有提供 bind 函数的扩展函数,所以这里仍使用该函数来完成套接字的绑定。首先定义一个地址结构体(SOCKADDR_IN)变量:addrSock,并为其成员赋值。最后调用 bind 函数,并对其返回值进行判断,如果是 SOCKET_ ERROR,说明 bind 函数调用出错了,就提示用户:"绑定失败!"。

接下来,就可以调用 WSAAsyncSelect 函数请求一个基于 Windows 消息的网络事件通知,该函数的第一个参数就是标识请求网络事件通知的套接字描述符;本例让对话框窗口接收消息,因此第一个参数就是该对话框的窗口句柄,即 CChatDlg 类的 m_hWnd 成员;第三个参数指定了一个自定义的消息(UM_SOCK)。一旦指定的网络事件发生时,操作系统就会发送该自定义的消息通知调用线程;第四个参数是注册的事件,本例注册了一个读取事件(FD_READ),这样,一旦有数据到来。就会触发 FD_READ 事件,系统就会通过 UM_SOCK 这则消息来通知调用线程。于是,在该消息的响应函数中接收数据,就可以接收到数据了。上述代码中,对 WSAAsyncSelect 函数的返回值作以判断,如果函数调用失败,则提示用户:"注册网络读取事件失败!",并返回 FALSE。

如果上述操作全部成功,则 InitSocket 函数返回 TRUE。这就是在 InitSocket 函数中对套接字进行初始化的处理过程。然后可以在 CChatDlg 类的 OnInitDialog 函数中调用这个函数,以便使程序完成套接字的初始化工作。因此,在 OnInitDialog 函数最后的 return 语句之前添加下面这条语句:

```
InitSocket();
```

然后在 CChatDlg 类的头文件中,定义自定义消息 UM_SOCK,定义代码如下所示:

```
#define UM_SOCK        WM_USER + 1
```

(3) 实现接收端功能。在定义 UM_SOCK 消息响应函数时应带有 wParam 和 lParam

这两个参数。在 CChatDlg 类的头文件中添加如例 10-8 所示代码中加灰显示的那条代码，即是 UM_SOCK 消息响应函数原型的声明。

例 10-8

```
// Generated message map functions
//{{AFX_MSG(CChatDlg)
virtual BOOL OnInitDialog();
afx_msg void OnSysCommand(UINT nID,LPARAM lParam);
afx_msg void OnPaint();
afx_msg HCURSOR OnQueryDragIcon();
afx_msg void OnBtnSend();
//}}AFX_MSG
afx_msg void OnSock(WPARAM,LPARAM);
DECLARE_MESSAGE_MAP()
```

接下来在 CChatDlg 类的原文件中添加 UM_SOCK 消息映射，如例 10-9 所示代码中加灰显示的那条代码。

例 10-9

```
BEGIN_MESSAGE_MAP(CChatDlg,CDialog)
    //{{AFX_MSG_MAP(CChatDlg)
    ON_WM_SYSCOMMAND()
    ON_WM_PAINT()
    ON_WM_QUERYDRAGICON()
    ON_BN_CLICKED(IDC_BTN_SEND,OnBtnSend)
    //}}AFX_MSG_MAP
    ON_MESSAGE(UM_SOCK,OnSock)
END_MESSAGE_MAP()
```

最后就是实现该消息响应函数，如例 10-10 所示。

例 10-10

```
void CChatDlg::OnSock(WPARAM wParam,LPARAM lParam)
{
    switch(LOWORD(lParam))
    {
    case FD_READ:
        WSABUF wsabuf;
        wsabuf.buf = new char[200];
        wsabuf.len = 200;
        DWORD dwRead;
        DWORD dwFlag = 0;
        SOCKADDR_IN addrFrom;
        int len = sizeof(SOCKADDR);
        CString str;
        CString strTemp;
        HOSTENT * pHost;
        if(SOCKET_ERROR == WSARecvFrom(m_socket,&wsabuf,1,&dwRead,&dwFlag,
```

```
                    (SOCKADDR * )&addrFrom,&len,NULL,NULL))
    {
        MessageBox("接收数据失败!");
        return;
    }
    pHost = gethostbyaddr((char * )&addrFrom.sin_addr.S_un.S_addr,4,AF_INET);
    //str.Format(" % s 说 : % s",inet_ntoa(addrFrom.sin_addr),wsabuf.buf);
    str.Format(" % s 说 : % s",pHost - >h_name,wsabuf.buf);
    str + = "\r\n";
    GetDlgItemText(IDC_EDIT_RECV,strTemp);
    str + = strTemp;
    SetDlgItemText(IDC_EDIT_RECV,str);
    break;
    }
}
```

上述程序只请求了 FD_READ 网络读取事件,所以在 OnSock 函数中可以直接调用 WSARecvFrom 函数去处理数据。在接收到数据后,将该数据进行格式化。首先,取出发送端地址(保存在 addrFrom 变量的 sin_addr 成员中),并将它转换为点分十进制表示的字符串;接着,从对话框的接收编辑框中取出已有的数据,保存到 sirTemp 变量中;接下来,将当前接收到的数据加上回车换行符后,再加上 strTemp 变量中保存的以前接收到的数据,然后调用 SetDlgItemText 函数将所有数据都放置到接收编辑框上。最后一定不要忘记释放已分配的内存。

(4)实现发送端功能。双击 Chat 程序主界面对话框资源上的"发送"按钮,VC++开发环境将为该按钮自动生成一个按钮单击命令响应函数:OnBtnSend。然后在此函数中添加代码实现数据发送的功能,结果如例 10-11 所示。

例 10-11

```
void CChatDlg::OnBtnSend()
{
    // TODO: Add your control notification handler code here
    DWORD dwIP;
    CString strSend;
    WSABUF wsabuf;
    DWORD dwSend;
    int len;
    SOCKADDR_IN addrTo;
        ((CIPAddressCtrl * )GetDlgItem(IDC_IPADDRESS1)) - >GetAddress(dwIP);
        addrTo.sin_addr.S_un.S_addr = htonl(dwIP);
    addrTo.sin_family = AF_INET;
    addrTo.sin_port = htons(6000);

    GetDlgItemText(IDC_EDIT_SEND,strSend);
    len = strSend.GetLength();
    wsabuf.buf = strSend.GetBuffer(len);
```

```
wsabuf.len = len + 1;

if(SOCKET_ERROR == WSASendTo(m_socket,&wsabuf,1,&dwSend,0,
        SetDlgItemText(IDC_EDIT_SEND,"");
        (SOCKADDR * )&addrTo,sizeof(SOCKADDR),NULL,NULL))
{

    MessageBox("发送数据失败!");
    return;
}


}
```

在发送数据时,首先获取 IP 地址控件上的用户输入的对方 IP 地址,这可以通过调用 GetDlgItem 函数得到 IP 地址控件,然后调用该控件对象的 GetAddress 函数得到 IP 地址。接着,定义一个地址结构(SOCKADDR_IN)变量 addrTo,并设置其成员,成员 sin_family 设置为 AF_INET,成员 sin_port 是发送端端口号,因为接收端是在 6000 这个端口号等待接收数据的,所以发送端也需要将端口设置为 6000,成员 sin_addr.S_un.S_addr 是对方 IP 地址,并且是 DWORD 类型,虽然上面获得的 IP 地址 dwIP 也是 DWORD 类型,但是这里仍然需要调用 htonl 函数进行转换,因为这里需要的是网络字节顺序的地址,而 dwIP 变量保存的是主机字节顺序的地址。

本程序是在同一个线程中实现了接收端和发送端,如果采用阻塞套接字,可能会因为 WSARecvFrom 函数的阻塞调用而导致线程暂停运行,所以本程序采用了异步选择机制在同一个线程中完成了接收端和发送端的功能,程序运行的效果与第 9 章采用多线程技术实现的聊天室程序的结果是类似的。在编写网络应用程序时,采用异步选择机制可以提高网络应用程序的性能,如果再配合多线程技术,将大大提高所编写的网络应用程序的性能。

(5)终止套接字库的使用。为 CChatApp 类增加一个析构函数,主要是要在此函数中调用 WSACleanup 函数,终止对套接字库的使用,具体代码如例 10-12 所示。

例 10-12

```
CChatApp::~CChatApp()
{
    // TODO: add construction code here,
    // Place all significant initialization in InitInstance
    WSACleanup();
}
```

同样,为 CChatDlg 类也提供一个析构函数。在此函数中判断 socket 变量是否有值,如果该套接字有值,则调用 closesocket 函数关闭该套接字,释放该套接字相关的资源,具体代码如例 10-13 所示。

例 10-13

```
CChatDlg::~CChatDlg()
{
    if(m_socket)
        closesocket(m_socket);
}
```

（6）利用主机名实现网络访问。上述 Chat 程序是通过输入对方的 IP 地址来向对方发送数据的,但是 IP 地址记忆起来不太方便,用户可能希望能够通过指定对方的主机名来发送数据。但是需要注意,在填充 SOCKADDR_IN 这个地址结构中 sin_addr. S_un. S_ addr 成员时,必需要使用 IP 地址,所以程序中需要将主机名转换为 IP 地址,这可以通过调用 gethostbyname 函数完成这种转换。

该函数的原型声明如下所示:

```
stuct hostent FAR * gethostbyname ( const char FAR * name);
```

gethostbyname 函数从主机数据库中获取主机名相对应的 IP 地址,该函数只有一个参数,是一个指向空终止的字符串。

下面,首先在 Chat 程序的对话框中增加一个编辑框,允许用户在编辑框中输入对方的主机名,并将其 ID 设置为 IDC_EDIT_HOSTNAME。接着,在例 10-11 所示代码中的 OnBtnSend 函数的第 7 行添加下述代码,以定义一个 CString 对象类型的对象 strHostName,用来保存用户输入的主机名,和一个 HOSTENT 结构类型的指针,以便 gethostbyname 函数使用。

```
CString strHostName;
HOSTENT * pHost;
```

然后,对例 10-11 中的代码 addrTo 变量的 sin_addr. S_un. S_ addr 成员进行赋值,如例 10-14所示。

例 10-14
```
if(GetDlgItemText(IDC_EDIT_HOSTNAME,strHostName),strHostName == "")
{
    ((CIPAddressCtrl * )GetDlgItem(IDC_IPADDRESS1)) - >GetAddress(dwIP);
    addrTo.sin_addr.S_un.S_addr = htonl(dwIP);
}
else
{   pHost = gethostbyname(strHostName);
    addrTo.sin_addr.S_un.S_addr = * ((DWORD * )pHost - >h_addr_list[0]);}
```

运行这时的 Chat 程序,与主机名编辑框中输入对方机器的主机名,并在发送数据编辑框中输入数据,然后按下回车键,即可在接收编辑框中看到接收到的数据,程序界面如图 10.4所示。

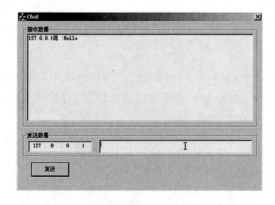

图 10.4　通过指定对方的主机名发送数据

10.4　实验结果及验证方法

（1）关于例 10-2 所示的代码运行程序后发现，仍然存在数值为 0 的票号，说明程序仍然没有实现线程间的同步。实际上，上述做法存在两个问题，一个问题是，在单 CPU 平台下，同一时刻只能有一个线程在运行，假设线程 1 先执行，它得到事件对象 g_hEvent，但是正好这时，它的时间片终止了，于是轮到线程 2 执行，但因为现在线程 1 中，ResetEvent 函数还没有被执行，所以该事件对象仍然处于所保护的代码中，于是结果就不可预料了；另一个问题是，当把 Event 程序移植到多 CPU 平台上时，线程 1 和线程 2 就可以同时运行，这时再调用 SetEvent 函数将其设置为有信号状态这一操作已经不起作用了，因为这两个线程都已经进入了所保护的代码，它们同时使用同一资源，当然结果也是未知的。所以为了实现线程间的同步，不应该使用人工重置的事件对象，而应该使用自动重置的事件对象。也就是说，应该修改上述例 10-1 所示的代码中对 CreateEvent 函数的调用，使用第二个参数设置 FALSE，修改结果如下所示：

```
g_hEvent = CreateEvent(NULL,FAULE,FALESE,NULL);
```

只是 Event 程序的主线程将创建一个自动重置时间对象 g_hEvent，且它的初始状态为无信号状态。然后还应该将先前在线程中添加的 ResetEvent 函数和 SetEvent 函数调用注释起来。

再次运行 Event 程序，但是将会发现线程 1 打印出票号 100 之后，线程就没有再继续运行了，程序结果如图 10.5 所示。

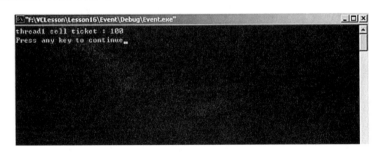

图 10.5　只有线程 1 打印出票号 100

因为当一个自动重置的事件得到通知时，等待该事件的线程中只有一个线程变为可调度线程。上述结果说明线程 1 得到了事件对象之后，因为它是一个自动事件，所以操作系统会将该事件对象设置为无信号状态。程序继续向下执行，当线程 1 睡眠时，轮到线程 2 执行，该线程调用 WaitForSingleObject 函数请求事件对象，然而因为这时该事件对象已经处于无信号状态，所以线程 2 只能等待，于是执行权返回给线程 1，线程 1 继续运行，输出 100。接着，线程 1 会再次请求事件对象，然后这时该事件对象的状态是无信号状态，所以 WaitForSingleObject 函数也无法得到该事件对象，于是线程 1 也只能等待。这样线程 1 和线程 2 都在等待，所以结果如图 10.5 所示。

（2）保证应用程序只有一个实例运行，通过创建一个命名的事件对象，也可以实现应用程序只有一个实例运行这一功能。对 CreateEvent 函数来说，如果创建的命名的事件对象，并且在此函数调用之前此事件对象已经存在,那么该函数将返回已存在的这个事件对象句柄,并且之后的 GetLastError 调用将返回 ERROR_ALREADY_EXISTS。因此,利用 CreateEvent 函数创建命名事件对象并根据其返回值判断应用程序是否已经有一个实例在运行,如果有,则应用程序退出,从而实现应用程序只有一个实例运行这一功能。

为此,需要修改 Event 程序的 main 函数,将已有的 CreateEvent 调用注释起来,然后在其后添加下述代码:

```
g_hEvent = CreateEvent(NULL,FALSE,FALSE,"tickets");
if(g_hEvent)
{
    if(ERROR_ALREADY_EXISTS == GetLastError())
    {
        cout<<"only one instance can run!"<<endl;
        return;
    }
}
```

(3) 一旦网络事件发生时,系统会发送自定义的消息通知调用线程,随该消息发送的信息都是随着消息的两个参数发送的。单个指定的网络事件在指定的套接字上发生时,应用程序窗口接收到指定的消息,该消息的 wParam 参数标识已经发生网络事件的套接字,lParam 参数的低位字标识已经发生的网络事件,高位字包含了任何错误代码,也就是说通过取出 lParam 参数的低位字,就可以知道当前发生的网络事件类型。

第 11 章　进程间通信

当一个进程启动后,操作系统为其分配 4GB 的私有地址空间。位于同一个进程中的多个线程共享同一个地址空间,因此线程之间的通信非常简单。然而,由于每个进程所拥有的 4GB 地址空间都是私有的,一个进程不能访问另一个进程地址空间中的数据,因此进程间的通信相对就比较困难些。在 Windows 平台下,系统为我们提供了多种进程间通信的机制,前面的章节中已经介绍了利用 Socket 编写网络通信程序的方法。实际上,网络程序就是在两个进程,或多个进程间的通信,但 Socket 编程需要我们对相关的网络协议要有所了解。另外,即使我们只传递一个简单的数据,利用 Socket 编程也需要较多的编码。本章实训将学习一下 4 种进程间通信方式:剪贴板、匿名管道、命名管道、邮槽。

11.1　实验目的

(1) 理解和掌握剪贴板、匿名管道、命名管道和邮槽的概念。
(2) 掌握进程间各通信方式的实现方法,并加以运用。
(3) 进一步了解 C++编程相较于其他编程的优点,更加熟练运用 VC++编程语言。

11.2　实验原理

11.2.1　剪贴板

对于剪贴板的使用是比较多的,当我们在 Word 文档中同时按下 Ctrl＋C 键复制一份数据后,在 PowerPoint 文档中同时按下 Ctrl＋V 键就可以粘贴该数据。实际上,这一过程就是 Word 进程与 PowerPoint 进程之间利用剪贴板实现的一次数据传输。剪贴板实际上是系统维护管理的一块内存区域,当一个进程中复制数据时,是将这个数据放到该块内存区域中,当在另一个进程中粘贴数据时,是从该块内存区域中取出数据,然后显示在窗口上。

在把数据放置到剪贴板之前,首先需要打开剪贴板,这可以利用 CWnd 类的 OpenClipBoard 成员函数实现,该函数的原型声名如下所示:

```
BOOL OpenClipBoard();
```

OpenClipBoard 函数的返回值是 BOOL 类型。如果打开剪贴板操作成功,则该函数返回非 0 值;如果打开其他程序,或者当前窗口已经打开了剪贴板,则该函数返回 0 值。如果某个程序已经打开了剪贴板,则其他应用程序将不能修改剪贴板,直到前者调用了 CloseClipBoard 函数。并且只有调用了 EmptyClipBoard 函数之后,打开剪贴板的当前窗口才拥有剪贴板。EmptyClipBoard 函数将清空剪贴板，并释放剪贴板中数据的句柄，然后将剪贴板的所有权分配给当前打开剪贴板的窗口。因为剪贴板是所有进程都可以访问的，所以在我们编写的这个 ClipBoard 进程使用剪贴板之前，可能已经有其他的进程把数据放置到剪贴板上了，那么在该进程打开剪贴板之后，需要调用 EmptyClipBoard 函数将清空剪贴板，释放剪贴板上数据的句柄，并将剪贴板的所有权分配给当前剪贴板的窗口，之后就可以向剪贴板中放置数据了。向剪贴板中放置数据，可以通过调用 SetClipBoardData 函数实现。这个函数是以指定的剪贴板格式向剪贴板上放置数据，该函数的原型声名如下：

```
HANDLE SetClipBoardData(UINT uFormat,HANDLE hMem);
```

需要注意的是，当前调用 SetClipBoardData 函数的窗口必须是剪贴板的拥有者，而且在这之前，该程序必须已经调用了 OpenClipBoard 函数打开剪贴板。在随后响应 WM_RENDERFORMAT 和 WM_RENDERALLFORMAT 消息时，当前剪贴板的拥有者在调用 SetClipBoardData 函数之前就不必再调用 OpenClipBoard 函数了。SetClipBoardData 函数有两个参数，其含义分别如下所述。

（1）uFormat

指定剪贴板格式，这个格式可以是已注册的格式，或者是任一种标准的剪贴板格式。本程序中只是利用剪贴板作为进程间通信的一种方式，因此选择标准的剪贴板格式，并且因为将传输文本数据，所以选择 CF_TEXT 格式，在这种文本格式下，每行数据以"0x0A0x0D"这一组合字符终止，并以空字符作为数据的结尾。

（2）hMem

具有指定格式的数据的句柄。该参数可以是 NULL，指示调用窗口直到有对剪贴板数据的请求时，才提供指定剪贴板格式的数据。如果窗口采用延迟提交技术，则该窗口必须处理 WM_RENDERFORMAT 和 WM_RENDERALLFORMAT 消息。

应用程序在调用 SetClipBoardData 函数之后，系统就拥有 hMem 参数所表示的数据对象。该应用程序可以读取这个数据对象，但是在应用程序调用 CloseClipBoard 函数之前，它不能释放该对象的句柄，或者锁定这个句柄。如果 hMem 参数标识了一个内存对象，那么这个对象必须是利用 GMEN_MOVEABLE 标志调用 GlobalAlloc 函数为其分配内存的。

GlobalAlloc 函数是从堆上分配指定数目的字节，Win32 内存管理没有提供一个单独的本地堆和全局堆。也就是说，在 Win32 平台下，已经没有本地堆和全局堆了，在以前的 Win16 平台下游本地堆和全局堆。因为与其他内存管理函数相比，全局内存函数的运行速度要稍稍慢些，而且它们没有提供更多的特性，所以新的应用程序应使用堆函数。然而全局函数仍然与动态数据交换，以及剪贴板函数一起使用。本程序是利用剪贴板在进程间进行通信，因此还是需要使用 GlobalAlloc 这个函数。该函数的原型声名如下所示：

```
HGLOBAL GlobalAlloc(UINT uFlags,SIZE_T dwBytes);
```

GlobalAlloc 函数有两个参数，其中 dwBytes 指定分配的字节数，uFlags 是一个标记，用来指定分配内存的方式，该参数可以取表 11.1 中列出的 uFlags 参数值一个或多个值，但是应注意，这些值中的有些值是不能一起使用的，如果 uFlags 参数值是 0，则该标记就是默认的 GMEM_FIXED。

表 11.1　uFlags 参数值

值	说　　明
GHND	GMEM_MOVEABLE 和 GMEM_ZEROINIT 的组合
GMEM_FIXED	分配一块固定内存,返回值是一个指针
GMEM_MOVEABLE	分配一块可移动的内存,在 Win32 平台下,内存块在物理内存中从来不被移动,但可在一个默认堆中被移动。创建一个进程时,系统为应用程序分配一块默认堆,返回值是一块内存对象句柄,如果想将这个句柄转换为一个指针,可以使用 GlobalLock 函数,这个标志不能与 GMEM_FIXED 标注一起使用
GMEM_ZEROINIT	初始化内存的内容为 0
GPTR	GMEM_FIXED 和 GMEM_ZEROINIT 的组合

如表 11.1 所示中提到的 GlobalLock 函数的作用是对全局内存对象加锁,然后返回该对象内存块地一个字节的指针。该函数的原型如下所示:

```
LPVOID GlobalLock(HGLOBAL hMem);
```

GlobalLock 函数的参数是一个全局内存对象句柄,返回值是一个指针。每个内存对象的内部数据结构中都包含了一个初始值为 0 的锁计数,对于可移动的内存对象来说,GlobalLock 函数将其计数加 1,而 GlobalUnlock 函数将该锁计数减一。对于一个进程来说每一次调用 GlobalLock 函数后,最后一定要记住调用 GlobalUnlock 函数。被锁定的内存对象的内存块将保持锁定,知道它的锁计数为 0,这时,该内存块才能被移动,或者被废弃。另外,已被加锁都得内存不能被移动,或被废弃,除非调用了 GlobalRealloc 函数重新分配了该内存对象。

使用 GMEM_FIXED 标志分配的内存对象其锁计数总是为 0。对于这些对象,GlobalLock 函数返回的指针值等于指定的句柄值。GMEM_FIXED 与 GMEM_MOVEABLE 这两个标志的区别是:如果指定的是前者,那么 GlobalAlloc 函数返回的句柄值就是分配的内存地址;如果指定的是后者,那么 GlobalAlloc 函数返回的不是实际内存的地址,而是指向该进程中句柄表条目的指针,在该条目中包含有实际分配的内存指针。

很多函数都使用 HGLOBAL 类型作为返回值或参数来代替内存地址,如果这样的一个函数返回了 HGLOBAL 类型的值,那么我们就应该假定它的内存是采用 GMEM_MOVEABLE 标志来分配的,这也就意味着必须调用 GlobalLock 函数对该全局内存对象加锁,并且返回该内存的地址,如果一个 HGLOBAL 类型的参数,为了保证安全,我们就该用 GMEM_MOVEABLE 标志调用 GlobalAlloc 函数来生成这个参数值。在这个剪贴板程序中,需要采用 GMEM_MOVEABLE 标志来分配内存。

11.2.2　匿名管道

匿名管道是一个未命名的、单向管道,通常用来在一个父进程和一个子进程之间传输数据。匿名管道只能实现本地机器上两个进程间的通信,而不能实现跨网络的通信。

为了创建匿名管道,需要调用 CreatePipe 函数,该函数的原型声名如下所示:

```
BOOL CreatePipe(
PHANDLE hReadPipe,
PHANDLE hWritePipe,
LPSECURITY_ATTRIBUTES lpPipeAttributes,
DWORD nSize
);
```

CreatePipe 函数将创建一个匿名管道,返回该匿名管道的读写句柄。该函数有四个参数,其含义分别如下所述。

1. hReadPipe 和 hWritePipe

这两个参数都是 out 类型,即作为返回值来使用。前者返回管道的读取句柄,后者接受管道的写入句柄。也就是说,在程序中需要定义两个句柄变量,将它们的地址分别传递给这两个参数,然后 CreatePipe 函数将同过着两个函数返回创建的匿名管道的读写句柄。

2. lpPipeAttributes

一个指向 LPSECURITY_ATTRIBUTES 结构体的指针,检测返回的句柄是否能被子进程继承。如果此参数为 NULL,则句柄不能被继承。在前面的章节中,凡是需要 LPSECURITY_ATTRIBUTES 结构体指针的地方,我们传递的都是 NULL 值,让系统为创建的对象赋予默认的安全描述符,而函数所返回的句柄将不能被子进程所继承。但在匿名管道中,不能再为此参数传递 NULL 值了,因为匿名管道只能在父子进程之间进行通信。子进程如果想要获得匿名管道的句柄,只能从父进程继承而来。当一个子进程从其父进程继承了匿名管道的句柄后,这两个进程就可以通过该句柄进行通信了。所以,在本章匿名管道的例子中,必须构造一个 LPSECURITY_ATTRIBUTES 结构体变量,该结构体的定义如下所示:

```
Typedef struct _SECURITY_ATTRIBUTES{
DWORD nLength;
LPVOID lpSecurityDescriptor;
BOOL bInheriHandle;
}SECURITY_ATTRIBUTES, * PSECURITY_ATTRIBUTES;
```

SECURITY_ATTRIBUTES 结构体有三个成员,第一个成员(nLength)制定该结构体的大小;第二个成员(lpSecurityDescriptor)是一个指向安全描述符的指针,在本章匿名管道的例子中,可以给这个成员传递 NULL 值,让系统为创建的匿名管道赋予默认的安全描述符;第三个成员(bInheriHandle)很关键,该成员制定所返回的句柄是否能被一个新的进程所继承,如果此成员为 TRUE,那么返回的句柄能够被新进程继承。

3. nSize

指定管道的缓冲区大小,该大小仅仅是一个建议值,系统将使用这个值来计算一个适当的缓冲区大小。如果此参数是 0,系统则使用默认的缓冲区大小。

为了启动一个进程,可以调用 CreateProcess 函数,该函数的原型声名如下所示:

```
BOOL CreateProcess(
    LPCTSTR lpApplicationName,
    LPTSTR lpCommandLine,
    LPSECURITY_ATTRIBUTES lpProcessAttributes,
    LPSECURITY_ATTRIBUTES lpThreadAttributes,
    BOOL bInheritHandles,
    DWORD dwCreationFlags,
    LPVOID dwEnvironmengt,
    LPCTSTR lpCurrentDirectory,
    LPSTARTUPINFO lpStartupInfo,
    LPPROCESS_INFORMATION lpProcessInformation
);
```

下面详细介绍个参数的含义：

（1）lpApplicationName

一个指向 NULL 终止的字符串，用来指定可执行程序的名称。该名称可以是该程序的完整路径和文件名，也可以是部分名称。如果是后者，CreateProcess 函数就在当前路径下搜索可执行文件名，但不会使用搜索路径进行搜索。注意，一定要加上扩展名，系统将不会自动假设文件名有一个".exe"扩展名。

lpApplicationName 参数可以为 NULL，这时，文件名必须是 lpCommandLine 指向的字符串中的第一个空格界定的标记。如果使用了包含空格的长文件名，那么应该使用引号将该名称包含起来，以表明文件名的结束和参数的开始，否则文件名会产生歧义。例如"c:\program files\sub dir\program name"这个字符串会被解释为多种形式，系统将按照下面的顺序来进行处理：

> c:\program.exe files\sub dir\program name
>
> c:\program files\sub.exe dir\program name
>
> c:\program files\sub dir\program.exe name
>
> c:\program files\sub dir\program name.exe

（2）lpCommandLine

一个指向 NULL 终止的字符串，用来指定传递给新进程的命令行字符串。系统会在该字符串的最后增加一个 NULL 字符，并且如有必要，它会去掉首尾空格。

我们可以在 lpApplicationName 参数中传递可执行文件的名称，在 lpCommandLine 参数中传递命令行的参数。但应注意，如果在 lpCommandLine 参数中传递了一个可执行的文件名，并且没有包含路径，那么这时 CreateProcess 函数将按照以下的顺序搜索可执行文件：

① 应用程序被装在的目录；

② 父进程目录；

③ Windows Me/98/95：Windows 系统目录；

Windows NT/2000：32 位 Windows 系统目录，即 C:\WINNT\System32 目录；

④ WindowsNT/2000：16 位 Windows 系统目录：即 C:\WINNT\System32 目录；

⑤ Windows 目录；

⑥ PATH 环境变量中列出的目录。

可以将文件名和命令行参数构造为一个字符串,一并传递给这个参数,当 CreateProcess 函数分析 lpCommandLind 参数所指向的字符串,它将查看该字符串以空格分隔的第一个标记,并假设该标记就是将要运行的可执行文件的名字。如果这个可执行文件的文件名没有扩展名,便假设它的扩展名为".exe",当然,如果文件名包括全路径,那么系统将使用全路径来查看可执行文件,并且不再搜索上述目录。

lpCommandLine 参数也可以为空,这时,CreateProcess 函数将使用 lpApplicationName 参数作为命令行。这两个参数的区别在于,如果在 lpApplicationName 参数中指定可执行文件名,那么系统将只在当前目录下查找该可执行文件,如果没有找到,就失败返回。另外,系统不会为该文件加上一个扩展名;在 lpCommandLine 参数中指定可执行文件名,如果没有指定目录的话,系统就会按照上面介绍的顺序查找该文件,若按此顺序在所有路径下都没有找到该文件,CreateProcess 函数才失败返回。另外,如果在 lpCommandLine 参数指定文件名时没有加扩展名,那么这个函数会自动添加".exe"扩展名。通常在调用 CreateProcess 函数时,我们将可执行文件名和命令行参数都传递给 lpCommandLine 参数。

(3) lpProcessAttributes 和 lpThreadAttributes

参数 lpProcessAttributes 和 lpThreadAttributes 都是指向 SECURITY_ATTRIBUTES 结构体的指针。当调用 CreateProcess 函数创建新进程时,系统将为新进程创建一个进程内核对象和一个线程内核对象,后者用于进程的主线程。而 lpProcessAttributes 和 lpThreadAttributes 这两个参数就是分别用来设置新进程对象和线程对象的安全性,以及指定父进程将来创建的其他子进程是否可以继承这两个对象的句柄。在我们的程序中不需要创建其他的子进程,可以为这两个参数传递 NULL,让系统为这两个对象赋予默认的安全描述符。

(4) bInheritHandles

该参数用来指定父进程随后创建的子进程是否能够继承父进程的对象句柄。如果该参数为 TRUE,那么父进程的每个可继承的打开句柄都能被子进程继承。继承的句柄与原来句柄拥有同样的值和访问特权。在下面的例子中,我们将会把参数设置为 TRUE,让子进程继承父进程创建的管道的读写句柄。

(5) dwCreationFlags

指定控件优先级类和进程创建的附加标记。如果只是为了启动子进程,并不需要设置它创建的标记,可以直接将此参数设置为 0。这个参数可以取得创建标志如表 11.2 所示,这些标志可以利用或操作符组合,从而同时设定多个标记。

表 11.2 进程创建标志

进程创建附加标记	说 明
CREATE_BREAKAWAY_FROM_JOB	如果调用进程与某个作业相关联,那么指定此标志后,该进程的子进程将不与该作业相关联。如果调用进程没有与任一作业相关联,那么这个标记将没有作用
CREATE_DEFAULT_ERROR_MODE	告诉系统,新进程不继承父进程使用的错误模式,而是将获得当前默认的错误模式
CREATE_NEW_CONSOLE	告诉系统,为新进程创建一个控制台窗口,而不是继承父进程的控件台窗口,该标志不能与 DETACHED_PROCESS 标志一起使用

续 表

进程创建附加标记	说 明
CREATE_NEW_PROCESS_GROUP	如果设定本标志,函数将创建一个新进程组,这个新进程组是该新进程的根进程,进程组包括该根进程的所有子进程。GenerateConsoleCtrlEvent 函数使用进程组向一组控件台发送 Ctrl+Break 信号
CREATE_NO_WINDOW	告诉系统不要为应用程序创建任何控制台窗口,可以使用本标志运行一个没有用户界面的控制台程序
CREATE_SEPARATE_WOW_VDM	WindowsME/98/95 不支持这个标志,在其他平台上运行 16 位 Windows 应用程序时使用这个标志。它告诉系统创建一个单独的 DOS 虚拟机(vdm),并且在该 VDM 中运行 16 位 Windows 应用程序。按照默认设置。另外,在单独的 VDM 中运行的 16 位 Windows 应用程序有它单独的输入队列。这意味着如果一个应用程序临时挂起,在各个 VDM 中的其他应用程序仍然可以继续接受输入信息。运行多个 VDM 的缺点是:每个 VDM 都要消耗大量的物理存储器
CREATE_SHARED_WOW_VDM	WindowsME/98/95 不支持这个标志,在其他平台上运行 16 位 Windows 应用程序时使用这个标志。按照默认设置,除非设定了 CREATE_SEPARATE_WOW_VDM 标志;否则,所有 16 位 Windows 应用程序都必须在单独的 VDM 中运行
CREATE_SUSPENDED	新进程创建后,主线程被挂起,而且直到调用了 ResumeThread 函数时才能运行。这使得父进程能够修改子进程的地址空间的内存,改变子进程的主线程的优先级,或者在进程有机会执行任何代码之前将添加给一个作业。在父进程修改了子进程后,它可以通过调用 ResumeThread 函数允许子进程开始执行
CREATE_UNICODE_ENVIRONMENT	告诉系统,子进程的环境块使用 Unicode 字符集。按照默认设置,进程的环境块使用的是 ANSI 字符集
DEBUG_PROCESS	如果设置此标志,父进程被看作是一个调试程序,而新进程被看作是一个正被调试的进程。系统将被调试进程中发生的一切调试事件都通知给父进程
DEBUG_ONLY_THIS_PROCESS	如果没有设置本标志,并且调用进程正被调试,那么新进程将成为调用进程的调试程序调试的另一个进程。如果调用进程不是一个正被调试的进程,则没有与调试相关的行为发生
DETACHED_PROCESS	用于阻止基于 CUI 的进程对它的父进程的控制台窗口的访问,并告诉系统将它的输出发送到新的控制台窗口。如果基于 CUI 的进程是由另一个基于 CUI 的进程创建的,那么按照默认设置,新进程将使用父进程的控制台窗口。通过设定本标志,新进程将把它的输出发送到一个新控制台窗口

dwCreationFlags 参数也用于控制新进程的优先级别,其取值如表 11.3 所示。

表 11.3　进程优先级别

进程优先类别标志	说明
IDLE_PRIORITY_CLASS	空闲
BELOW_NORMAL_PRIORITY_CLASS	低于正常
NORMAL_PRIORITY_CLASS	正常
ABOVE_NORMAL_PRIORITY_CLASS	高于正常
HIGH_PRIORITY_CLASS	高
REALTIME_PRIORITY_CLASS	实时

（6）dwEnvironmengt

一个指向环境块的指针，如果此参数是 NULL，那么新进程使用进程的环境。通常都是给此参数传递 NULL。

（7）lpCurrentDirectory

一个指向空终止的字符串，用来指定子进程当前的路径，这个字符串必须是一个完整的路径名，包括驱动器的标识符，如果此参数为 NULL，那么新的子进程将与调用进程，即父进程拥有相同的驱动器和目录。

（8）lpStartupInfo

一个指向 STARTUPINFO 结构体的指针，用来指定新进程的主窗口将如何显示。该结构体的定义如下所示：

```
typedef struct _STARTUPINFO{ //si
    DWORD cb;
    LPTSTR lpReserved;
    LPTSTR lpDesktop;
    LPTSTR lpTitle;
    DWORD dwX;
    DWORD dwY;
    DWORD dwXSize;
    DWORD dwYSize;
    DWORD dwXCountChars;
    DWORD dwYCountChars;
    DWORD dwFillAttribute;
    DWORD dwFlags;
    WORD wShowWindow;
    WORD cbReserved2;
    LPBYTE lpReserved2;
    HANDLE hStdInput;
    HANDLE hStdOutput;
    HANDLE hStdError;
    }STARTUPINFO, * LPSTARTUPINFO;
```

可以看到,STARTUPINFO 结构体的成员比较多,对这种拥有很多成员的结构体,在使用时并不需要为其所有成员都赋值,那么如何才能知道哪些成员能满足我们的需要呢? 对这里的 dwFlags 成员来说,如果选择 STARTF_USESTDHANDLES 标记,那么将使用 STARTUPINFO 结构体中的 hStdInput、hStdOutput、hStdError 成员设置所创建的新进程的标准输入、标准输出和标准错误句柄,也就是说,这时只需要为 STARTUPINFO 结构体中的三个成员赋值即可。另外,在很多结构体中都有类似于 cb 或 nlens 这样的成员,他们都是用来表示该结构体本身的大小,以字节为单位,通常都需要为此成员赋值,否则函数调用可能会失败。因此,在使用 STARTUPINFO 结构体时,还应设置 cb 成员的值,即该结构体的大小。

（9）lpProcessInformation

这个参数作为返回值使用,是一个指向 PROCESS_INFORMATION 结构体的指针,用来接收关于新进程的标识信息。该结构体的定义如下表示:

```
Typedef struct _PROCESS_INFORMATION{
    HANDLE hProcess;
    HANDLE hThread;
    DWORD dwProcessId;
    DWORD dwThreadId;
    }PROCESS_INFORMATION;
```

PROCESS_INFORMATION 有四个成员。前两个成员:hProcess 和 hThread 分别是标识新创建的进程句柄和新创建进程的主线程句柄;后两个成员 dwProcessId 和 dwThreadId 分别是全局进程标识符和全局线程标识符,前者可以用来标识一个进程,后者可以用来标识一个线程。

当启动一个进程时,系统会为此进程分配一个标识符,同时这个进程中的线程也会被分配一个标识符,在一个进程运行时,该进程的标识符和线程的标识符是唯一的,但应注意,当该进程停止运行时,该进程的标识符和其线程的标识符可能会被系统分配给另一个进程和另一个线程使用。如果一个函数调用依赖于进程的标识符或线程的标识符,那么就要确保该进程当前是出于运行状态,否则结果无法预料。

11.2.3　命名管道

命名管道通过网络来完成进程间的通信,它屏蔽了底层的网络协议细节。我们在不了解网络协议的情况下,也可以利用命名管道来实现进程间的通信。命名管道不仅可以在本机上实现两个进程间的通信,还可以跨网络实现两个进程间的通信。

命名管道充分利用了 Windows NT 和 Windows 2000 内建的安全机制。在创建管道时,可以指定具有访问权限的用户,而其他用户则不能访问这个管道。如果采用 Sockets 编写网络应用,那么为了完成用户身份验证需要程序员自行编码实现,而采用命名管道就不需要再编写身份验证的代码了。

将命名管道作为一种网络编程方案时,它实际上建立了一个客户机/服务器通信体系,并在其中可靠的传输数据。命名管道是围绕 Windows 文件系统设计的一种机制,采用"命名管道文件系统(Named Pipe File System,NPFS)"接口,因此,客户机服务器可利用标准的 Win32 文件系统函数来进行数据的收发。命名管道服务器和客户机区别在于:服务器是唯一一个有权创建命名管道的进程,也只有它才能接受管道客户机连接请求。而客户机能同一个现成的命名管道服务器建立连接。命名管道服务器只能在 Windows NT 或 Windows 2000 上创建,因此,我们无法在两台 Windows 95 或 Windows 98 计算机之间利用管道进行通信。不过,客户机可以是 Windows 95 或 Windows 98 计算机,与 Windows NT 或 Windows 2000 计算机进行连接通信。

命名管道提供了两种基本通信模式:字节模式和消息模式。在字节模式下,数据以一个连续的字节流的形式在客户机和服务器之间流动。而在消息模式下,客户机服务器则通过一系列不连续的数据单位,进行数据的收发,每次在管道上发出一条消息后,它必须作为一条完整的消息读入。

在程序中如果要创建一个命名管道,需要调用 CreateNamedPipe 函数。该函数的原型声名如下所示:

```
HANDLE CreateNamedPipe(
LPCTSTR lpName,
DWORD dwOpenMode,
DWORD dwPipeMode,
DWORD nMaxInstances,
DWORD nOutBufferSize,
DWORD nDefaultTimeOut,
LPSECURITY_ATTRIBUTES lpSecurityAttributes
);
```

CreateNamedPipe 函数创建一个命名管道的实例,并返回该命名管道的句柄。一个命名管道的服务器进程使用该函数创建命名管道的第一个实例,并建立它的基本属性,或者创建一个现有的命名管道的新实例。如果需要创建一个命名管道的多个实例,就需要多次调用 CreateNamedPipe 函数。该函数各个参数的含义分别如下所述。

1. lpName

一个指向空终止的字符串,该字符串的格式必须是:"\\. \pipe\pipename"。其中该字符串开始是两个连续的反斜杠,其后的圆点表示是本地机器,如果想要与远程的服务器建立连接,那么在这个圆点位置处应指定这个远程服务器的名称。接下来是"pipe"这个固定的字符串,也就是说这个字符串的内容不能修改,但其大小写是无所谓的。最后是所创建的命名管道的名称。

2. dwOpenMode

指定管道的访问方式、重叠方式、写直通方式,还有管道句柄的安全访问方式。这个参数的管道访问方式必须是表 11.4 所列值之一,并且管道的每一个实例都必须有同样的访问方式。

表 11.4　命名管道的访问方式

管道访问方式	说　明
PIPE_ACCESS_DUPLEX	双向模式,服务器进程和客户端进程都可以从管道读取数据和向管道中写入数据,该模式等价于指定 GENERIC_READ｜GENERIC_WRITE。当客户端调用 CreatPipe 函数与管道连接时,可以指定 GENERIC_READ｜GENERIC_WRITE,或二者都指定
PIPE_ACCESS_INBOUND	管道中的数据流向只能从客户端到服务器端进程,相当于指定 GENERIC_READ。也就是说,如果在服务器端创建命名管道时指定 PIPE_ACCESS_INBOUND 访问方式,那么服务器端就只能读取数据,而客户端就只能向管道写入数据
PIPE_ACCESS_OUTBOUND	管道中的数据流向只能从服务器端到客户端进程。服务器端只能向管道写入数据,而客户端只能从管道读取数据

该参数还可以包含表 11.5 中所列出的标记的一个或多个,用来指定写直通方式和重叠方式。

关于重叠操作,前面已经介绍了,如果采用了重叠操作,对管道的读写函数将立即返回。当该操作完成之后,系统会通过一种方式通知调用进程,本例将创建一个允许重叠操作的命名管道。

该参数还可以包含表 11.6 中所列出的标记中的一个或多个,用来指定管道的安全访问方式。

表 11.5　写直通和重叠方式

写直通和重叠方式	说　明
FILE_FLAG_WRITE_THROUGH	允许写直通方式,该方式只影响对字节类型管道的写入操作,并且只有当客户端与服务器端进程位于不同的计算机上时才有效,如果采用了该方式,那么只有等到写入命名管道的数据通过网络传送过去。并且放在了远程计算机的管道缓冲来提高网络操作的效率,知道累积的字节数达到了最小值,或超过了最大时间值
FILE_FLAG_OVERLAPPED	允许采用重叠模式,如果采用了该模式,那么那些可能会需要一定时间才能完成的读写操作会立即返回。在重叠模式下,前台线程可以执行其他操作,而耗费时间的操作可以在后台运行,例如,在重叠模式下,一个线程可以在管道的多个实例上同时处理和输出操作,或者在同一个管道句柄上同时执行读写操作。如果没有指定重叠模式,那么在管道句柄上执行的读取和写入操作只有在这些操作完成之后才能返回。ReadFileEx 和 WriteFileEx 函数只能在重叠模式下使用管道句柄,而 ReadFile,WriteFile,ConnectNamedPipe 和 TransactNamedPipe 函数既可以以重叠方式执行,也可以采用同步方式执行

表 11.6　安全访问方式

安全访问方式	说　明
WRITE_DAC	调用者对命名管道的任意访问控制访问列表(ACL)都可以进行写入访问
WRITE_OWNER	调用者对命名管道的所有者可以进行写入访问
ACCESS_SYSTEM_SECURITY	调用者对命名管道的安全访问控制列表(SACL)可以进行写入访问

3. dwPipeMode

指定管道句柄的类型、读取和等待方式。管道句柄的类型可以取表 11.7 中所列值之一。

表 11.7 管道句柄的类型

值	说 明
PIPE_TYPE_BYTE	数据以字节流的形式写入管道,该方式不能在 PIPE_READMODE_MESSAGE 读方式下使用
PIPE_TYPE_MESSAGE	数据以消息流的形式写入管道,该方式在 PIPE_READMODE_MESSAGE 和 PIPE_READMODE_BYTE 读方式下都可以使用

另外,同一个命名管道的每一个实例必须具有相同的类型。如果该参数值为 0,那么默认是字节类型方式。也就是说,通过这个参数,可以指定创建的是字节模式,就不能和 PIPE_READMODE_MESSAGE 读模式一起使用。因为当把命名管道指定为消息模式时,系统发送消息时有一个定界符,当我们以消息读的模式去读取时,通过该定界符就可以读取到一条完整的消息,但如果采用字节读方式读取,这时将忽略该定界符而直接读取数据。所以,对消息管道的命名管道来说,可以采用消息读,也可以采用字节读的方式读取数据。但是,对于字节模式的命名管道来说,数据是一种字节流格式,没有定界符,因此如果采用消息读的模式读取时,就不知道应该读取多少字节的数据才合适。

管道句柄的等待方式可以是表 11.8 中所列值之一,同一个管道的不同实例可以取不同的等待方式。如果该值设置为 0,则默认是阻塞方式。

表 11.8 管道句柄的等待方式

管道句柄的等待方式	说 明
PIPE_WAIT	允许阻塞方式,在这种方式下,ReadFile,WriteFile 或 ConnectNamedPipe 函数必须等到读取到了数据,或写入了所有数据,或有一个客户连接到来后才能返回
PIPE_NOWAIT	允许非阻塞方式,在这种方式下,ReadFile,WriteFile 或 ConnectNamedPipe 函数总是立即返回

4. nMaxInstances

指定管道能够创建的实例的最大数目。该参数的取值范围从 1 到 PIPE_UNLIMITED_INSTANCES。如果是 PIPE_UNLIMITED_INSTANCES,那么可以创建的管道实例数目仅仅受限于系统可用的资源。例如,如果将这个参数值设置为 5,也就是说,最多可以创建该命名管道的 5 个实例,那么这是否就表示同时 5 个客户端能够连接到这个命名管道的实例上呢?实际上,这里所指的最大实例数目是指对同一个命名管道最多所能创建的实例数目。如果希望同时能够连接 5 个客户端,那么必须调用 5 次 CreateNamedPipe 函数创建的 5 个命名管道实例,然后才能同时接收 5 个客户端连接请求的到来。对同一个命名管道的实例来说,在某一时刻,它只能和一个客户端进行通信。

5. nOutBufferSize

指定为输出缓冲区所保留的字节数。

6. nInBufferSize

指定为输入缓冲区所保留的字节数。

实际上,输入和输出缓冲区的大小是可变的,保留给命名管道的每一端的实际缓冲区大小既可以是系统默认值,也可以是系统最小值、系统最大值,或延伸到下一个分配边界的一个指定值。

7. nDefaultTimeOut

指定默认的超时值,单位是 ms。同一个管道的不同实例必须指定同样的超时值。

8. lpSecurityAttributes

指向 SECURITY_ATTRIBUTES 结构的指针,该结构指定了命名管道的安全描述符,并确定子进程是否可以继承这个函数返回的管道句柄。可以将这个参数设置为 NULL,让命名管道具有默认的安全描述符,而且该句柄不能被继承。

11.2.4　邮槽

邮槽是基于广播通信体系设计出来的,它采用无连接的不可靠的数据传输。邮槽是一种单向通信机制,创建邮槽的服务器进程读取数据,打开邮槽的客户机进程写入数据。为保证邮槽在各种 Windows 平台下都能够正常工作,我们在传输消息的时候,应将消息的长度限制在 424 字节以下。

在程序中,可以通过调用 CreateMailslot 函数创建一个邮槽。该函数利用指定的名称创建一个邮槽,然后返回所创建的邮槽的句柄。CreateMailslot 函数的原型声名如下所示:

```
HANDLE CreateMailslot(
    LPCTSTR lpName,
    DWORD nMaxMessageSize,
    DWORD lReadTimeout,
    LPSECURITY_ATTRIBUTES lpSecurityAttributes
);
```

CreateMailslot 函数有四个参数,其含义分别如下所示。

1. lpName

指向一个空终止字符串的指针,该字符串指定了邮槽的名称,该名称的格式必须是:"\\.\mailslot\[path]name",其中前两个反斜杠之后的字符表示服务器所在机器的名称,圆点表示是本地机器;接着是硬编码的字符串:"mailslot",这几个字符不能改变,但大小写无所谓;最后的字符串([path]name)就是程序员为邮槽取的名称。

2. nMaxMessageSize

用来指定可以被写入到邮槽的单一消息的最大尺寸,为了可以发送任意大小的消息,可以将该参数设置为 0。

3. lReadTimeout

指定读取操作的超时时间间隔,以 ms 为单位。读取操作在超时之前可以等待一个消息被写入到这个邮槽之中。如果将这个值设置为 0,那么若没有消息可用,该函数将立即返回;如果将这个值设置为 MAILSLOT_WAIT_FOREVER,则该函数将一直等待,直到消息可用。

4. lpSecurityAttributes

指向一个 LPSECURITY_ATTRIBUTES 结构的指针。可以简单的给这个参数传递 NULL 值,让系统为所创建的邮槽赋予默认的安全描述符。

11.3 实验步骤

11.3.1 剪贴板通信

(1) 新建一个工程,如图 11.1 所示,左侧工程名设置为"Clipboard",单击"OK"按钮在弹出的界面中选择基于对话框的应用程序(Dialog based),单击"Finish"按钮。如图 11.2 所示。

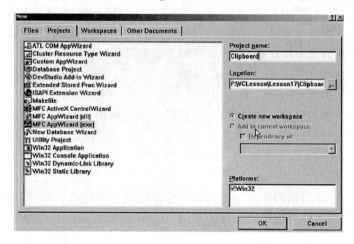

图 11.1 新建一个工程

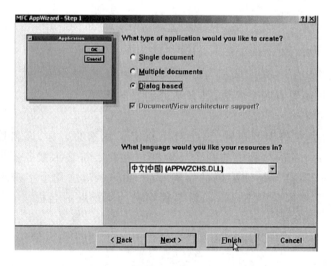

图 11.2 选择基于对话框的应用程序

(2) 之后在弹出的对话框中单击"OK"按钮,出现如图 11.3 所示的对话框。

(3) 将图 11.3 所示的对话框中的三个控件删除,分别为"确定"按钮、"取消"按钮、以及"在这里设置对话控制"的窗体之后,选择 VC++应用程序界面右侧的文本编辑框按钮,在对话框中放入一个编辑框,并且拖动到另一个同样的编辑框,如图 11.4 所示。

(4) 单击图 11.4 的"Events…"选项。在弹出的编辑框中的 ID:IDC_EDIT1 改为 ID:IDC_EDIT_SEND。然后点击 11.4 中左侧的编辑框,将 ID:IDC_EDIT2 改为 ID:IDC_

EDIT_RECV,如图 11.5 所示。

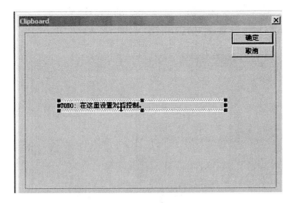

图 11.3　设置对话控制

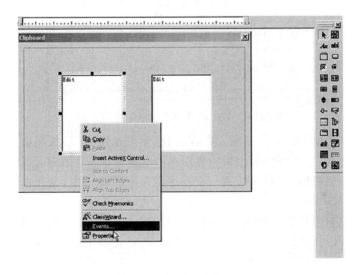

图 11.4　得到两个编辑框

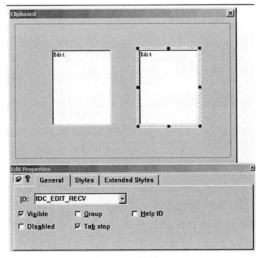

图 11.5　修改 ID

（5）然后在图 11.5 中放置一个"Button"按钮，并且通过拖动产生另外一个，并且对这两个"Button"按钮更改 ID，其方法同第 5 步，分别将 ID 改为 IDC_BTN_SEND 和 IDC_ BTN_ RECV；"Caption"分别设置为发送和接收，如图 11.6 所示。

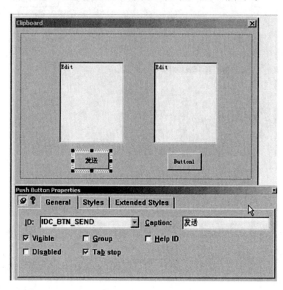

图 11.6　设置 BUTTON 的 ID 和 Caption

（6）我们可以在左侧编辑框上输入数据，当单击发送按钮时，数据会放入剪贴板上，当单击接收按钮时，数据会从剪贴板上取出显示在右侧编辑框上。在这里注意：我们只是为了演示的方便才把数据的输入/输出写到一个程序里。实际操作中，分开来写，可以实现不同进程间的通信。

下面就编写向剪贴板发送数据的代码。双击 Clipboard 程序中的主界面对话框资源上的"发送"按钮，VC＋＋开发环境将为我们自动创建该按钮的单击命令响应函数：OnBtnSend，然后在此函数中添加代码以实现向剪贴板发送数据的功能，结果如例 11-1 所示。

例 11-1

```
Void CClipboardDlg：：OnBtnSend()
{
    //TODO：Add your control notification handler code here
    if(OpenClipboard())}                    //打开剪贴板
    {
        CString str;                        //保存发送编辑框控件上的数据
        HANDLE hClip;                       //保存调用 GlobalAlloc 函数后分配的内存对象的句柄
        Char * pBuf;                        //保存调用 GlobalLock 函数后返回的内存地址
        EmptyClipboard();                   //清空剪贴板上的数据
        GetDlgItemText(IDC_EDIT_SEND,str);
        hClip = GlobalAlloc(GMEM_MOVEABLE,str.GetLength() + 1);
        pBuf = (char * )GlobalLock(hClip);
        strcpy(pBuf,str);
        GlobalUnlock(hClip);
```

```
        SetClipboardData(CF_TEXT,hCLIP);
        CloseClipboard;                         //关闭剪贴板
    }
}
```

在上述例 11-1 所示 OnBtnSend 函数中,首先调用 OpenClipboard 打开剪贴板,如果成功打开,则调用 EmptyClipboard 函数清空剪贴板,释放剪贴板上数据的句柄,并将剪贴板的所有权分配给当前窗口。接着,调用 GetDlgItemText 函数获得发送编辑框中的数据,并保存到 str 变量中。

这时,就可用采用 GMEM_MOVEABLE 标志调用 GlobalAlloc 函数 CString 类提供的 GetLength 成员方法得到将要发送的数据的长度。因为如果设定的是文本数据,那么在剪贴板中,该数据是以空字符作为结尾的。这样的话,如果在分配按照数据实际大小分配内存空间,那么当把该数据放置到剪贴板上以后,剪贴板会在该数据的最后一个字节中放置一个空字符,这样就会丢失一个数据,因此这里在分配内存时要多分配一个字节。

接下来,需要把 GlobalAlloc 函数返回的句柄转换为指针,这可以通过调用 GlobalLock 函数,对内存对象加锁,并返回它的内存地址。因为 GlobalLock 函数返回的类型 LPVOID,而这里需要的是 char * 类型,所以需要进行强制转换。

之后,可以调用 strcpy 函数将 str 对象中的数据复制到 pBuf 指向的内存中,然后可以调用 GlobalUnlock 函数对该内存块解锁。解锁完成之后,就可以调用 SetClipboardData 函数以指定的剪贴板格式向剪贴板上放置数据了,该函数第一个参数指定使用文本,第二个参数就是包含了将要放置的数据的内存的句柄。

最后,读者一定要记住,在把数据放置到剪贴板之后,一定要记住调用 CloseClipboard 函数关闭剪贴板,否则其他进程将无法打开剪贴板。

Build 并运行 Clipboard 程序,在左边发送编辑框中输入一些数据,例如:"Hello",之后单击"发送"按钮。然后,打开记事本程序,选择"编辑\粘贴"菜单命令,即可以看到记事本程序接收到了"Hello"这串字符,结果如图 11.7 所示。这就说明我们编写的 Clipboard 程序与系统提供的记事本程序之间通过剪贴板完成了数据的传输。

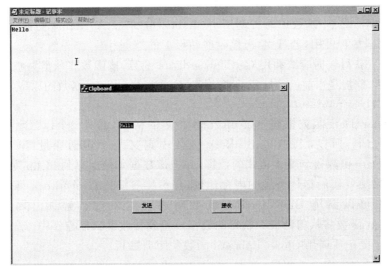

图 11.7　Clipboard 程序与记事本程序之间实现的数据传输

（7）数据接收部分：现在开始编写接收端的程序。双击 Clipboard 程序主界面对话框资源上的"接收"按钮，VC++将为我们自动创建该按钮的单击命令响应函数：OnBtnRecv，然后在此函数中添加代码以实现从剪贴板接收数据的功能，结果如例 11-2 所示。

例 11-2

```
Void CClipboardDlg::OnBtnRecv()
{
//TODO:Add your control notification handler code here
if(OpenClipbpard())}                                      //打开剪贴板
{
    if(IsClipboardFormatAvailable(CF_TEXT))
    {
        HANDLE hClip;
        Char * pBuf;
        Hclip = SetClipboardData(CF_TEXT);
        pBuf = (char * )GlobalLock(hClip);
        GlobalUnlock(hClip);
        SetDlgItemText(IDC_EDIT_RECV,pBuf);
    }
    CloseClipboard;                                       //关闭剪贴板
    }
}
```

同样的，在接收端也需要调用 OpenClipboard 函数打开剪贴板。但要注意，在接收端不应调用 EmptyClipboard 函数，因为这时是从剪贴板中得到的数据。

在获得数据之前，应该查看一下剪贴板中是否有我们想要的特定格式的数据，这可以通过调用 IsClipboardFormatAvailable 函数实现，该函数的原型声名如下所示：

```
BOOL IsClipboardFormatAvailable(UINT format);
```

IsClipboardFormatAvailable 函数用来检测剪贴板上是否包含了参数 format 指定的特定格式的数据。如果剪贴板上的数据格式可用，那么该函数返回值是非 0 值；否则返回 0 值。因此在 OnBtnRecv 函数中通过调用 IsClipboardFormatAvailable 函数，判断剪贴板上文本格式的数据是否可用，若可用，再接收剪贴板上的数据。

从剪贴板上获得数据应该调用 GetClipboardData 函数，该函数将从剪贴板中获得指定格式的数据，当然，前提是当前已经打开了剪贴板。GetClipboardData 函数的原型声名如下所示：

```
HANDLE GetClipboardData(UINT uformat);
```

GetClipboardData 函数根据参数 uformat 指定的格式，返回一个以指定格式存在的剪贴板对象的句柄。所以，上述 OnBtnRecv 函数中定义一个句柄变量：hClip，然后调用 GetClipboardData 函数得到文本格式的数据，并把该数据句柄保存到 hClip 变量中。

同样，如果想要使用指针类型的内存地址，仍然需要调用 GlobalLock 函数进行一个类型转换。接着可以调用 GlobalUnlock 函数对内存对象进行解锁。然后，可以调用 SetDlgItemText 函数将从剪贴板中获得的数据放置到接收编辑框控件中。

最后，一定要记住调用 CloseClipboard 函数关闭剪贴板。

Build 并运行 Clipboard 程序，首先，在窗口左边的编辑框中任意输入一些数据。之后，单击"发送"按钮，接着单击"接收"按钮，可以看到，这时窗口右边的编辑框中就收到了发送的数据,程序运行结果如图 11.8 所示。

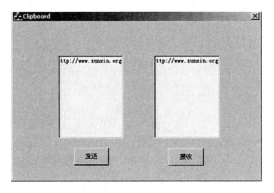

图 11.8 在同一个进程中利用剪贴板实现数据的发送和接收

11.3.2 匿名管道创建及其通信机制

(1) 实现父进程,新建一个单文档类型 MFC 应用程序,工程取名为:Parent,如图 11.9 所示。单击"OK"按钮,在弹出对话框中选择"Single Document",单击"NEXT"按钮,然后再单击"OK"按钮,结果如图 11.10 所示。

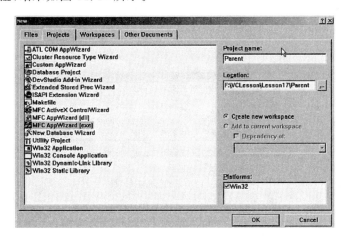

图 11.9 新建一个单文档类型 MFC 应用程序

图 11.10 建立完成

(2) 切换到资源视图中,为该工程增加一个子菜单,名称为"匿名管道",如图 11.11 所示。

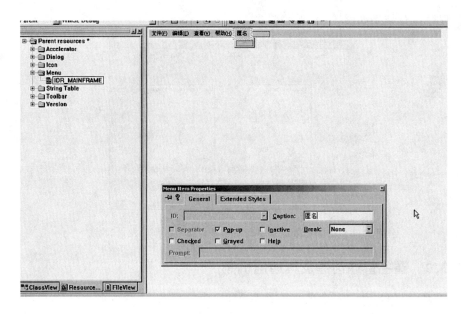

图 11.11 增加一个菜单项

（3）为该菜单添加三个菜单项并分别为它们添加相应的命令响应函数，本例选择 CParentView 类接收这些命令响应函数，如图 11.12 所示。各菜单的 ID、名称，以及响应函数如表 11.9 所示。

图 11.12 添加的菜单项

表 11.9 添加的菜单项及相应的响应函数

ID	菜单名称	响应函数
IDM_PIPE_CREATE	创建管道	OnPipeCreate
IDM_PIPE_READ	读取数据	OnPipeRead
IDM_PIPE_WRITE	写入数据	OnPipeWrite

接下来，为 CParentView 类增加以下两个私有成员变量，即两个句柄，他们将分别作为匿名管道的读写句柄来使用。

```
Private：
    HANDLE hWrite；
    HANDLE hRead；
```

并在 CParentView 类的构造函数中将它们都初始化为 NULL：

```
CParentView：：CParentView()
    {
```

```
//TODO:add construction code here
hRead = NULL;
hWrite = NULL;
}
```

然后在 CParentView 类 的 析 构 函 数 中，如 果 判 断 出 这 两 个 变 量 有 值，则 调 用
CloseHandle 函数关闭这两个变量。

```
CParentView::~CParentView()
{
    if(hRead)
    CloseHandle(hRead);
    if(hWrite)
    CloseHandle(hWrite);
}
```

（4）创建匿名管道

现在就可以在"创建管道"菜单项命令响应函数 OnPipeCreate 中调用 CreatePipe 创建
匿名管道。返回管道的读写句柄，代码如例 11-3 所示。

例 11-3

```
void CParentView::OnPipeCreate()
{
// TODO: Add your command handler code here
SECURITY_ATTRIBUTES sa;
sa.bInheritHandle = TRUE;
sa.lpSecurityDescriptor = NULL;
sa.nLength = sizeof(SECURITY_ATTRIBUTES);
if(! CreatePipe(&hRead,&hWrite,&sa,0))
{
    MessageBox("创建匿名管道失败!");
    return;
}
STARTUPINFO sui;
PROCESS_INFORMATION pi;
ZeroMemory(&sui,sizeof(STARTUPINFO));
sui.cb = sizeof(STARTUPINFO);
sui.dwFlags = STARTF_USESTDHANDLES;
sui.hStdInput = hRead;
sui.hStdOutput = hWrite;
sui.hStdError = GetStdHandle(STD_ERROR_HANDLE);

if(! CreateProcess("..\\Child\\Debug\\Child.exe",NULL,NULL,NULL,
        TRUE,0,NULL,NULL,&sui,&pi))
{
    CloseHandle(hRead);
```

```
        CloseHandle(hWrite);
        hRead = NULL;
        hWrite = NULL;
        MessageBox("创建子进程失败!");
        return;
    }
    else
    {
        CloseHandle(pi.hProcess);
        CloseHandle(pi.hThread);
    }
}
```

在上述代码中,首先定义了一个安全结构体类型的变量 sa,并对其成员分别赋值。这里需要将 bInheritHandle 成员设置为 TRUE,让子进程可以继承父进程创建的匿名管道的读写句柄;将安全描述符成员(lpSecurityDescriptor)设置为 NULL,让系统为创建的匿名管道赋予默认的安全描述符;长度成员(nLength)可以利用 sizeof 函数得到 SECURITY_ATTRIBUTES 结构体的长度。

然后,就调用 CreatePipe 函数创建匿名管道,前两个参数就是返回的管道的读取和写入句柄,第三个参数就是刚刚定义的安全结构的地址,最后一个参数设置为 0,让系统使用默认的缓冲区大小。CreatePipe 函数如果调用失败,将返回一个 0 值,这时提示用户:"创建匿名管道失败!",并立即返回。

如果创建匿名管道成功,就启动子进程,并将匿名管道的读写句柄传递给子进程。为了启动一个进程,可以调用 CreateProcess 函数,根据前面的介绍,我们知道该函数的第九个参数需要一个 STARTUPINFO 结构体类型的值,因此上述代码中定义了一个这种结构体类型的变量:sui,因为该结构体中有多个成员,而我们只用到了其中的一小部分,那么其他的成员,如果没有将它们置为 0 之前,它们的值是随机的。如果将这些随机值传递给 CreateProcess 函数,可能会影响该函数执行的结果,所以首先应该调用 ZeroMemory 函数将 sui 变量中所有成员都设置为 0。接下来,为 sui 几个必要的成员赋值,因此,这里首先用 STARTUPINFO 结构体长度为 sui 变量的 cb 成员赋值;接着,设定标志成员:dwFlags 的值为 STARTF_USESTDHANDLES,当采用此标志时,就表示当前 STARTUPINFO 结构体变量中的标准输入、标准输出和标准错误句柄这三个成员是有用的。当调用 CreateProcess 函数启动一个子进程时,它将继承父进程中所有可继承的已打开的句柄,但在子进程中无法知道它所继承的句柄中哪一个是管道的读句柄,哪一个是管道的写句柄,因为管道的读写句柄并不是通过参数,或者其他方式传递进来的,它们只是子进程从其父进程中继承的众多句柄中的两个。为了让子进程从众多继承的句柄中区分出管道的读、写句柄,就必须将子进程的特殊句柄设置为管道的读写句柄,因此这里就将子进程的标准输入和输出句柄分别设置为管道的读、写句柄。这样,在子进程中,只要得到了标准输入和标准输出语句句柄,就相当于得到了这个管道的读、写句柄。接下来,还要设置子进程的标准错误设备句柄,这可以通过 GetStdHandle 函数得到,该函数可以获得标准输入、标准输出,或者一个标准错误输出句柄。该函数的原型声名如下:

```
HANDLE GetStdHandle(DWORD nStdHandle);
```

GetStdHandle 函数有个 DWORD 类型的参数,通过为该参数指定不同的值来得到不同的句柄,该参数的取值如表 11.10 所示。

表 11.10　GetStdHandle 参数取值

值	含　义
STD_INPUT_HANDLE	标准输入设备句柄
STD_OUTPUT_HANDLE	标准输出设备句柄
STD_ERROR_HANDLE	标准错误设备句柄

由表 11.10 将 GetStdHandle 函数的参数指定为 STD_INPUT_HANDLE,那么该函数返回的就是一个标准的错误设备句柄。应注意,这里得到的是父进程的标准错误句柄,也就是说,将子进程的标准错误句柄设置为父进程的标准错误句柄。虽然这个标准错误设备句柄在本程序中没有被引用,但读者应该清楚这里得到的是父进程的错误句柄。

接下来,如例 11-3 所示的 OnPipeCreate 函数就调用 CreateProcess 函数创建子进程〔第 19 行代码)。将该函数的第一个参数设置为子进程的应用程序的文件名,这里先指定为"…\\Child\\Debug\\Child.exe"。下面我们再编写 Child 这个子进程程序,并把这个子进程程序的目录与本程序所在目录保持平级;第二个参数指定命令行参数,本例不需要指定,所以设置为 NULL;第三个参数和第四个参数分别是进程安全属性和线程安全属性,均设置为 NULL,使用默认的安全属性;第五个参数设置为 TRUE,让父讲程的每个可继承的打开句柄都能被子进程继承;第六个参数是创建标志,本例并不需要指定,所以设置为 0;第七个参数设置为 NULL,让新进程使用调用进程的环境;第八个参数把当前路径设置 NULL,让子进程与父进程拥有同样的驱动器和路径;第九个参数就是刚刚定义的 STARTUPINFO 结构体变量:sui 的地址;第十个参数是 PROCESS_INFORMATION 结构体变量指针,同样,先定义一个该结构体类型的变量:pi(第 11 行代码),然后将该变量的地址传递给这个参数。

程序需要对 CreateProcess 函数的返回值进行判断,如果该函数调用失败,将返回 0 值,这时就调用两次 CloseHandle 函数关闭管道的读、写句柄,并将这两个句柄设置为 NULL（这是为了避免在 CParentView 类的析构函数再次调用 CloseHandle 函数关闭这些句柄,将它们设置为 NULL)。然后提示用户:"创建子进程失败!"并返回;如果 CreateProcess 函数调用成功,则调用 CloseHandle 函数关闭所返回的子进程的句柄和子进程中主线程的句柄。为什么要这么做呢? 前面已经提到,在创建一个新进程时,系统会为该进程建立一个进程内核对象和一个线程内核对象,而内核对象都有一个使用计数,系统会为这两个对象赋予初始的使用计数:1,在 CreateProcess 函数返回之前,它将打开创建的进程对象和线程对象,并将每个对象与进程和线程相关的句柄放在其最后一个参数:PROCFSS_INFORMATION 结构体变量的相应成员中。当 CreateProcess 函数在其内部打开这些对象时,每个对象的使用计数就变为 2,如果在父进程中不需要使用子进程的这两个句柄,则可以调用 CloseHandle 函数关闭它们,系统会将子进程的进程内核对象和线程内核对象的计数减 1,当子进程终止运行时,系统会再将这些使用计数减 1,这时子进程的进程内核对象和线程内核对象的计数都变为 0 了,这两个内核对象就能够被释放了,所以在编程时当不需要这些内核对象时,总是应该调用 CloseHandle 函数关闭它们。

以上就是在父进程中创建匿名管道的实现代码。当子进程启动之后,父子进程间就可以通过创建的匿名管道来读取数据和写入数据。对于管道的读取和写入实际上是通过调用 ReadFile 和 WriteFile 这两个函数完成的。前面已经提到过,这两个函数不仅能够完成对文件的读写,还可以完成对象控制台和管道这类对象的读写操作。

(5) 读取数据

下面在 OnPipeRead 函数中实现匿名管道的读取操作,结果如例 11-4 所示。

例 11-4

```
void CParentView::OnPipeRead()
{
    char buf[100];
    DWORD dwRead;
    if(! ReadFile(hRead,buf,100,&dwRead,NULL))
    {
        MessageBox("读取数据失败");
        return;
    }
    MessageBox(buf);
}
```

在实现读取操作时,首先定义了一个 char 类型的字符数组:buf,用来存放将要读取到的数据。接着,定义了一个 DWORD 类型的变量:dwRead,用来保存实际读取的字节数。接下来就是调用 ReadFile 函数利用匿名管道的读句柄从管道中读取数据。该函数如果调用失败,将返回 0 值,这时提示用户:"读取数据失败!";如果 ReadFile 函数调用成功则调用 MessageBox 函数显示读取到的数据。

(6) 写入数据

下面在 OpenPipeWrite 函数中实现匿名管道的写入操作,结果如例 11-5 所示。

例 11-5

```
Void CParentView::OnPipeWrite()
{
    char buf[] = "http//www.sunxin.org";
    DWORD dwWrite;
    if(! WriteFile(hWrite,buf,strlen{buf} + 1 ,&dwWrite,NULL))
    {
        MessageBox("写入数据失败");
        return;
    }
}
```

同样地,在实现写入操作时,首先定义了一个 char 类型的字符数组 buf,其内容是一个网址:"http://www.sunxin.org",就是我们将要写入的数据。接着,定义了一个 DWORD 类型的变量:dwWrite,用来保存实际写入的字节数。接下来就是调用 WriteFile 函数利用匿名管道的写入句柄向管道写入数据。该函数如果调用失败,将返回 0 值,这时提示用户:"写入数据失败!",然后调用 return 语句返回。

最后,需要利用 Build 命令生成 Parent 程序。

以上就是利用匿名管道实现父子进程间通信的父进程程序的实现,在父进程中创建匿名管道,返回该管道的读、写句柄,然后调用 CreateProcess 函数启动子进程,并且将子进程的标准输入和标准输出句柄设置为匿名管道的读、写句柄,相当于将该管道的读写句柄作上了一个标记,传递给子进程,然后在子进程中得到自己的标准输入和标准输出句柄时,相当于得到了匿名管道的读、写句柄。

（7）实现子进程

下面开始编写利用匿名管道实现父子进程间通信的子进程程序,同样,也新建一个单文档类型的 MFC 应用程序,工程取名为:Child,并将该工程添加到上面 Parent 程序所在的工作区中,同时设置该工程所在的目录与上述 Parent 工程的目录平级。

然后为 Child 工程增加一个子菜单,名称为"匿名管道"。接着,为该子菜单添加两个菜单项,并分别为它们添加相应的命令响应函数,本例选择 CChildView 类接收这些命令响应函数。各菜单项的 ID、名称,以及响应函数如表 11.11 所示。

表 11.11　添加的菜单项及相应的响应函数

ID	菜单名称	响应函数
IDM_PIPE_READ	读取数据	OnPipeRead
IDM_PIPE_WRITE	写入数据	OnPipeWrite

同样,为 CChildView 类增加以下两个私有成员变量,即两个句柄,它们将分别作为匿名管道的读取和写入句柄。

```
CChildView::CChildView()
{
    hRead = NULL;
    hWrite = NULL;
}
```

然后在 CChildView 类的析构函数中,如果判断出这两个变量有值,则调用 CloseHandle 函数关闭这两个变量。

```
CChildView::~CChildView()
{
    if(hRead)
        CloseHandle(hRead);
    if(hWrite)
        CloseHandle(hWrite);
}
```

（8）获得管道的读取和写入句柄

为了利用父进程创建的匿名管道进行通信,子进程中,首先就要得到子进程的标准输入和输出句柄,这可以在 CChildView 类窗口完全创建成功后去获取。因此,根据前面的知识,我们可以为 CChildView 类增加虚函数:OnInitialUpdate,这个函数是当窗口成功创建之后,第一个调用的函数。在此函数中可以通过调用 GetStdHandle 函数获取子进程的标准输入和输出句柄,具体代码如例 11-6 所示。

例 11-6

```
void CChildView::OnInitialUpdate()
{
    CView::OnInitialUpdate()
    //TODO:Add your specialized code here and/or call the base class
    hRead = GetStdHandle(STD_INPUT_HANDLE);
    hWrite = GetStdHandle(STD_OUTPUT_HANDLE);
}
```

(9) 读取数据

得到匿名管道的读取和写入句柄后,就可以利用这些管道句柄读取和写入数据了。接下来,应该在 OnPipeRead 函数中实现从父进程创建的管道上读取数据。子进程中读取数据的实现与上面 Parent 程序中读取数据的实现是一样的。即具体实现代码如例 11-7 所示。

例 11-7

```
void CChildView::OnPipeRead()
{
    //TODO:Add your command handler code here
    char buf[100];
    DWORD dwRead;
    if(! ReadFile(hRead,buf,100,&dwRead,NULL))
    {
        MessageBox("读取数据失败");
        return;
    }
    MessageBox(buf);
}
```

(10) 写入数据

在 OnPipeWrite 函数中,实现向父进程创建的管道中写入数据的功能,子进程中写入数据的实现与上面 Parent 程序中写入数据的实现是一样,但为了区分父子进程写入的数据,这里让子进程写入不同的数据。具体实现代码如例 11-8 所示。

例 11-8

```
void CChildView::OnPipeWrite()
{
    //TODO:Add your command handler code here
    char buf[] = "匿名管道测试程序";
    DWORD dwWrite;
    if(! WriteFile(hWrite,buf,strlen{buf} + 1,&dwWrite,NULL))
    {
        MessageBox("写入数据失败");
        return;
    }
}
```

最后,利用 Build 命令生成 Child 程序。

以上就是利用匿名管道实现进程间通信的子进程程序的实现。在子进程中,只需要获得父进程创建的匿名管道的读、写句柄,然后就可以利用这两个句柄实现从管道读取数据,或者向管道写入数据。

现在就可以测试一下 Parent 进程和 Child 进程的通信效果。如果我们按照通常启动程序的方法,独立地启动这两个进程,那么这时这两个进程之间是否可以进行通信呢? 读者应注意,对于匿名管道来说,它只能在父、子进程之间进行通信。两个进程如果想要具有父子关系,必须由父进程通过调用 CreateProcess 函数去启动子进程。像通常那样单独启动这两个进程,它们之间并没有父子关系,并不会因为程序名一个是"Parent",另一个是"Child",它们之间就具有父子关系了。对于子进程来说,它必须由父进程来启动。所以这里我们应该先启动 Parent 程序,然后选择"创建管道"菜单项来启动子进程。接着,可以在 Parent 程序中选择"写入数据"菜单项,即在父进程中向创建的匿名管道写入数据,然后在 Child 程序中选择"读取数据"菜单项,将会看到 Child 程序弹出一个消息框,提示接收到数据:"http://www.sunxin.org",如图 11.13 所示。同样地,子进程也可以向匿名管道写入数据,在父进程中读取数据,即在 Child 程序中选择"写入数据"菜单项,然后在 Parent 程序中选择"读取数据"菜单项,将会看到 Parent 程序弹出一个消息框,提示接收到数据:"匿名管道测试程序",如图 11.14 所示。

另外,利用匿名管道还可以实现在同一个进程内读取和写入数据。例如,可以在 Parent 进程中先通过单击"创建管道"菜单项创建匿名管道,接着单击"写入数据"菜单项,向匿名管道写入数据,然后单击"读取数据"菜单项,从该管道读取数据。将会看到程序的结果也是正确的。

以上就是对匿名管道的使用,它主要是用来在父子进程间进行通信。利用匿名管道实现父子进程间通信时,需要注意一点:因为匿名管道没有名称,所以只能在父进程中调用 CreateProcess 函数创建子进程时,将管道的读、写句柄传递给子进程。

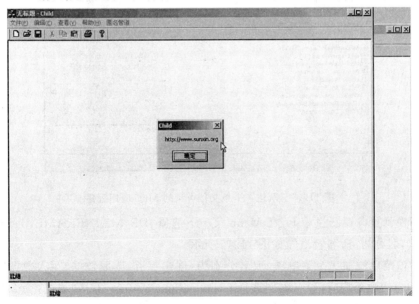

图 11.13　利用匿名管道实现父子进程间通信程序运行结果(一)

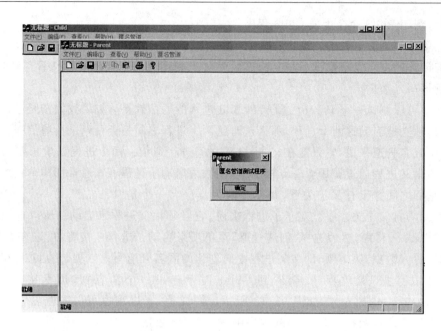

图 11.14　利用匿名管道实现父子进程间通信程序运行结果(二)

11.3.3　命名管道及其通信机制

（1）首先实现服务器端程序。新建一个单文档类型的 MFC 应用程序，工程取名为：NamedPipeSrv，如图 11.15 所示。

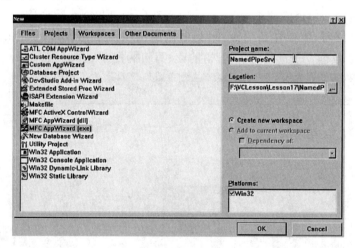

图 11.15　新建一个单文档类型的 MFC 应用程序

（2）切换到资源视图目录下，在 Menu 菜单下选择 IDF_MAINFRAME，为该工程增加一个子菜单，名称为"命名管道"，如图 11.16 所示。

（3）为该菜单添加三个菜单项，取名分别为：创建管道、读取数据、写入数据，并分别为它们添加相应的命令响应函数，本例选择 CNamedPipeSrvView 类接收这些命令响应函数，如图 11.17 所示。

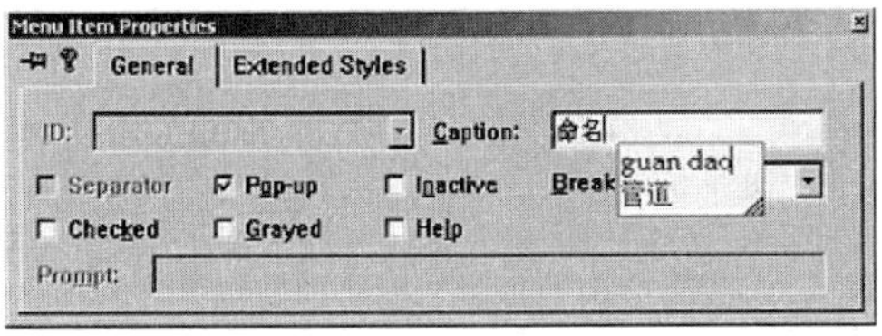

图 11.16　为该工程增加一个子菜单

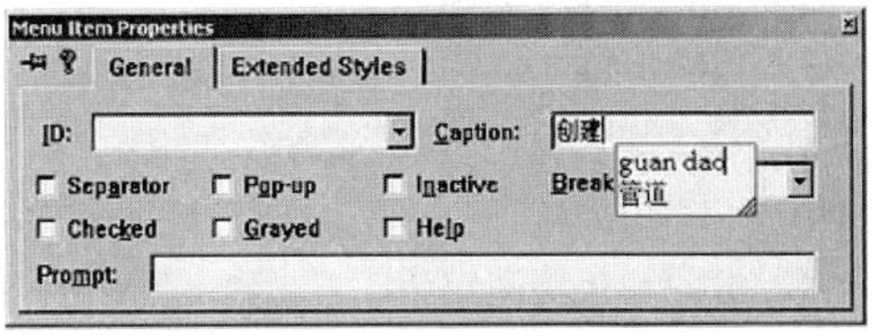

图 11.17　创建菜单项

另外,各菜单项的 ID、名称,以及响应函数如表 11.12 所示。

表 11.12　添加的菜单项及相应的响应函数

ID	菜单名称	响应函数
IDM_PIPE_CREATE	创建管道	OnPipeCreate
IDM_PIPE_READ	读取数据	OnPipeRead
IDM_PIPE_WRITE	写入数据	OnPipeWrite

其命令响应函数的添加,单击创建好的菜单项,选择"ClassWizard",在弹出的对话框选择 Classname 等,如图 11.18 所示。

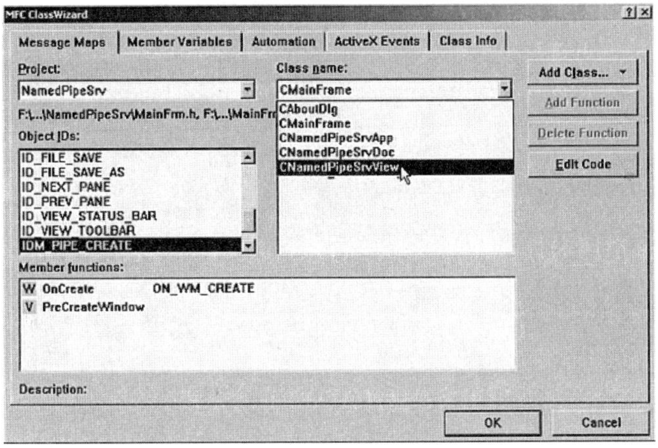

图 11.18　添加命令响应

接下来,为 CNamedPipeSrvView 类增加一个句柄变量,用来保存创建的命名管道实例的句柄。

```
private:
HANDLE hPipe;
```

在 CNamedPipeSrvView 类的构造函数中将其初始化为 NULL:

```
CNamedPipeSrvView ::CNamedPipeSrvView
{
    //TODO:add construction code here
    hPipe = NULL;
}
```

然后在 CNamedPipeSrvView 类的析构函数中,如果判断该句柄有值,则调用

CloseHandle 函数关闭该句柄：

```
CNamedPipeSrvView::~CNamedPipeSrvView
{
    if(hPipe)
    CloseHandle(hPipe)
}
```

（4）创建命名管道，在 OnPipeCreate 函数中就可以调用 CreateNamedPipe 函数创建命名管道了。具体实现代码如例 11-9 所示。

例 11-9

```
void CNamedPipeSrvView::OnPipeCreate()
{
// TODO: Add your command handler code here
hPipe = CreateNamedPipe("\\\\.\\pipe\\MyPipe",
    PIPE_ACCESS_DUPLEX | FILE_FLAG_OVERLAPPED,
    0,1,1024,1024,0,NULL);
if(INVALID_HANDLE_VALUE = = hPipe)
{
    MessageBox("创建命名管道失败!");
    hPipe = NULL;
    return;
}
HANDLE hEvent;
hEvent = CreateEvent(NULL,TRUE,FALSE,NULL);
if(! hEvent)
{
    MessageBox("创建事件对象失败!");
    CloseHandle(hPipe);
    hPipe = NULL;
    return;
}
OVERLAPPED ovlap;
ZeroMemory(&ovlap,sizeof(OVERLAPPED));
ovlap. hEvent = hEvent;
if(! ConnectNamedPipe(hPipe,&ovlap))
{
    if(ERROR_IO_PENDING! = GetLastError())
    {
        MessageBox("等待客户端连接失败!");
        CloseHandle(hPipe);
        CloseHandle(hEvent);
        hPipe = NULL;
        return;
```

```
        }
    }
    if(WAIT_FAILED = = WaitForSingleObject(hEvent,INFINITE))
    {
        MessageBox("等待对象失败!");
        CloseHandle(hPipe);
        CloseHandle(hEvent);
        hPipe = NULL;
        return;
    }
    CloseHandle(hEvent);
}
```

利用 C 语言编程时,如果想要指定两个反斜杠,那么在代码中就需要输入四个反斜杠。所以,在如例 11-9 所示代码中调用 CreateNamedPipe 函数时,将管道的名称指定为:"\\\\.\\pipe\\MyPipe";管道访问的模式设定为 PIPE_ACCESS_DUPLEX,即双向模式,服务器进程和客户端进程都可以从管道读取数据和向管道中写入数据,同时指定 FILE_FLAG_OVERLAPPED 标志,允许重叠方式;第三个参数用来指定管道类型、读取和等待方式,本例将其值设为 0,即默认为字节类型和字节读方式;第四个参数用来指定管道实例的最大数目,本例设置为 1,因为本程序是一个测试程序,只需要一个客户端连接就可以了;第五个和第六个参数分别用来指定输出缓冲区大小和输入缓冲区大小,本例都设置为 1024;第七个参数指定超时值,本例设为 0;最后一个参数指定安全属性,本例设置为 NULL,让管道句柄使用默认的安全性。

如果 CreateNamedPipe 函数调用成功,它将返回一个有效的管道句柄;否则返回 INVALID_HANDLE_VALUE,可以调用 GetLastError 函数获得更多的错误信息。因此在程序中可以对 CreateNamedPipe 函数的返回值进行判断如果失败,则提示用户:"创建命名管道失败!",接着,将管道句柄变量(hPipe)设置为 NULL。这样是为了避免程序失败时在 CNamedPipeSrvView 对象的析构函数中再次调用 CloseHandle 函数关闭这个句柄,然后让 OnPipeCreate 函数直接返回;如果成功创建了命名管道的实例,就可以调 CreateNamedPipe 函数,等待客户端请求的到来。这个函数允许一个服务端进程等待一个客户端进程连接到一个命名管道的一个实例上。这个函数的命名不太好,给人的直觉好像去连接服务器端的命名管道,实际上这个函数的作用是让服务器等待客户端的连接请求的到来。该函数声明如下所示:

```
BOOL ConnectNamedPipe(HANDLE hNamedPipe,LPOVERLAPPED lpOverlapped);
```

ConnectNamedPipe 函数有两个参数:

① hNamedPipe

指向一个命名管道实例的服务器的句柄,该句柄由 CreateNamedPipe 函数返回。

② lpOverlapped

指向一个 LPOVERLAPPED 结构的指针,如果 hNamedPipe 参数所标识的管道是用 FILE_FLAG_OVERLAPPED 标记打开的,则这个参数不能是 NULL,必须是一个有效的指向一个 LPOVERLAPPED 结构的指针;否则该函数可能会错误地执行。如果 hNamedPipe 参数所标识的管道是用 FILE_FLAG_OVERLAPPED 标记已打开的,并且这个参数不是 NULL,则这个参数所指向的 LPOVERLAPPED 结构体中必须包含人工重置事件对象句柄。

于是,上述 OnPipeCreate 函数调用 CreateEvent 函数创建一个匿名的人工重置事件对象句柄(注意:第二个参数一定要指定为 TRUE)。CreateEvent 函数如果调用失败,将返回 NULL。所以对该函数的返回值进行判断,如果调用失败,则提示用户:"创建事件对象失败!",并在调用 return 语句让 OnPipeCreate 函数返回之前,调用 CloseHandle 函数关闭命名管道句柄,然后将其设置为 NULL。原因前面已经提过了,主要是为了避免程序关闭时,在 CNamedIPipeSrvView 对象的析构函数中再次调用 CloseHandle 函数关闭这个句柄。

如果成功创建了匿名的人工重置事件对象,那么接下来就定义一个 LPOVERLAPPED 结构体类型的变量:ovlap,虽然程序只需要使用到该变量的事件对象句柄成员(hEvent)。但是首先应该将 ovlap 变量中所有成员都设置为 0,以免它们影响函数运行的结果,然后将 hEvent 成员设置为刚刚创建的一个有效的人工重置事件对象句柄。

接着就可以调 ConnectNamedPipe 函数等待客户端请求的到来,该函数的第一个参数就是前面调用 CreateNamedPipe 函数返回的一个有效的命名管道句柄,第二个参数就是指向 LPOVERLAPPED 结构体变量的指针,即 ovlap 变量的地址。

如果 ConnectNamedPipe 函数调用失败,它将返回 0 值,但其中有种特殊情况并不表明等待连接事件失败了,也就是说,如果这时调用 GetLastError 函数返回 ERROR_IO_PENDING,那么并不表示 ConnectNamedPipe 函数失败了,只是表明这个操作是一个未决的操作,在随后的某个时间这个操作可能能够完成。因此在程序中,当 ConnectNamedPipe 函数返回 0 时,还应调用 GetLastError 函数,并对其返回值进行判断,如果不是 ERROR_IO_PENDING,才说明 ConnectNamedPipe 函数调用失败,这时提示用户:"等待客户端连接失败!",然后调用 CloseHandle 函数分别关闭管道句柄和事件对象句柄,并将管道句柄设置为 NULL,之后调用 return 语句返回。

如果上述操作都成功了,那么这时调用 WaitForSingleObject 函数等待事件对象(hEvent)变为有信号状态。读者应注意,前面我们已将该事件对象句柄赋给了 ovlap 变量的 hEvent 成员,也就是说,这两个变量:hEvent 和 ovlap.hEvent。现在标识的是同一个对象,因此在调用 WaitForSingleObject 函数时,采用这两个对象中的任一个都是可以的。本例将 WaitForSingleObject 函数的第二个参数设置 INFINITE,即让线程永远等待,直到所等待的事件对象变为有信号状态。

同样的,应该对 WaitForSingleObject 函数的返回值进行判断,如果调用失败用户"等待事件对象失败!",然后关闭相关的句柄,并将管道句柄设置为 NULL,之后调用 return 语句返回。

最后,当请求到所等待的事件对象后,也就是当该事件对象变成有信号状态时,说明已经有一个客户端连接到命名管道的实例上了。这时,不再需要该事件对象句柄了,可以调用 CloseHandle 函数将它关闭。

(5)读取数据,对于命名管道的数据读取操作,与上面匿名管道的读取操作是一样的,因此可以直接复制已实现的代码,然后将 ReadFile 函数的第一参数修改为本例创建的命名管道的句柄即可,结果如 11-10 所示。

例 11-10

```
void CNamedPipeSrvView::OnPipeRead()
{
```

```
        //TODO: Add your command handler code here
        char buf[100];
        DWORD dwRead;
        If(! ReadFile(hPipe,buf,100,&dwRead,NULL ))
        {
            MessageBox("读取数据失败!");
            Return;
        }
        MessageBox(buf);
    }
```

（6）对于命名管道的数据写入操作，与上面匿名管道的写入操作是一样的，所以可以直接复制已实现的代码，然后将 WriteFile 函数的第一个参数修改为本例创建的命名管道的句柄即可，结果如例 11-11 所示。

例 11-11

```
void CNamedPipeSrvView::OnPipeWrite()
{
    //TODO: Add your command handler code here
    char buf[] = "http//www.sunxin.org";
    DWORD dwWrite;
    if(! WriteFile(hPipe,buf,strlen(buf)+1 ,&dwWrite,NULL ))
    {
        MessageBox("写入数据失败!");
        Return;
    }
}
```

至此我们就完成了利用命名管道实现进程间通信的服务器端程序，利用 Build 命令生成 NamedPipeSrv 程序。

（7）客户端程序的实现。将客户端程序添加到已有的服务器程序所在的工作区：NamedPipeSrv 中，所以在此工作区中新建一个单文档类型的 MFC 应用程序，工程取名：NamedPipeClt，方法同上，同时设置该工程所在目录与 NamedPipeSrv 工程的目录平级。

然后，为该工程增加一个子菜单，菜单名称为"命名管道"。接着，为该子菜单添加个菜单项，并分别为它们添加相应的命令响应函数，本例选择 CNamedPipeCltView 类接收这些命令响应函数。各菜单项的 ID、名称，以及响应函数如表 11.13 所示。

表 11.13　添加的菜单项及相应的响应函数

ID	菜单名称	响应函数
IDM_PIPE_CONNECT	连接管道	OnPipeConnect
IDM_PIPE_READ	读取数据	OnPipeRead
IDM_PIPE_WRITE	写入数据	OnPipeWrite

接下来，为 CNamedPipeCltView 类增加一个句柄变量，用来保存命名管道实例的句柄。

```
private:
```

```
HANDLE hPipe;
```

同样地,在 CNamedPipeCltView 类的构造函数中将其初始化 NULL:

```
CNamedPipeCltView::CNamedPipeCltView()
{
//TDOD:add construction code here
hPipe = NULL;
}
```

然后,在 CNamedPipeCltView 类的析构函数中,如果判断该句柄有值,则调用 CloseHandle 关闭该句柄:

```
CNamedPipeCltView::CNamedPipeCltView()
{
    if(hPipe)
    CloseHandle(hPipe)
}
```

(8) 连接命名管道时,首先判断一下,是否有可利用的命名管道,这可以通过 WaitNamedPipe 函数实现,该函数会一直等待,直到指定的超时间隔已过,或者指定的命名管道的实例可以用来连接了,也就是说该管道的服务器进程有了一个未决的 ConnectNamedPipe 操作。WaitNamedPipe 函数的原型声名如下所示:

```
BOOL WaitNamedPipe(LPCTSTR lpNamedPipeName,DWORD nTimeOut);
```

该函数有两个参数,各自的含义分别如下所述。

① lpNamedPipeName

指定命名管道的名称,这个名称必须包括创建该命名管道的服务器进程所在的机器的名称,该名称的格式必须是:"\\.\pipe\pipename"。如果在同一台机器编写的命名管道的服务器端程序和客户端程序,则当指定这个名称时,在开始的两个反斜杠后可以设置一个圆点,表示服务器进程在本地机器上运行;如果是跨网络通信,则在这个圆点位置处应指定服务器端程序所在的主机名。

② nTimeOut

指定超时间隔。其取值如表 11.14 所示。

表 11.14　nTimeOut 参数取值

取值	说　　明
NMPWAIT_USE_DEFAULT_WAIT	超时间隔就是服务器端创建该命名管道时指定的超时值
NMPWAIT_WAIT_FOREVER	一直等待,直到出现了一个可用的命名管道的实例

也就是说,如果这个参数的值是 NMPWAIT_USE_DEFAULT WAIT,并且在服务器调用 CreateNamedPipe 函数创建命名管道时,设置的超时间隔为 1 000 ms,那么 WaitNamedPipe 函数将以服务器端指定的 1 000 ms 为超时间隔。但有一点需要注意,对同一个命名管道的所有实例来说,它们必须使用同样的超时间隔。

如果当前命名管道的实例可以使用,那么客户端就可以调用 CreateFile 函数打开这个命名管道,与服务器端进程进行通信了。因此,客户端的连接命名管道的代码如例 11-12 所示。

例 11-12

```
void CNamedPipeCltView::OnPipeConnect()
{
// TODO：Add your command handler code here
if(! WaitNamedPipe("\\\\.\\pipe\\MyPipe",NMPWAIT_WAIT_FOREVER))
{
    MessageBox("当前没有可利用的命名管道实例！");
    return;
}
hPipe = CreateFile("\\\\.\\pipe\\MyPipe",GENERIC_READ | GENERIC_WRITE,
    0,NULL,OPEN_EXISTING,FILE_ATTRIBUTE_NORMAL,NULL);
if(INVALID_HANDLE_VALUE = = hPipe)
{
    MessageBox("打开命名管道失败！");
    hPipe = NULL;
    return;
}
}
```

如例 11-12 所示的 OnPipeConnect 函数中，首先调用 WaitNamedPipe 函数，将其超时值设置为 NMPWAIT_WAIT_FOREVER，即让该函数一直等待，直到指定的命名管道的一个实例可以利用时为止。并对 WaitNamedPipe 函数的返回值进行判断，如果该函数调用失败，即返回值是 0，则提示用户："当前没有可利用的命名管道实例！"，然后立即返回。

如果当前指定命名管道有一个实例可以使用，那么就调用 CreateFile 函数打开该命名管道。前面介绍 CreateFile 函数时已经提到，该函数不仅可以对文件进行操作，还可以对管道进行操作。当然，这里指定的文件名就是想要访问的管道名称；并且为了对管道进行读取和写入操作，需要同时指定 GENERIC_READ 和 GENERIC_WRITE 这两种访问方式。CreateFile 函数的第三个参数用来指定共享方式，因为本例中，该管道实例只能接受一个客户端请求的到来，不需要共享，因此将该参数设置为 0；第四个参数是设置安全属性，本例将其设置为 NULL；第五个参数是指定创建标记，本例将其设置为 OPEN_EXISTING，即打开现有的管道；第六个参数是指定文件属性，本例将其指定为 FILE_ATTRIBUTE_NORMAL；最后一个参数是指定模板文件，本例将其设置为 NULL。

如果 CreateFile 函数调用失败，返回值将是 INVALID_HANDLE_VALUE。因此，如果判断该函数的返回值是 INVALID_HANDLE_VALUE，则提示用户："打开命名管道失败！"，并将管道句柄设置为 NULL。然后立即返回。

（9）读取数据，如果客户端成功打开了指定的命名管道，那么就可以进行读取和写入操作了。这里我们可以直接复制上面服务器端已编写的从命名管道读取数据的代码，结果如例 11-13 所示

例 11-13

```
void CNamedPipeCltView::OnPipeRead()
{
// TODO：Add your command handler code here
```

```
char buf[100];
DWORD dwRead;
if(! ReadFile(hPipe,buf,100,&dwRead,NULL))
{
    MessageBox("读取数据失败!");
    return;
}
MessageBox(buf);
}
```

（10）写入数据，这里我们可以直接复制上面服务器端已编写的向命名管道写入数据的代码，但为了加以区分，将客户端写入的数据修改为："命名管道测试程序"，即客户端向命名管道写入数据的代码如例 11-14 所示。

例 11-14

```
void CNamedPipeCltView::OnPipeWrite()
{
// TODO: Add your command handler code here
char buf[] = "命名管道测试程序";
DWORD dwWrite;
if(! WriteFile(hPipe,buf,strlen(buf) + 1,&dwWrite,NULL))
{
    MessageBox("写入数据失败!");
    return;
}
}
```

至此我们就完成了利用命名管道实现进程间通信的客户端程序，利用 Build 命令生成 NamedPipeClt 程序。

因为采用命名管道实现进程间的通信时，通信的两个进程间不需要有任何关系，所以可以独立地运行 NamedPipeSrv 和 NamedPipeClt 这两个进程，然后在服务器端单击"命名管道、创建管道"菜单项创建指定的命名管道，在客户端进程中单击"命名管道\连接管道"菜单项连接到这个命名管道；接着在服务器端单击"命名管道\写入数据"菜单项向命名管道中写入数据，在客户端单击"命名管道\读取数据"菜单项从命名管道读取数据，这时客户端将弹出个消息框，提示收到一个网址字符串："htrp://www.sunxin.org"，程序运行界面如图 11.19 所示。当然，也可以由客户端进程写入数据，服务器端进程读取数据，即单击客户端程序的"命名管道\写入数据"菜单项向命名管道中写入数据，然后在服务器端单击"命名管道\读取数据"菜单项从命名管道读取数据，这时服务器端将弹出一个消息框，提示收到"命名管道测试程序"字符串，程序运行界面如图 11.20 所示。

以上就是采用命名管道完成进程间通信的实现，具体过程是：在服务器端调用 CreateNamedPipe 创建命名管道之后，调用 ConnectNamedPipe 函数让服务器端进程等待客户端进程连接到该命名管道的实例上。在客户端，首先调用 WaitNamedPipe 函数判断当前是否有可以利用的命名管道实例，如果有，就调用 CreateFile 函数打开该命名管道的实例并建立一个连接。

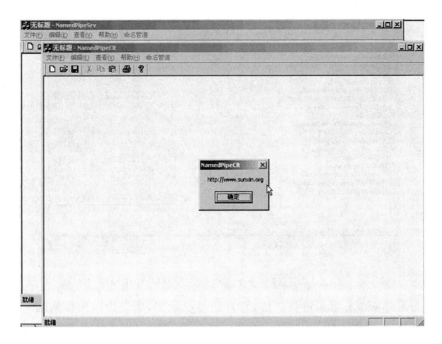

图 11.19　利用命名管道实现进程间通信的程序结果(一)

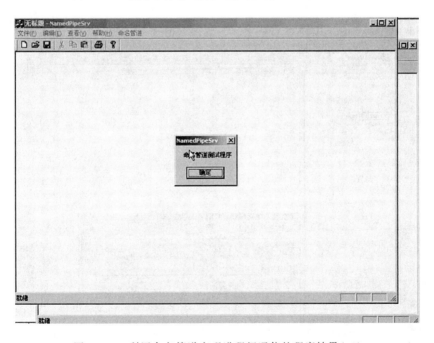

图 11.20　利用命名管道实现进程间通信的程序结果(二)

11.3.4　利用邮槽实现进程间通信

(1) 首先实现服务器程序。新建一个单文档类型的 MFC 应用程序,工程取名为: MailslotSrv,如图 11.21 所示。

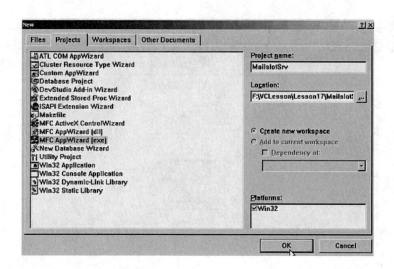

图 11.21　新建一个单文档类型的 MFC 应用程序

（2）因为对邮槽服务器端进程来说，它只能接收数据，所以为该工程添加一个子菜单，并在其属性对话框中取消 Pop-up 选项，使其成为一个可响应的菜单项，将其名称设置为：接收数据，ID 设置为：IDM_MAILSLOT_RECV，如图 11.22 所示。

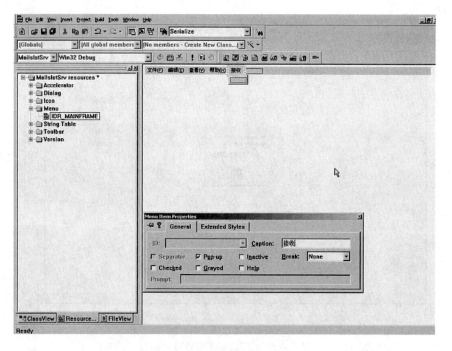

图 11.22　添加一个子菜单

（3）然后为该菜单项添加命令响应函数，并选择 CMailslotSrvView 类作为响应类，接下来，如图 11.23 所示，就可以在此响应函数中实现邮槽服务器端程序的功能，结果代码如例 11-15 所示。

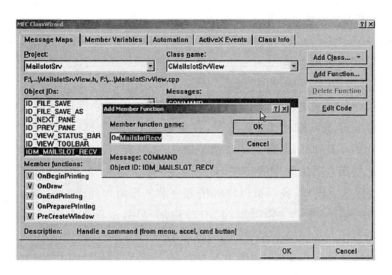

图 11.23　为该菜单项添加命令响应函数

例 11-15

```
void CMailslotSrvView::OnMailslotRecv()
{
// TODO：Add your command handler code here
HANDLE hMailslot;
hMailslot = CreateMailslot("\\\\.\\mailslot\\MyMailslot",0,
    MAILSLOT_WAIT_FOREVER,NULL);
if(INVALID_HANDLE_VALUE = = hMailslot)
{
    MessageBox("创建油槽失败!");
    return;
}
char buf[100];
DWORD dwRead;
if(! ReadFile(hMailslot,buf,100,&dwRead,NULL))
{
    MessageBox("读取数据失败!");
    CloseHandle(hMailslot);
    return;
}
MessageBox(buf);
CloseHandle(hMailslot);
}
```

　　在如例 11-15 所示代码中,首先定义了一个句柄变量:hMailslot,用来保存将要创建的邮槽的句柄。然后调用 CreateMailslot 函数创建一个邮槽。在调用这个函数时,将邮槽名称指定为:MyMailslot;第二个参数设置为 0,让消息可以是任意大小;把第三个参数,即读取超时间隔设置为 MAILSLOT_WAIT_FOREVER,让函数一直等待;最后一个参数设置为 NULL,让系统为所创建的邮槽赋予默认的安全描述符。

如果 CreateMailslot 函数调用失败,函数将返回 INVALID_ HANDLE_VALUE 值,因此在程序中如果判断该函数返回的是 INVALID_HANDLE_VALUE,则提示用户:"创建邮槽失败!",并立即返回。

因为对邮槽服务器端进程来说,它只能接收数据,所以如果邮槽创建成功,那么就可以直接调用 ReadFile 函数从邮槽读取数据了,并显示读取到的数据。

最后,调用 CloseHandle 函数关闭邮槽句柄。

以上就是邮槽服务器端程序的实现,利用 Build 命令生成 MailslotSrv 程序。

(4) 客户端程序。同样,我们可以将邮槽客户端工程增加到已有的 MailslotSrv 工作区中,在此工作区中新建一个单文档类型的 MFC 应用程序,工程取名为:MailslotClt,同时设置该工程所在的目录与 MailslotSrv 工程的目录平级。

因为对邮槽客户端程序来说,只能是发送数据。所以,同样为客户端程序增加一个子菜单,并在其属性对话框中取消 Pop-up 选项,使其成为一个可响应的菜单项,将名称设置为:发送数据,ID 设置为:IDM_ MAILSLOT_SEND,然后为该菜单项添加命令响应函数,并选择 CMailslotCltView 类作为响应类,如图 11.24 所示。接下来,就可以在此响应函数中实现邮槽客户端程序的功能,结果代码如例 11-16 所示。

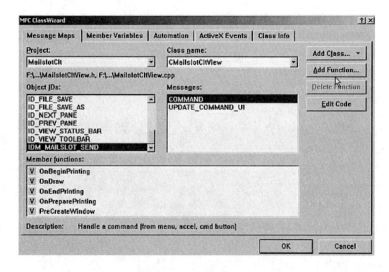

图 11.24 添加命令响应

例 11-16

```
void CMailslotCltView::OnMailslotSend()
{
// TODO: Add your command handler code here
HANDLE hMailslot;
hMailslot = CreateFile("\\\\.\\mailslot\\MyMailslot",GENERIC_WRITE,
    FILE_SHARE_READ,NULL,OPEN_EXISTING,FILE_ATTRIBUTE_NORMAL,NULL);
if(INVALID_HANDLE_VALUE = = hMailslot)
{
```

```
        MessageBox("打开油槽失败!");
        return;
    }
    char buf[] = "http://www.sunxin.org";
    DWORD dwWrite;
    if(! WriteFile(hMailslot,buf,strlen(buf) + 1,&dwWrite,NULL))
    {
        MessageBox("写入数据失败!");
        CloseHandle(hMailslot);
        return;
    }
    CloseHandle(hMailslot);
}
```

　　在如例 11-16 所示代码中,首先定义了一个句柄变量:hMailslot,用来保存随后打开的邮槽句柄。对于邮槽客户端来说,它首先需要打开邮槽,同样的,这也是通过调用 CreateFile 函数实现的,该函数的第一个参数指定邮槽的名称;第二个参数指定访问方式对客户端程序来说,只能是写入数据,所以使用 GENERIC_ WRITE;第三个参数是共享的方式,对邮槽客户端来说,它只能是写入数据,由服务器端读取数据,所以这里需要设置个共享读(FILE_ SHARE_ READ)标志,让服务器端进程可以从邮槽读取数据;第四个参数指定安全描述符,本例将其设置为 NULL,即使用系统默认的安全性;第五个参数指定打开的方式,本例将其设置为 OPEN_ EXISTING 标志;第六个参数指定文件属性。本例将其指定为 FILE_ ATTRIBUTE _ NORMAL;最后一个参数指定模板文件,本例将其设置为 NULL。

　　接着,上述程序判断 CreateFile 函数的返回值,如果该函数调用失败,将返回 INVALID_ HANDLE_VALUE 值,这时就提示用户:"打开邮槽失败!"。

　　因为对客户端程序来说,如果邮槽打开操作成功,就可以向邮槽发送数据了,这可以通过调用 WriteFile 函数实现。

　　在数据写入操作完成之后,应该调用 WriteFile 函数实现。

　　以上就是邮槽客户端程序的实现,利用 Build 命令生成 MailslotClt 程序。

　　到此为止,我们就完成了利用邮槽实现进程间通信的服务端程序和客户端程序,读者可以看到,这两个程序的编写都比较简单。首先,服务器端需要调用 CreateMailslot 函数创建邮槽,要注意的是,如果邮件服务端进程和客户端进程不在同一台机器上运行,那么本例中指定的邮槽名称字符串中的圆点应该替换为服务器进程运行所在的机器的主机名。之后,如果邮槽创建成功,就可以调用 ReadFile 函数从邮槽读取数据了,而邮槽的客户端首先应该调用 CreateFile 函数打开指定的邮槽,如果打开操作成功,就可以调用 WriteFile 函数向邮槽写入数据了。

　　我们可以分别运行上述实现的 MailslotSrv 和 MailslotClt 程序。然后,单击服务器端的"接收数据"菜单项,接着单击客户端的"发送数据"菜中项,即可看到邮槽服务器端接收数据了,程序运行界面如图 11.25 所示。

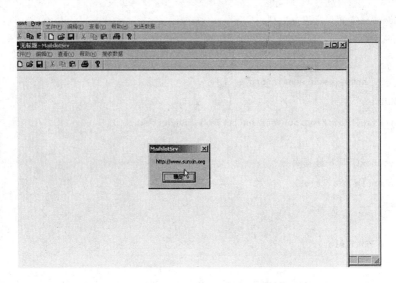

图 11.25　利用邮槽实现进程间通信的程序运行结果

11.4　实验结果及验证方法

本章主要介绍了四种进程间通信的方式,其中剪贴板和匿名管道只能实现同台机器上两个进程间的通信,而不能实现跨网络的通信;而命名管道和邮槽不仅可以实现同一台机器上两个进程的通信,还可以实现跨网络的进程间通信。另外,邮槽可以实现一对多通信,而命名管道只能是点对点的单一的通信,但邮槽的缺点是数据量较小,通常都是在 424 字节以下,如果数据量较大,则可以采用命名管道的方式来完成。这四种方式各有优缺点,在实际应用中应根据具体情况选用合适的方式。

对于剪贴板,可能会遇到以下两个问题:

1. VS2008 在同一个窗口中如何打开两个项目进行运行?

首先打开其中一个项目,文件→添加→现有项目即可。

2. 发送端与接收端通信时出现中文乱码问题?

原因分析:Unicode 与 ANSI 字符关系

解决方法:对于处理包含类似中英文混合的字符时,最好使用 UNICODE 编译选项,然后在使用字符串常量时采用_T("字符串")的方式,将 char 型改成 TCHAR,相关的字符处理函数也使用 UNICODE 的,这些函数可以在 MDSN 中查到,具体位置为:generic-text mappings→Routine Mappings。

邮槽是基于广播通信的,也就是说,邮槽可以实现一对多的单向通信,我们可以利用邮槽这一特性编写一个网络会议通知系统,而且实现这样的系统所需编写的代码非常少。如果读者是一位项目经理,就可以给你手下每一位员工的机器上安装上这个系统中的邮槽服务器端程序,在你自己的机器上安装邮槽的客户端程序。这样,当你想要通知员工开会,就可以通过已安装的邮槽客户端程序将开会通知这一信息发送出去,因为员工机器上都安装了邮槽服务器端程序,所以他们都能同时接收到你发出的会议通知信息。采用邮槽实现这样的程序是非常简单的,如果采用 Sockets 来实现这样的通信,代码将比较复杂。